全国高等职业教育"十三五"规划教材

工矿企业供电

主 编 曹 翾 史万才

中国矿业大学出版社

·徐州·

内 容 提 要

本书在简单介绍工矿企业供电系统的基础上,系统讲述了与工矿企业用电相关的供配电系统负荷计算与变压器的选择、短路电流及计算、高低压电气设备及选择、输电线路、电气主接线及供电系统、供配电系统的保护、变电所二次回路、供电安全技术等方面的知识。

本书适合高职高专院校相关专业使用,也可供相关工程技术人员参考。

图书在版编目(CIP)数据

工矿企业供电 / 曹翾,史万才主编. —徐州:中国矿业大学出版社,2018.6(2021.7 重印)

ISBN 978-7-5646-4015-6

Ⅰ.①工… Ⅱ.①曹… ②史… Ⅲ.①工业用电—供电—高等职业教育—教材 Ⅳ.①TM727.3

中国版本图书馆 CIP 数据核字(2018)第 138219 号

书　　名	工矿企业供电
主　　编	曹　翾　史万才
责任编辑	耿东锋
出版发行	中国矿业大学出版社有限责任公司
	(江苏省徐州市解放南路　邮编 221008)
营销热线	(0516)83884103　83885105
出版服务	(0516)83995789　83884920
网　　址	http://www.cumtp.com　E-mail:cumtpvip@cumtp.com
印　　刷	江苏凤凰数码印务有限公司
开　　本	787 mm×1092 mm　1/16　印张 13.5　字数 334 千字
版次印次	2018 年 6 月第 1 版　2021 年 7 月第 2 次印刷
定　　价	28.00 元

(图书出现印装质量问题,本社负责调换)

前　言

本教材是高职高专机电类专业所用的专业核心课程教材。教材从培养学生的技术应用能力出发，根据"以就业为导向，突出学生能力培养"的原则进行编写，融入了近年来工矿供电领域的新技术、新规范、新设备，在编写上尽量贴近生产、贴近实际，具有鲜明的应用性、适用性和先进性，充分体现了高等职业教育的特色，以适应培养应用型高技能人才的需要。

教材内容分为九章，包括工矿企业供电系统简介、供配电系统负荷计算与变压器的选择、短路电流及计算、高低压电气设备及选择、输电线路、电气主接线及供电系统、供配电系统的保护、变电所二次回路、供电安全技术。

本教材由曹翾、史万才任主编，刘洋洋参编。具体编写分工是：平顶山工业职业技术学院曹翾编写第二章、第三章、第四章，平顶山工业职业技术学院史万才编写第一章、第七章、第八章；平顶山工业职业技术学院刘洋洋编写第五章、第六章、第九章。平顶山工业职业技术学院曹翾最终定稿。

本教材在编写过程中，得到了生产厂矿工程技术人员的大力支持、帮助和配合，在此表示诚挚的感谢。

本教材在编写的过程中，参考了许多文献资料，我们谨向这些文献资料的编著者和提供者表示衷心的感谢。

由于水平所限，书中不妥之处在所难免，恳望读者在使用教材时提一些宝贵意见和建议，以便下次修订时改进。

编　者

2018 年 4 月

目　录

第一章　工矿企业供电简介

第一节　概　述

一、供电的重要性及基本要求

电力为工矿企业开展生产提供能源。由于工矿企业特殊的生产环境，为了减少灾害对人身和设备的危害，工矿企业要采取一些特殊的供电方式和管理方法。一个工矿企业的机电技术人员，必须掌握工矿企业变配电系统中所涉及的理论知识，必须能够熟练分析和维护工矿企业变配电系统，这是对工矿企业机电技术人员的基本要求。

（一）供电可靠

（1）要求供电不间断。

（2）对重要负荷供电应绝对可靠，如煤矿的主排水泵、副井提升机等。

（3）采用双回路独立电源供电。

（二）供电安全

供电安全包括人身和设备安全。煤矿生产必须依据《煤矿安全规程》和有关技术规程规定进行，确保供电安全。

（三）供电质量

（1）要求用电设备在额定参数下运行，因为此时性能最好。

（2）反映供电质量的指标主要有两个：频率和电压。频率为 50 Hz，偏差应小于±0.5 Hz，即额定频率的 1％以内，一般由发电厂决定。各种电气设备要求的电压偏差不一样，一般工作情况下电动机允许电压偏差在额定电压的±5％以内，过高或过低都有烧坏电动机的可能。

（四）供电经济

（1）尽量降低基本建设投资。

（2）尽可能降低设备、材料、有色金属的消耗。

（3）尽量降低电能消耗和维修费用等。

二、电力负荷的分类

（一）一类负荷（一级负荷）

（1）定义：凡因突然中断供电可能造成人身伤亡或重大设备损坏、造成重大经济损失或在政治上产生不良影响的负荷。例如矿井通风机、主排水泵等。

（2）供电要求：两个独立电源供电。

（二）二类负荷

（1）定义：凡因突然停电造成大量减产或大量废品的负荷。例如煤矿主井提升机、压风机等。

(2) 供电:两个独立电源供电或专用线路供电。

(三) 三类负荷

(1) 定义:除一、二类负荷以外的其他负荷。例如学校宿舍、地面附属车间及矿井机修厂等。

(2) 供电:单回路供电,多负荷共用一条输电线路。

负荷分类的目的是确保一类负荷供电不间断,保证二类负荷用电,考虑三类负荷供电。

三、电力系统

由各种电压的电力线路将一些发电厂、变电所和电力用户联系起来的一个发电、输电、变电、配电和用电的整体,称为电力系统,即电能的产生—变换—传输—分配—使用一整套系统。

对输电来说,有:

$$P = \sqrt{3}UI\cos\varphi \tag{1-1}$$

式中　　P——输电功率,W;

　　　　U——输电电压,V;

　　　　I——输电电流,A;

　　　　$\cos\varphi$——功率因数。

当 P、$\cos\varphi$ 一定时,$I\propto 1/U$。因此,高压输电比较经济。

将电力系统中各发电厂之间以输电线路相连,称为并网发电。优点是供电可靠、经济。

四、供电电源的电压等级

(1) 工矿企业的电源有以下几种来源:

① 电力系统。

② 地方发电厂。

③ 自备发电厂。

(2) 有一类负荷的矿山总变电所应有两个独立电源。

(3) 额定电压:电气设备运行状态最佳、效益最好时的电压。

(4) 工矿企业常用的电压等级有 127 V、220 V、380 V、660 V、1 140 V 等几种。

(5) 电源电压按下式选择:

$$U \geqslant 5.5\sqrt{0.6L + \frac{P}{100}} \tag{1-2}$$

式中　　U——系统电压,kV;

　　　　L——供电距离,km;

　　　　P——供电容量,kW。

(6) 额定电压是用电设备、发电机和变压器正常工作时具有最好技术经济指标的电压。我国国家标准《标准电压》(GB/T 156—2017)规定的三相交流电网和电力设备(含用电设备和发电机、电力变压器)的额定电压,如表 1-1 所示。

表 1-1　　　　　　　　　　　　　国家标准额定电压　　　　　　　　　　　单位:kV

电网和用电设备的额定电压			发电机的额定电压		变压器的额定电压				
直流	三相交流		交流	三相交流	交流				
					三相		单相		
	线电压	相电压		线电压	原绕组	副绕组	原绕组	副绕组	
0.11			0.115						
—	0.127			−0.133	−0.127	−0.133	−0.127	−0.133	
0.22	0.22	0.127	0.223	0.23	0.22	−0.23	0.22	−0.23	
—	0.38	0.22		0.4	0.38	0.4	0.38		
0.44									
	3			3.15	3.0/3.15	3.15/3.3			
	6			6.3	6.0/6.3	6.3/6.6			
	10			10.5	10/10.5	10.5/11			
	35				35	38.5			
	63				63	66			
	110				110	121			
	154				154	169			
	220				220	242			
	330				330	363			
	500				500	550			

第二节　电　力　网

一、电力网的分类

电力系统中各级电压的电力线路及其联系的变电所,称为电力网或电网,它由变电所及各种不同电压等级的输电、配电线路组成。其任务就是输电、配电。

电网可按电压高低和供电范围大小分为区域电网和地方电网。区域电网的范围大,电压一般在 220 kV 及以上。地方电网的范围小,最高电压一般不超过 110 kV。工矿企业供电系统就属于地方电网的一种。

二、电力网的接线方式

(一) 放射式电网

放射式电网如图 1-1 所示。

1. 分类

放射式电网可分为单回路、双回路两种。

2. 优缺点

优点:线路独立,可靠性高,继电保护整定简单。

缺点:总线路长,不经济。

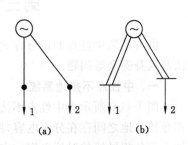

(a)　　　　(b)

图 1-1　放射式电网

3. 适用对象

放射式电网适用于负荷容量大或孤立的重要用户。

（二）干线式电网

干线式电网如图 1-2 所示。

1. 分类

干线式电网也分为单回路、双回路两种。

2. 优缺点（相对于放射式而言）

优点：总线路短，投资小。

缺点：用户相互影响，可靠性低，保护整定困难。

3. 适用对象

单回路干线式一般适用于三类负荷供电，双回路干线式一般适用于二、三类负荷供电。

（三）环式电网

环式电网如图 1-3 所示。

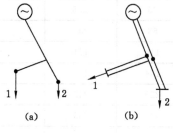

图 1-2　干线式电网

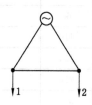

图 1-3　环式电网

1. 分类

环式电网分为开环、闭环两种。

2. 优缺点

优点：总设备少，投资小，可靠性高。

缺点：负荷容量相差太大时不经济，继电保护整定复杂。

3. 适用对象

环式电网适用于负荷容量相差不太大，彼此之间相距较近，离电源都较远，且对供电可靠性要求较高的重要用户。

第三节　电网中性点运行方式

电力系统中性点的运行方式决定了单相接地后的运行情况，涉及供电的可靠性、保护方法及人身安全等问题。

一、中性点不接地系统

图 1-4(a)所示为中性点不接地供电系统，其中性点不与大地相接。由于供电系统的三相导线与地之间存在分布电容，所以在导线中引起了容性的附加电流。图中 C_u、C_v、C_w 分别表示各相导线的对地电容。在三相对地绝缘良好的情况下，三相导线的对地电容相等，可视为对称负载，所以此时中性点电位与大地电位相等，三相导线的对地电压分别等于三个相

电压,并且对称。此时各相对地电容电流也是对称的,且超前相应的相电压90°,其矢量和为零,地中无容性电流流过,如图1-4(b)所示。

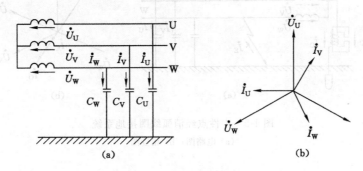

图1-4 中性点不接地系统

(a)电路图;(b)相量图

1. 优缺点

优点:单相接地时,线电压仍对称,不影响供电,能提高供电的可靠性,接地电流小。

缺点:单相接地时,非接地相对地电压升高$\sqrt{3}$倍,易击穿绝缘薄弱处,造成两相接地短路。

2. 适用范围

(1) 煤矿井下。

(2) 63 kV 及以下高压电网。

3. 单相接地电容电流

架空线路:
$$I_{E1} = \frac{UL}{350} \tag{1-3}$$

电缆线路:
$$I_{E2} = \frac{UL}{10} \tag{1-4}$$

$$I = I_{E1} + I_{E2} \tag{1-5}$$

式中 I——接地点的接地电容电流,A;

$\qquad U$——电网的线电压,kV;

$\qquad L$——连接在一起的同一电压等级的线路总长度,km。

单相接地电容电流,3~10 kV 电网约为 30 A,35~63 kV 电网约为 10 A 时,易产生断续电弧。断续电弧将在电网产生 LC 振荡,在系统中产生$(3~4)U_N$的过电压,可能使绝缘薄弱处击穿,造成短路故障。

应对措施如下:

(1) 限时:单相接地时间不应超过 2 h,若是井下则要求立即断电。

(2) 装设绝缘监视、接地保护装置。

(3) 转换线路。

二、中性点经消弧线圈接地系统

中性点接地电容电流超过限度时,可采用中性点经消弧线圈接地系统,接法如图1-5所示。

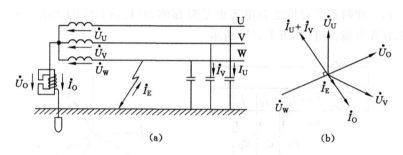

图 1-5　中性点经消弧线圈接地系统

(a) 电路图；(b) 相量图

1. 消弧线圈的结构和工作状态

结构：消弧线圈是一个有铁芯的可调电感线圈，有 5～9 个插头，可调节匝数，减小间隙。线圈电阻很小，感抗很大，可看成纯电感元件。

工作状态：消弧线圈工作在补偿状态。若消弧线圈的感抗调节合适，将使接地电流降到很小，达到不起弧的程度。

2. 优缺点

优点：单相接地时，线电压仍对称，不影响供电。

缺点：单相接地时，非接地相对地电压升高 $\sqrt{3}$ 倍，易击穿绝缘薄弱处，造成两相接地短路，因此，单相接地时，运行时间不允许超过 2 h。

三、中性点直接接地系统

中性点直接接地系统接线方法如图 1-6 所示。

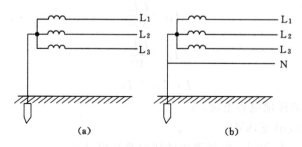

图 1-6　中性点直接接地系统

（a）三相三线制；（b）三相四线制

中性点直接接地的电力系统发生单相接地时即形成单相接地短路。单相短路电流比线路正常负荷电流大得多，对系统危害很大，因此这种系统中装设的短路保护装置动作，切断线路，切除接地故障部分，使系统的其他部分恢复正常运行。110 kV 及以上的电力系统通常都采取中性点直接接地的运行方式。低压 380/220 V 配电系统，三相四线制、三相五线制的 TN 系统和 TT 系统都采取中性点直接接地方式。

1. 优缺点（对比中性点不接地系统）

优点：单相接地时，其他两相对地电压不会升高，降低了对系统的绝缘要求。接地电流大，提高了保护装置的可靠性。

缺点：单相接地时，构成短路，电流大（称为大接地电流系统）。

2.适用范围

(1) 110 kV 及以上电压等级的电网。在高压电网中，为提高系统的可靠性，广泛采用自动重合闸装置。一次重合闸成功率一般为 60％～90％，二次成功率为 15％左右，三次成功率为 3％左右。

(2) 地面 380/220 V 三相四线制供电系统。中性点接地也是为了当变压器高、低压间绕组绝缘损坏，高压窜入低压系统时，避免人体触及高电压，是降低人身接触电压的一项安全措施。

小 结

本章简单阐述了工矿企业对供电的基本要求、电力负荷的分类、电力系统额定电压等级、电力网的接线方式、电力网中性点的运行方式等内容。

思考与练习

1.工矿企业对供电有哪些基本要求？

2.电力负荷如何分类？

3.电力系统中性点的运行方式有哪几种？各有什么特点？

4.常见的工矿供电系统的额定电压等级有哪些？

6.电力网各种接线方式有哪几类？各有什么特点？

第二章　供配电系统负荷计算与变压器的选择

第一节　电力负荷的有关概念及计算

采用合理方法进行负荷的统计和计算,是工矿企业供电系统电气设备、输电线路和继电保护装置选择的前提。

在实际工作中,用电设备往往不是满负荷运行的,实际的负荷容量常小于其额定容量。一组用电设备中,根据生产需要,所有设备不可能同时工作,同时工作的设备,其最大负荷出现的时间也不尽相同。可见,所有用电设备的实际负荷总容量总是小于其额定容量的总和。为了对负荷进行较准确的统计和计算,需要有合理的计算方法。常用的方法有需用系数法、二项式法、利用系数法、单位产品电耗法等,工矿企业普遍采用需用系数法。正确地选择需用系数,科学有效地进行负荷统计,是进行负荷计算的重点。

一、用电设备工作制

(一)长时连续工作制用电设备

这类工作制的设备一般在恒定负荷下运行,且运行时间长到足以使之达到热平衡状态,导体通过电流达到稳定温升的时间一般为$(3\sim4)\tau$,其中τ为发热时间常数,$\tau\geqslant10$ min。

这类设备包括通风机、水泵、空气压缩机、发电机组、电炉和照明灯等。

其负荷功率等于铭牌下的额定功率。

(二)短时工作制用电设备

这类工作制的设备在恒定负荷下运行的时间短(短于达到热平衡所需的时间),而停歇时间长(长到足以使设备温度冷却到周围介质的温度)。

这类设备包括矿用调度小绞车、控制闸门的电动机等。

对于负荷性质,短时工作制用电设备的功率,按额定功率确定。如该设备只在事故或检修时使用,支线负荷按额定功率确定,干线上的负荷可不考虑;如其容量较大,影响干线配电设备选择,应适当考虑。

(三)断续周期工作制用电设备

这类工作制的设备周期性地时而工作、时而停歇,如此反复运行。工作周期一般不超过10 min,无论工作还是停歇,均不足以使设备达到热平衡。

这类设备包括电焊机和吊车电动机等。

断续周期工作制的设备,可用负荷持续率(又称暂载率)来表征其工作特征。负荷持续率为一个工作周期内工作时间与工作周期的百分比,用ε表示,即:

$$\varepsilon = \frac{t}{T} \times 100\% = \frac{t}{t + t_0} \times 100\% \tag{2-1}$$

式中 T——工作周期;

t——工作周期内的工作时间;

t_0——工作周期内的停歇时间。

其额定容量(铭牌功率)对应于某一标准负荷持续率。

对于起重类设备:

$$P_N = P_{N\varepsilon} \sqrt{\frac{\varepsilon_N}{\varepsilon}} = P_{N\varepsilon} \sqrt{\frac{\varepsilon_N}{25\%}} = 2P_{N\varepsilon} \sqrt{\varepsilon_N} \tag{2-2}$$

对于电焊类设备:

$$P_N = P_{N\varepsilon} \sqrt{\frac{\varepsilon_N}{\varepsilon}} = P_{N\varepsilon} \sqrt{\frac{\varepsilon_N}{100\%}} = P_{N\varepsilon} \sqrt{\varepsilon_N} = S_N \cos\varphi_N \sqrt{\varepsilon_N} \tag{2-3}$$

式中 $P_{N\varepsilon}$——设备铭牌上的额定有功功率,kW;

S_N——额定视在功率,kV·A;

$\cos\varphi_N$——额定功率因数;

P_N——换算为统一要求负荷持续率下的用电设备额定功率,kW;

ε、ε_N——统一要求的负荷持续率和额定负荷持续率。

二、需用系数法

用电设备组实际的负荷容量与额定容量的比值,称为需用系数。根据用电设备额定容量及需用系数,计算实际负荷的方法,称为需用系数法。

(一)单台用电设备的需用系数

$$k_{dc} = \frac{k_{lo}}{\eta\eta_w} \tag{2-4}$$

式中 k_{lo}——用电设备的负荷系数,等于设备实际输出的最大功率 P 与其额定容量 P_N 之比,即 $k_{lo} = P/P_N$;

η——用电设备实际负荷时的效率;

η_w——供电线路的效率,一般取 0.95 左右。

(二)成组用电设备的需用系数

$$k_{de} = \frac{k_{si}k_{lo}}{\eta_w\eta_{wm}} \tag{2-5}$$

式中 k_{si}——该组用电设备的同时系数,等于该组设备在最大负荷时,同时工作设备的额定容量之和 $\sum P_{Nsi}$ 与用电设备总额定容量 $\sum P_N$ 的比值,即 $k_{si} = \sum P_{Nsi} / \sum P_N$;

k_{lo}——该组用电设备的负荷系数,等于同时工作设备的总实际输出功率 $\sum P_{si}$ 与同时工作设备总额定容量 $\sum P_{Nsi}$ 之比,即 $k_{lo} = \sum P_{si} / \sum P_{Nsi}$;

η_w——供电线路的效率;

η_{wm}——同时工作设备的加权平均效率。

$$\eta_{wm} = \frac{p_1\eta_1 + p_2\eta_2 + \cdots + p_n\eta_n}{p_1 + p_2 + \cdots + p_n} \tag{2-6}$$

式中 p_1,p_2,$\cdots$,p_n——同时工作的各设备的实际功率,kW;

$\eta_1 , \eta_2 , \cdots , \eta_n$ ——同时工作的各设备的实际效率。

三、负荷计算方法

(一) 单台用电设备的计算负荷

$$P_{ca} = k_{de} + P_N \tag{2-7}$$

$$Q_{ca} = P_{ca} \tan \varphi \tag{2-8}$$

式中　P_{ca}、Q_{ca}——用电设备的实际有功计算负荷,kW;无功计算负荷,kvar。

k_{de}、$\tan \varphi$——该台设备的需用系数及实际功率因数角的正切值。

(二) 成组用电设备的计算负荷

$$P_{ca} = k_{de} \sum P_N \tag{2-9}$$

$$Q_{ca} = P_{ca} \tan \varphi_{wm} \tag{2-10}$$

$$S_{ca} = \frac{P_{ca}}{\cos \varphi_{wm}} \tag{2-11}$$

式中　P_{ca}、Q_{ca}、S_{ca}——该组用电设备的实际有功计算负荷,kW;无功计算负荷,kvar;视在功率,kV·A。

$\sum P_N$——用电设备的总额定容量,kV·A。

k_{de}——用电设备的需用系数,可查表。

$\cos \varphi_{wm}$——加权平均功率因数,可查表。

$\tan \varphi_{wm}$——与 $\cos \varphi_{wm}$ 对应的功率因数角的正切值。

$\cos \varphi_{wm}$ 也可按下式计算:

$$\cos \varphi_{wm} = \frac{P_1 \cos \varphi_1 + P_2 \cos \varphi_2 + \cdots + P_n \cos \varphi_n}{P_1 + P_2 + \cdots + P_n} \tag{2-12}$$

式中　$\cos \varphi_1 , \cos \varphi_2 , \cdots , \cos \varphi_n$——同时工作的各用电设备的实际功率因数;

$P_1 , P_2 , \cdots , P_n$——同时工作的各用电设备的实际功率,kW。

(三) 变电所总负荷的计算

1. 计算原则

按逐级计算法确定计算负荷,从末端到首端。

统计全变电所总计算负荷时,应从供电系统最末端开始逐级向电源侧统计。

2. 分组原则

统计变电所总负荷计算时,按生产环节、设置地点分组。

统计时先将各车间用电设备按生产环节和设备装设地点分组(当组内负荷暂载率不同时,应换算成统一暂载率下的额定容量,有单相负荷时按规定换算成三相负荷),然后按式(2-7)计算各组用电设备的计算负荷。当某一供电干线有多个用电设备组时,则将该干线上各用电设备组的计算负荷相加后乘以组间最大负荷同时系数,即得该干线的计算负荷。当供电线路上有变压器时,加上变压器的损耗,即为变压器一次侧线路的计算负荷。统计总变电所或车间变电所二次母线上的总计算负荷时,应将母线各配出线计算负荷相加,再乘以组间最大负荷同时系数。其计算公式如下:

$$P_{\sum} = k_{sp} \sum P_{ca} \tag{2-13}$$

$$Q_{\sum} = k_{sq} \sum Q_{ca} \tag{2-14}$$

$$S_{\sum} = \sqrt{P_{\sum}^2 + Q_{\sum}^2}$$

(2-15)

式中　$\sum P_{ca}$、$\sum Q_{ca}$——各组用电设备的有功、无功计算负荷之和;

k_{sp}、k_{sq}——考虑各组用电设备最大负荷不同时出现的有功、无功组间最大负荷同时系数,组数越多,其值越小,一般取 $k_{sp} = 0.85 \sim 0.95$,$k_{sq} = 0.9 \sim 0.97$;

$P_{\sum}$、$Q_{\sum}$、$S_{\sum}$——干线或变电所二次母线的总有功、无功、视在计算负荷。

注意,各级电网的 K_{sp} 或 K_{sq} 的连乘积不应小于0.8。

四、进行负荷统计及计算

表 2-1(下页)是某煤矿的负荷统计及计算表。

第二节　功率因数的提高

根据电力部门实行的依据功率因数高低进行的电费奖惩制度,我们应该采用合理的方法来提高企业的功率因数,降低电能损耗,提高工矿企业的经济效益。

国家规定,对于用电企业,当功率因数 $\cos \varphi < 0.9$ 时将给予处罚。为了提高功率因数,就要设法降低无功功率。提高功率因数的方法较多,通常是人为增加容性负载来抵消供电系统的感性负载,从而整体上提高企业的功率因数,所以合理选择补偿电容器就显得非常重要。

一、功率因数有关基本概念

（1）功率因数

在交流电路中,电压与电流之间的相位差（φ）的余弦叫作功率因数,用 $\cos \varphi$ 表示。在数值上,功率因数是有功功率 P 和视在功率 S 的比值,即 $\cos \varphi = P/S$。

（2）自然功率因数

自然功率因数是指一个供电系统或设备本身固有的功率因数,其值决定于本身的用电参数（如结构、用电性质等）。不增加专门的设备,采取合理的技术措施,改进用电设备的运行情况,来提高负荷功率因数,称为提高负荷的自然功率因数。倘若自然功率因数偏低,不能满足标准和节约用电的要求,就需设置人工补偿装置来提高功率因数。由于设置人工补偿装置需增加投资,所以提高用电设备的自然功率因数具有较重要的意义。

二、提高功率因数的意义和方法

（一）提高功率因数的意义

由于矿山企业采用的感应电动机和变压器等是具有感性负载性质的用电设备,特别是近年来大功率晶闸管的应用,供电系统除供给有功功率外,还需供给大量无功功率,使发电和输配电设备的能力不能充分利用,为此,必须提高用户的功率因数,减少对电源系统的无功功率需求量。

提高功率因数对矿山企业具有下列实际意义:

（1）提高电力系统的供电能力。在发电和输配电设备的安装容量一定时,提高用户的功率因数,相应减少了无功功率和视在功率的需求量,在同样设备条件下,增大了电力系统的供电能力。

（2）减少供电网络中的电压损失,提高供电质量。由于用户功率因数的提高使网络中的电流减少,因此网络中的电压损失减少,网络末端用电设备的电压质量得到提高。

表 2-1

某煤矿的负荷统计及计算表

序号	用电设备名称	额定电压/kV	设备台数 安装台数	设备台数 工作台数	设备容量/kW 安装容量	设备容量/kW 工作容量	需用系数 k_{de}	功率因数 $\cos\varphi$	功率因数角正切值 $\tan\varphi$	有功功率/kW	无功功率/kvar	视在功率/kV·A	计算电流/A	年最大负荷利用小时数/h	年电能损耗/MW·h	重要负荷比例/%	备注
1	2	3	4	5	6	7	8	9	10	11	12	13	14	15	16	17	18
	一、地面高压																
1	主井提升机	6	1	1	2 000	2 000	0.9	0.85	0.62	1 800.0	1 116.0	2 117.6	203.8	3 000	5 400.0	100	
2	副井提升机	6	1	1	1 600	1 600	0.8	0.85	0.62	1 280.0	793.6	1 505.9	144.9	1 500	1 920.0	100	
3	压风机	6	3	2	1 800	1 200	0.8	0.9	−0.48	960.0	−460.8	1 066.7	102.6	3 600	3 456.0	100	同步机
	二、南风井																
1	通风机	6	2	1	1 600	800	0.7	0.8	−0.75	560.0	−420.0	700.0	67.4	8 760	4 905.6	100	同步机
2	低风机	6	3	2	750	500	0.7	0.8	0.75	350.0	262.5	437.0	42.1	3 000	1 050.0	100	
3	低压设备	6				539	0.7	0.8	0.75	377.3	283.0	471.6	45.4	3 500	1 320.6	25	
	三、北风井																
1	通风机	6	2	1	1 600	800	0.7	0.8	−0.75	560.0	−420.0	700.0	67.4	8 760	4 905.6	100	同步机
2	压风机	6	3	2	7 500	500	0.7	0.8	0.75	650.0	262.5	437.5	42.1	3 000	1 050.0	100	
3	低压设备	6				539	0.7	0.8	0.75	377.3	283.0	471.6	45.4	3 500	1 320.6	25	
	四、地面低压																
1	地面工业广场	6				1 879.6	0.678	0.773	0.821	1 273.5	1 044.3	1 646.9	158.5	4 000	5 305.0	100	
2	所用变压器	6				4.3	0.7	0.7	1.02	3.0	3.1	4.3	0.4	4 000	12.0		
3	立井锅炉房	6				914	0.6	0.7	1.02	548.4	559.4	783.4	75.4	3 000	1 645.2	80	
4	机修厂	6			888	888	0.4	0.65	1.169	355.2	415.2	546.5	52.6	2 000	710.4		
5	坑木厂	6				247	0.4	0.7	1.02	98.8	100.8	141.1	13.6	1 000	98.8		
6	选煤厂	6				3 164	0.6	0.8	0.75	1 898.4	1 423.8	2 373.0	228.3	4 000	7 593.6	50	
7	水源泵井	6				175	0.8	0.8	0.75	140.0	105.0	175.0	16.8	5 000	700.0		
8	工人村	6				735	0.5	0.7	1.02	367.5	374.0	525.0	50.5	2 000	735.0		
9	其他用电设备	6	6	6	682	682	0.5	0.7	1.02	341.0	347.8	487.1	46.9	2 000	682.0		

续表 2-1

序号	用电设备名称	额定电压/kV	设备台数 安装台数	设备台数 工作台数	设备容量/kW 安装容量	设备容量/kW 工作容量	需用系数 k_{de}	功率因数 $\cos\varphi$	功率因数角正切值 $\tan\varphi$	计算负荷 有功功率/kW	计算负荷 无功功率/kvar	计算负荷 视在功率/kV·A	计算负荷 计算电流/A	年最大负荷利用小时数/h	年电能损耗/MW·h	重要负荷比例/%	备注
	五、井下高压																
1	主排水泵（最大涌水量）	6	5	3	6 250	3 750	0.85	0.85	0.62	3 187.5	1 976.3	3 750.0	360.9	2 000	6 375.0		
2	主排水泵（正常涌水量）	6	5	2	6 250	2 500	0.85	0.85	0.62	2 125.0	1 317.5	2 500.3	204.6	5 000	10 625.0		
	六、井下低压																
1	一650井底车场	6				642	0.6	0.8	0.75	385.2	288.9	481.5	46.3	4 200	1 617.8		
2	111采区	6				912	0.6	0.7	1.02	547.2	558.1	781.7	75.2	4 200	2 298.2		
3	113采区	6				905	0.6	0.7	1.02	543.0	553.9	775.7	74.6	4 200	2 280.6		
4	124采区	6				899	0.62	0.7	1.02	557.4	568.5	796.3	76.6	4 200	2 341.1		
5	156采区	6				1 617	0.75	0.75	0.88	1 212.8	1 067.3	1 617.1	155.6	4 200	5 093.8		
	七、统计计算结果																
1	全矿合计	6				25 891.9				18 073.5	11 087.1	21 203.2			73 441.9		取 $k_{sp}=0.9$ $k_{sq}=0.95$
2	全矿计算负荷	6						0.839		16 266.2	10 532.7	19 378.5					
3	电容器补偿容量	6				7 200 kvar					-6 230.6						
4	补偿后负荷	6						0.971		16 266.2	4 002.1	16 751.3	1 611.9				
5	主变压器损耗									91.7	1 107.8			8 760	803.3		
6	全矿总负荷	63						0.956		16 357.9	5 109.9	17 137.4	157.1		74 245.2		

（3）降低供电网络中的功率损耗。当线路电压和输送的有功功率一定时,功率因数越高,则网络中的功率损耗越少。

（4）降低企业产品的成本。提高功率因数可减少网络和变压器中的电能损耗,使企业电费降低。

由上述因素可知,提高用户功率因数具有重大经济意义,所以,国家奖励企业用户提高功率因数。为了促进电力用户提高功率因数,我国电力部门实行电费奖惩制度,对于功率因数高于0.9的用户给予奖励,对于功率因数低于0.9的用户进行罚款。

可见,提高功率因数,对充分利用现有的输电、配电及电源设备,保证供电质量,减少电能损耗,提高供电效率,降低生产的成本,提高经济效益等有着十分重要的意义。

（二）提高自然功率因数的方法

（1）"选":正确选择与合理地使用电动机,使其经常在满载或接近满载的情况下运行,因为在这种情况下电动机的功率因数较高;正确地选择、合理地使用电动机和变压器,在条件允许的条件下,尽量选择鼠笼型电动机,避免空载、轻载运行。

（2）"调":合理地调节负荷,避免变压器空载和轻载运行。

（3）"换":更换设备为节能设备,对大容量、长时工作的矿井通风机采用同步电动机,使其工作在过激状态。

三、功率因数的补偿方法

如果负荷的自然功率因数不能满足要求,即 $\cos\varphi < 0.9$ 时,应采取人工补偿的方法提高负荷的功率因数。

目前工矿企业广泛采用并联电容器进行无功功率的补偿。这种方法具有投资省、有功率损失小、运行维护方便、故障范围小的特点。

（一）电容器无功容量的计算

如果在补偿前工矿企业总的有功计算功率为 $P_{\sum}$,无功计算功率为 $Q_{\sum}$,则补偿前、后的功率三角形如图2-1所示。

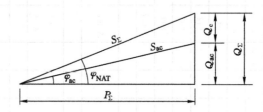

图 2-1　补偿前、后的功率三角形

$$Q_c = P_{\sum}(\tan\varphi_{NAT} - \tan\varphi_{ac}) \qquad (2\text{-}16)$$

式中　Q_c——电容器所需补偿容量;

　　　$P_{\sum}$——补偿前负荷的有功功率;

　　　φ_{NAT}——补偿前功率因数角;

　　　φ_{ac}——补偿后功率因数角。

（二）电容器（柜）台数的确定

需电容器台数:

$$N = \frac{Q_c}{q_{Nc}\left(\dfrac{U_w}{U_{Nc}}\right)^2}$$

(2-17)

式中　q_{Nc}——单台电容器的额定容量，kvar；

　　　U_w——电容器的实际工作电压，kV；

　　　U_{Nc}——电容器的的额定电压，kV。

每相所需电容器台数：$n = \dfrac{N}{3}$，取其相等或稍大的偶数，因为变电所采用单母线分段式接线。

（三）电容器的补偿方式和连接方式

1. 电容器的补偿方式

电容器的补偿方式有三种，即单独就地补偿方式、分散补偿方式和集中补偿方式。

（1）单独就地补偿方式：将电容器直接与用电设备并联，共用一套开关设备。这种补偿方式的优点是补偿效果最好，不但能减少高压电源线路和变压器的无功负荷，而且能减少干线和分支线的无功负荷。其缺点是电容器将随着用电设备一同工作和停止，所以利用率较低，投资大，管理不方便。这种补偿方式只适用于长期运行的大容量电气设备及所需无功补偿容量较大的负荷，或由较长线路供电的电气设备。

（2）分散补偿方式：将全部电容器分别安装于各配电用户的母线上，各处电压等级可能不同。这种补偿方式的优点是电容器的利用率比单独就地补偿方式高，能减少高压电源线路和变压器中的无功负荷。其缺点是不能减少干线和分支线的无功负荷，操作不够方便，初期投资较大。

（3）集中补偿方式：将电容器集中装设在企业总变电所的母线上，以专用的开关控制。这种补偿方式的优点是电容器的利用率较高，管理方便，能够减少电源线路和变电所主变压器的无功负荷。其缺点是不能减少低压网络和高压配出线的无功负荷。

目前，为便于管理维护，矿山企业多采用集中补偿方式。

2. 电容器的连接方式

当电容器额定电压按电网的线电压选择时，应采用三角形接线。电容器的容量与其端电压的平方成正比，如采用星形接线，此时电容器接在相电压上，则其容量仅为额定容量的1/3，造成不必要的浪费。但是当电容器采用三角形接线时，如某一电容器内部击穿，就形成了相间短路故障，有可能引起电容器膨胀、爆炸，使事故扩大。而星形接线当某一电容器击穿时，工频故障电流仅为并联电容器组额定电流的 3 倍，而且不形成相间短路故障，所以三角形接线只适用于电压不高的场合。一般工矿企业 35/10 kV 变电所的 10 kV 母线，当相间短路容量不超过 50 MV·A、容量不大于 300 kvar 的电容器组，可采用三角形接线，其他情况应采用中性点不接地的星形或双星形接线，此时电容器额定电压应按电网的相电压选择。

据统计，电力系统中发生电容器爆炸事故大多是三角形接线的，因此，在近几年来，电力系统 10 kV 侧的大容量的电容器组，为了安全运行的要求，一般都采用星形接线。星形（中性点不接地）接线的最大优点是当一台电容器发生故障时，其故障电流仅为其额定电流（相电流）的 3 倍，不会形成相间短路。如果是三角形接线，其故障电流则为两相短路电流，因而星形接线对电容器运行来说比较安全。

电容器组还应单独装设控制、保护和放电设备。电容器组的放电设备必须保证在电容器与电网的连接断开时,放电 1 min,电容器组两端的残压在 50 V 以下,以保证人身安全。通常 1 000 V 以上的电容器组用电压互感器作为放电设备。单独补偿方式的电容器组由于与用电设备直接相连,所以不需要另外装设放电设备,此时可通过用电设备放电。

电容器放电回路中不得装设熔断器或开关,以免放电回路断开,危及人身安全。

第三节　变压器的选择

主变压器是矿山地面变电所的重要设备,应通过对全矿各类负荷统计分析,正确选择主变压器的型号、台数、容量以及运行方式,确保矿山供电的安全可靠和经济。

一、变压器选择原则

(一) 选择原则

选择原则为供电安全、可靠、经济,同时考虑发展余地。

(二) 变电所主变压器的选择

1. 具有一类负荷的变电所

具有一类负荷的变电所,应满足用电负荷对供电可靠性的要求。根据《煤炭工业设计规范》,矿井变电所的主变压器一般选用两台,当其中一台停止运行时,另一台应能保证安全及原煤生产用电,并不得少于全矿计算负荷的 80%。

2. 只有二、三类负荷的变电所

对只有二、三类负荷的变电所,可只选用一台变压器,但应敷设与其他变电所相连的联络线作为备用电源。对季节负荷或昼夜负荷变动较大的,宜于采用经济运行方式的变电所,也可以采用两台变压器。

(三) 变电所主变压器容量的确定

(1) 当变电所选用两台变压器且同时运行时,每台主变压器容量应按下式计算:

$$S_{NT} \geqslant \frac{k_{tp} P_{\sum}}{\cos \varphi_{ac}} = k_{tp} S_{ac} \tag{2-18}$$

式中　$P_{\sum}$——变电所总的有功计算负荷,kW;

S_{NT}——变压器的额定容量,kV·A;

$\cos \varphi_{ac}$——变电所人工补偿后的功率因数,一般应在 0.95 以上;

S_{ac}——变电所人工补偿后的视在容量,kV·A;

k_{tp}——故障保证系数,根据全企业一、二类负荷所占比重确定,对煤矿企业 k_{tp} 不应小于 0.8,工厂企业 k_{tp} 不应小于 0.7。

(2) 当两台变压器采用一台工作、一台备用运行方式时,变压器的容量应按下式计算:

$$S_{NT} \geqslant S_{ac} \tag{2-19}$$

(3) 当变电所只选一台变压器时,主变压器容量 S_{NT} 应满足全部用电负荷的需要,一般应考虑 15%～25% 的富裕容量,即:

$$S_{NT} \geqslant (1.15 \sim 1.25) S_{ac} \tag{2-20}$$

主变压器型号的选择应尽量考虑采用低损耗、高效率的。目前广泛使用的低损耗电力变压器有 SL7、SFL7、S7、S9 等型号。部分常用电力变压器技术数据见表 2-2。

表 2-2　　　　　　　　　常用电力变压器的技术数据

型号	额定容量 /kV·A	额定电压 /kV		额定损耗 /kW		阻抗电压 /%	空载电流 /%	连接组	质量 /t	外形尺寸/mm		
		高压	低压	空载	短路					长	宽	高
S9-400/10	400			0.84	4.2	4	1.9		1.65	1 500	1 230	630
S9-500/10	500			1	5	4	1.9		1.90	1 570	1 250	1 670
S9-630/10	630			1.2	6.2	4.5	1.8		2.38	1 880	1 530	1 980
S9-800/10	800	10		1.4	7.5	4.5	1.5		3.22	2 200	1 550	2 320
S9-1000/10	1 000	6.3	0.4	1.72	10	4.5	1.2	Y,yn0	3.95	2 280	1 560	2 480
S9-1250/10	1 250	6		2.2	11.8	4.5	1.2		4.65	2 310	1 910	2 630
S9-1600/10	1 600			2.45	14	4.5	1.1		5.21	2 350	1 950	2 700
SL7-5000/35	5 000			6.57	36.7	7	0.9	Y,d11	11	2 880	2 370	3 690
SL7-6300/35	6 300			8.2	41	7.5	0.9	Y,d11	11.34	3 350	2 520	3 760
SPL7-8000/35	8 000			11.5	45	7.5	0.8	YN,d11	17.1	4 100	3 060	3 430
SFL7-10000/35	10 000			13.6	53	7.5	0.8	YN,d11	18.6	3 920	3 230	3 780
SFL7-12500/35	12 500	35	6.3	16	63	8	0.7	YN,d11	24.3	4 110	3 360	4 560
SFL7-16000/35	16 000		10.5	19	77	8	0.7	YN,d11	27.6	4 220	3 260	4 150
SFl7-20000/5	20 000			22.5	93	8	0.7	YN,d11	32.1	4 230	4 030	4 350
SFL7-8000/63	8 000			14	47.5	9	1.1		19.9	4 140	3 370	4 185
SFL7-10000/63	10 000			16.5	56	9	1.1		22.7	3 765	3 810	4 230
SFL7-12500/63	12 500		6.3	19.5	66.5	9	1		22.7	3 765	3 810	4 230
SFl7-16000/63	16 000	63	10.5	23.5	81.5	9	1	YN,d11	30.4	4 875	3 720	4 775
SFL7-20000/63	20 000			27.5	99	9	0.9		37.1	4 970	4 610	4 760

注：阻抗电压以额定电压的百分比表示，空载电流以额定电流的百分比表示。

二、变压器的经济运行分析方法

变压器运行过程中，在绕组和铁芯中都会产生一定的功率损耗。变压器的功率损耗包括有功功率损耗（简称有功损耗）和无功功率损耗（简称无功损耗）两部分。

（一）变压器的损耗计算

1. 变压器的有功功率损耗

变压器的有功功率损耗由两部分组成：一部分是变压器额定电压时的空载损耗，通常称为铁损；另一部分是变压器带负荷时绕组中的损耗，通常称为铜损。变压器的铜损与变压器的负荷率的平方成正比。所以变压器的有功功率损耗为：

$$\Delta P_T = \Delta P_{iT} + \Delta P_{NT}\beta^2 \tag{2-21}$$

式中　　ΔP_T——变压器的有功功率损耗，kW；

ΔP_{iT}——变压器在额定电压时的空载损耗，kW，见表 2-2；

ΔP_{NT}——变压器在额定负荷时的短路损耗，kW，见表 2-2；

β——变压器的负荷率（亦称负荷系数），等于变压器的实际负荷容量与其额定容量的比值。

2. 变压器的无功功率损耗

变压器的无功功率损耗也由两部分组成：一部分是变压器空载时的无功损耗，它与变压器的空载电流百分数有关；另一部分是变压器带负荷时的无功损耗，它与变压器的短路电压百分数及变压器的负荷率有关。变压器的无功功率损耗为：

$$\Delta Q_T = \Delta Q_{iT} + \Delta Q_{NT}\beta^2 = \frac{I_0\%}{100}S_{NT} + \frac{u_s\%}{100}S_{NT}\beta^2 \qquad (2-22)$$

式中　ΔQ_T——变压器的无功功率损耗，kvar；

　　　ΔQ_{iT}——变压器空载时的无功功率损耗，kvar；

　　　ΔQ_{NT}——变压器额定负荷时的无功功率损耗，kvar；

　　　$I_0\%$——变压器的空载电流百分数，见表 2-2；

　　　$u_s\%$——变压器的短路电压百分数，即阻抗电压，见表 2-2；

　　　S_{NT}——变压器的额定容量，kV·A。

如果缺乏变压器的有关数据时，变压器的功率损耗可以按下式估算：

有功损耗：　　　　　　　　$\Delta P_T = 0.02P_T$ 　　　　　　　　(2-23)

无功损耗：　　　　　　　　$\Delta Q_T = 0.1Q_T$ 　　　　　　　　(2-24)

式中　P_T、Q_T——变压器的实际有功、无功负荷。

（二）变压器经济运行分析

1. 无功功率经济当量的概念

电力系统的有功损耗，不仅与设备的有功损耗有关，而且还与设备的无功损耗有关，这是因为设备消耗的无功功率，也是由电力系统供给的。无功功率的存在，使得系统中的电流增大，从而使电力系统的有功损耗增加。

为了计算电气设备的无功损耗在电力系统中引起的有功损耗，引入一个换算系数 k_{ec}，称为无功功率经济当量，它表示当电力系统输送 1 kvar 的无功功率时，在电力系统中增加的有功功率损耗，单位是 kW/kvar。

无功功率经济当量 k_{ec} 的值与输电距离、电压变换次数等因素有关：

（1）对于发电机直配用户，$k_{ec}=0.02\sim0.04$。

（2）对于经两级变压的用户，$k_{ec}=0.05\sim0.07$。

（3）对于经三级及以上变压的用户，$k_{ec}=0.08\sim0.1$。

2. 变压器的经济运行

（1）变压器运行损耗的计算

变压器的有功损耗是变压器运行时自身的损耗，变压器的无功损耗会引起系统有功损耗的增加，因此，应将变压器的无功损耗换算成等效的有功损耗，然后计算变压器运行时总的功率损耗。当变压器运行时的功率损耗最小时，运行费用最低，此时变压器的运行方式即为经济运行方式。

单台变压器运行时其功率损耗可按下式计算：

$$\begin{aligned}\Delta P_I &= \Delta P_T + k_{ec}\Delta Q_T = \Delta P_{iT} + \beta^2\Delta P_{NT} + k_{ec}(\Delta Q_{iT} + \beta^2\Delta Q_{NT})\\ &= \Delta P_{iT} + k_{ec}\Delta Q_{iT} + \left(\frac{S_{ac}}{S_{NT}}\right)^2(\Delta P_{NT} + k_{ec}\Delta Q_{NT})\end{aligned} \qquad (2-25)$$

式中　k_{ec}——无功功率经济当量，kW/kvar；

S_{ac}——变电所的负荷容量(此时为变压器的实际负荷容量),kV·A;

其他变量意义同前。

两台同容量变压器并联运行时,其总运行功率损耗应为此时单台变压器运行损耗的 2 倍。同理,当 n 台同容量变压器并联运行时,其总运行功率损耗为此时一台变压器运行损耗的 n 倍,即:

$$
\Delta P_n = n(\Delta P_{\mathrm{T}} + k_{ec}\Delta Q_{\mathrm{T}}) + n\beta^2(\Delta P_{\mathrm{NT}} + k_{ec}\Delta Q_{\mathrm{NT}})
$$
$$
= n(\Delta P_{i\mathrm{T}} + k_{ec}\Delta Q_{i\mathrm{T}}) + n\left(\frac{S_{ac}}{nS_{\mathrm{NT}}}\right)^2(\Delta P_{\mathrm{NT}} + k_{ec}\Delta Q_{\mathrm{NT}}) \tag{2-26}
$$

(2) 变压器的经济运行

根据负荷的变化情况,调整变压器的运行方式,使其在功率损耗最小的条件下运行,即为变压器的经济运行。

对于单台运行的变压器,要使变压器运行经济,就必须满足变压器单位容量的有功损耗换算值 $\Delta P_{\mathrm{I}}/S$(S 为变压器负荷)最小。令 $\mathrm{d}(\Delta P_{\mathrm{I}}/S)/\mathrm{d}S = 0$,可求得单台变压器的经济负荷 S_{ec} 为:

$$
S_{ec} = S_{\mathrm{NT}}\sqrt{\frac{\Delta P_{i\mathrm{T}} + k_{ec}\Delta Q_{i\mathrm{T}}}{\Delta P_{\mathrm{NT}} + k_{ec}\Delta Q_{\mathrm{NT}}}} \tag{2-27}
$$

单台变压器运行时的经济负荷率 β_{ec} 为:

$$
\beta_{ec} = \sqrt{\frac{\Delta P_{i\mathrm{T}} + k_{ec}\Delta Q_{i\mathrm{T}}}{\Delta P_{\mathrm{NT}} + k_{ec}\Delta Q_{\mathrm{NT}}}} \tag{2-28}
$$

一般电力变压器的经济负荷率 β_{ec} 为 50% 左右。

对于有两台变压器的变电所,变压器怎样运行才最经济呢? 根据式(2-25)和式(2-26)可绘出变压器功率损耗 ΔP_{I} 与变压器负荷 S 的关系曲线,如图 2-2 所示。图中 ΔP_{I} 为一台变压器运行时的损耗,ΔP_{II} 为两台变压器并联运行时的损耗。由图可见,两条曲线的交点 A 所对应的负荷 S_{cr} 就是变压器经济运行的临界负荷。

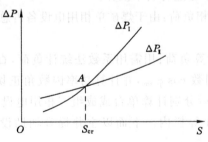

图 2-2　变压器经济运行的临界负荷

由图 2-2 可看出,当 $S < S_{cr}$ 时,因 $\Delta P_{\mathrm{I}} < \Delta P_{\mathrm{II}}$,一台变压器运行经济;当 $S > S_{cr}$ 时,因 $\Delta P_{\mathrm{II}} > \Delta P_{\mathrm{I}}$,两台变压器运行经济。

若 $S = S_{cr}$,则 $\Delta P_{\mathrm{I}} = \Delta P_{\mathrm{II}}$,即:

$$
\Delta P_{i\mathrm{T}} + k_{ec}\Delta Q_{i\mathrm{T}} + \left(\frac{S_{ac}}{S_{\mathrm{NT}}}\right)^2(\Delta P_{\mathrm{NT}} + k_{ec}\Delta Q_{\mathrm{NT}})
$$

$$= 2\Delta P_{iT} + k_{ec}\Delta Q_{iT} + 2\left(\frac{S_{ac}}{S_{NT}}\right)^2 (\Delta P_{NT} + k_{ec}\Delta Q_{NT}) \tag{2-29}$$

由此可求得两台变压器并联经济运行的临界负荷 S_{cr} 为：

$$S_{cr} = S_{NT}\sqrt{2 \times \frac{\Delta P_{iT} + k_{ec}\Delta Q_{iT}}{\Delta P_{NT} + k_{ec}\Delta Q_{NT}}} \tag{2-30}$$

当一台变压器运行时的损耗与两台同容量变压器并联运行时的损耗相同时，称 β_{ec} 为一台变压器运行时的临界负荷率：

$$\beta_{ec} = \frac{S_{cr}}{S_{NT}} = \sqrt{2 \times \frac{\Delta P_{iT} + k_{ec}\Delta Q_{iT}}{\Delta P_{NT} + k_{ec}\Delta Q_{NT}}} \tag{2-31}$$

同理，当变电所设置 n 台容量相同的变压器时，则 n 台与 $n-1$ 台变压器经济运行的临界负荷 S_{cr} 为：

$$S_{cr} = S_{NT}\sqrt{n(n-1)\frac{\Delta P_{iT} + k_{ec}\Delta Q_{iT}}{\Delta P_{NT} + k_{ec}\Delta Q_{NT}}} \tag{2-32}$$

三、确定变压器的型号、台数、容量

下面举例说明。已知某煤矿年产量为 150 万 t，地区电源电压为 63 kV，矿井全部用电设备的技术数据见负荷统计表（表 2-3）。试求该矿井总降压变电所的计算负荷，选择主变压器。

（一）负荷统计

1. 低压负荷的统计

负荷统计应从线路末端开始逐级向电源侧统计。这时应先统计各低压负荷组的计算负荷，选出配电变压器；求出变压器一次计算负荷后，将计算结果填入表中，然后再参与全矿负荷的统计。下面以地面工业广场为例进行计算。

（1）用电设备功率的确定：由于煤矿大量负荷都为长时或短时工作制的负荷，其设备的功率等于其额定功率，所以不必进行功率换算。

（2）单相负荷换算为三相负荷：由于煤矿单相用电设备占总负荷比例很少，故均按三相平衡负荷计算。

（3）用电设备（组）的计算负荷：用需用系数法统计负荷，查表 2-3 查出对应电气设备（组）的需用系数 k_{de}、功率因数 $\cos\varphi_{wm}$，并计算功率因数角正切值 $\tan\varphi_{wm}$，填于负荷统计表的 8、9 及 10 等栏内。然后分别计算单台或成组三相用电设备的计算负荷，并分别填入负荷统计表 11、12、13 及 14 等栏内。下面以主井提升辅助设备为例计算各组设备的计算负荷。

$k_{de} = 0.7$，$\cos\varphi_{wm} = 0.7$，则：

$$P_{ca} = k_{de}\sum P_N = 0.7 \times 259.8 = 181.9 \ (\text{kW})$$

$$Q_{ca} = P_{ca} = 181.9 \times 1.02 = 185.5 \ (\text{kvar})$$

$$S_{ca} = \sqrt{P_{ca}^2 + Q_{ca}^2} = \sqrt{181.9^2 + 185.5^2} = 259.8 \ (\text{kV} \cdot \text{A})$$

$$I_{ca} = \frac{S_{ca}}{\sqrt{3}U_N} = \frac{259.8}{\sqrt{3} \times 0.38} = 394.7 \ (\text{A})$$

$$E = P_{ca}T_{max} = 181.9 \times 3\,500 = 636.7 \ (\text{MW} \cdot \text{h})$$

表 2-3　　　　　　　　　地面工业广场低压负荷统计表

序号	用电设备名称	额定电压/kV	设备台数 安装台数	设备台数 工作台数	设备容量/kW 安装容量	设备容量/kW 工作容量	需用系数 k_{dc}	功率因数 $\cos\varphi$	功率角因数值正切值 $\tan\varphi$	计算负荷 有功功率/kW	计算负荷 无功功率/kvar	计算负荷 视在功率/kV·A	计算负荷 计算电流/A	年最大负荷利用小时数/h	年电能损耗/MW·h	重要负荷比例/%	备注
1	2	3	4	5	6	7	8	9	10	11	12	13	14	15	16	17	18
1	主井辅助设备	0.38				259.8	0.7	0.7	1.02	181.9	185.5	259.8	394.7	3 500	636.7	50	
2	副井辅助设备	0.38				226.8	0.7	0.7	1.02	158.8	162.0	226.9	344.7	4 500	714.6	50	
3	压风机辅助设备	0.38				483	0.7	0.75	0.88	338.1	297.5	450.8	684.9	4 500	1 521.5	50	
4	消防水泵	0.38				55	0.24	0.8	0.75	13.2	9.9	16.5	25.1	3 000	39.6	100	
5	污水泵	0.38				20	0.75	0.75	0.88	15.0	13.2	20.0	30.4	4 500	67.5		
6	回水泵	0.38				45	0.75	0.75	0.88	33.8	29.7	45.1	68.5	4 500	152.1		
7	矿灯房	0.38				60.5	0.7	0.7	1.02	42.4	43.2	60.6	92.1	3 600	152.6		
8	井口地面运输	0.38				353.5	0.7	0.75	0.88	247.5	217.8	330.0	501.4	2 000	495.0		
9	广场照明	0.38				320	0.8	1.0	0	256.0	0.0	256.0	389.0	4 400	1 126.4		
10	其他用电设备	0.38				56	0.7	0.7	1.02	39.2	40.0	56.0	85.1	8 760	343.4		
	低压负荷总计					1 879.6	0.678	0.80		1 325.9	998.8	1 660.0					取 $k_{sp}=0.95$
	低压计算负荷					1 879.6		0.793		1 259.6	968.8	1 589.1	2 414.4				$k_{sq}=0.97$
	变压器损耗									13.9	75.5			4 000	55.6		
	高压侧计算负荷	6				1 879.6		0.773	0.821	1 273.5	1 044.3	1 646.9	158.5		5 305.0		

将上述计算结果分别填入负荷统计表第11~14栏和第16栏内。其他各组负荷的计算与上述相同。

（4）地面工业广场低压侧负荷计算：低压负荷总计即为将表2-3中第1~10行的有关数据相加，即：

$$\sum P_{ca} = 181.9 + 158.8 + \cdots + 256.0 = 1\,325.9 \text{ (kW)}$$

$$\sum Q_{ca} = 185.5 + 162.0 + \cdots + 40.0 = 998.8 \text{ (kvar)}$$

工业广场低压侧负荷计算，取 $k_{sp} = 0.95, k_{sq} = 0.97$，则：

$$\sum P'_{ca} = k_{sp} \sum P_{ca} = 0.95 \times 1\,325.9 = 1\,259.6 \text{ (kW)}$$

$$\sum Q'_{ca} = k_{sq} \sum Q_{ca} = 0.97 \times 998.8 = 968.8 \text{ (kW)}$$

$$S'_{ca\sum} = \sqrt{P'^2_{ca\sum} + Q'^2_{ca\sum}} = \sqrt{1\,259.6^2 + 968.8^2} = 1\,589.1 \text{ (kV} \cdot \text{A)}$$

$$I'_{ca\sum} = \frac{S'_{ca\sum}}{\sqrt{3}U_N} = \frac{1\,589.1}{\sqrt{3} \times 0.38} = 2\,414.4 \text{ (A)}$$

$$\cos \varphi'_{wm} = \frac{P'_{co\sum}}{S'_{ca\sum}} = \frac{1\,259.6}{1\,589.1} = 0.793$$

（5）配电变压器的选择：考虑到工业广场低压侧负荷有一类负荷的辅助设备，为了保证供电的可靠必须选两台变压器，每台变压器的计算容量为：

$$S_{NT} \geqslant S_T = k_{tp} S'_{ca\sum} = 0.7 \times 1\,589.1 = 1\,112.4 \text{ (kV} \cdot \text{A)}$$

查表选 S9-1250/10 型变压器两台，其技术数据见表2-4。

表2-4　　　　　　　　　　　　　　S9-1250/10型变压器技术数据

型号	额定容量 /kV·A	额定电压 /kV		额定损耗 /kW		阻抗电压 /%	空载电流 /%	连接组	质量 /t	外形尺寸/mm		
		高压	低压	空载	短路					长	宽	高
S9-1250/10	1 250	6	0.4	2.2	11.8	4.5	1.2	Y,yn0	4.65	2 310	1 910	2 630

变压器的负荷系数为：

$$\beta = \frac{S'_{ca\sum}}{2S_{NT}} = \frac{1\,589.1}{2 \times 1\,250} = 0.636$$

（6）地面工业广场高压侧负荷计算：工业广场低压侧计算负荷加上配电变压器的功率损耗，即为6 kV高压侧的计算负荷。

变压器功率损耗计算为：

$$\Delta P_T = 2 \times (\Delta P_{iT} + \Delta P_{NT}\beta^2) = 2 \times (2.2 + 11.8 \times 0.636^2) = 13.9 \text{ (kW)}$$

$$\Delta Q_T = 2 \times \left(\frac{I_0\%}{100} S_{NT} + \frac{u_s\%}{100} S_{NT}\beta^2 \right)$$

$$= 2 \times \left(\frac{1.2}{100} \times 1\,250 + \frac{4.5}{100} \times 1\,250 \times 0.636^2 \right) = 75.5 \text{ (kvar)}$$

高压侧计算负荷为：

$$P_{ca\sum} = P'_{ca\sum} + \Delta P_T = 1\,259.6 + 13.9 = 1\,273.5 \text{ (kW)}$$

$$Q_{\mathrm{ca}\sum} = Q'_{\mathrm{ca}\sum} + \Delta Q_{\mathrm{T}} = 968.8 + 75.5 = 1\,044.3\;(\mathrm{kW})$$

$$S_{\mathrm{ca}\sum} = \sqrt{P^2_{\mathrm{ca}\sum} + Q^2_{\mathrm{ca}\sum}} = \sqrt{1\,273.5^2 + 1\,044.3^2} = 1\,646.9\;(\mathrm{kV \cdot A})$$

$$I_{\mathrm{ca}\sum} = \frac{S_{\mathrm{ca}\sum}}{\sqrt{3}\,U_{\mathrm{N}}} = \frac{1\,646.9}{\sqrt{3} \times 6} = 158.5\;(\mathrm{A})$$

$$\cos\varphi_{\mathrm{wm}} = \frac{P_{\mathrm{ca}\sum}}{S_{\mathrm{ca}\sum}} = \frac{1\,273.5}{1\,646.9} = 0.773$$

$$E_{\sum} = \sum E = 636.7 + 714.6 + \cdots + 55.6 = 5\,305.0\;(\mathrm{MW \cdot h})$$

将高压侧计算负荷填入表 2-3 中,参与全矿负荷的统计。其他各组低压用电设备的负荷计算方法同上。

2. 全矿负荷统计

(1) 高压用电设备(组)的计算负荷:其计算方法与上述低压主井提升辅助设备负荷计算相同。

(2) 全矿高压负荷总计:将全矿各组高压(侧)计算负荷相加,即:

$$\sum P_{\mathrm{ca}} = 1\,800.0 + 1\,280.0 + \cdots + 1\,212.8 = 18\,073.5\;(\mathrm{kW})$$

$$\sum Q_{\mathrm{ca}} = 1\,116.0 + 793.6 + \cdots + 1\,067.3 = 11\,087.1\;(\mathrm{kvar})$$

(3) 全矿计算负荷:计算全矿 6 kV 侧总的计算负荷,应考虑各组间最大负荷同时系数,取 $k_{\mathrm{sp}} = 0.9$,$k_{\mathrm{sq}} = 0.95$,则:

$$P_{\sum} = k_{\mathrm{sp}}\sum P_{\mathrm{ca}} = 0.9 \times 18\,073.5 = 16\,266.2\;(\mathrm{kW})$$

$$Q_{\sum} = k_{\mathrm{sq}}\sum Q_{\mathrm{ca}} = 0.95 \times 11\,087.1 = 10\,532.7\;(\mathrm{kvar})$$

$$S_{\sum} = \sqrt{P^2_{\sum} + Q^2_{\sum}} = \sqrt{16\,266.2^2 + 10\,532.7^2} = 19\,378.5\;(\mathrm{kV \cdot A})$$

$$\cos\varphi_{\mathrm{ATN}} = \frac{P_{\sum}}{S_{\sum}} = \frac{16\,266.2}{19\,378.5} = 0.839$$

将计算结果填入负荷统计表中。

(二) 功率因数的提高

1. 电容器补偿容量计算

因全矿自然功率因数 $\cos\varphi_{\mathrm{NAT}} = 0.839$,低于 0.9,所以应进行人工补偿,补偿后的功率因数应达到 0.95 以上,即 $\cos\varphi_{\mathrm{ac}} = 0.95$。则全矿所需补偿容量为:

$$Q_{\mathrm{c}} = P_{\sum}(\tan\varphi_{\mathrm{NAT}} - \tan\varphi_{\mathrm{ac}}) = 16\,266.2 \times (0.649 - 0.329) = 5\,205.2\;(\mathrm{kvar})$$

2. 电容器柜数及型号的确定

电容器拟采用双星形接线接在变电所的二次母线上,因此选标称容量为 30 kvar,额定电压为 $6.3/\sqrt{3}$ kV 的电容器,装于电容器柜中,每柜装 15 个,每柜容量为 450 kvar,则电容器柜总数为:

$$N = \frac{Q_{\mathrm{c}}}{q_{\mathrm{NC}}\left(\dfrac{U_{\mathrm{w}}}{U_{\mathrm{NC}}}\right)^2} = \frac{5\,205.2}{450 \times \left[\dfrac{6/\sqrt{3}}{6.3/\sqrt{3}}\right]^2} = 13$$

由于电容器柜要分接在两段母线上,且为了在每段母线上构成双星形接线,因此每段母线上的电容器柜也应分成相等的两组,所以每段母线上每组的电容器柜数 n 为:

$$n = \frac{N}{4} = \frac{13}{4} = 3.25$$

取不小于计算值的整数,则 $n=4$;变电所电容器柜总数 $N=4n=16$(台)。

3. 电容器的实际补偿容量

$$Q_c = q_{NC} N \left(\frac{U_w}{U_{NC}}\right)^2 = 450 \times 16 \times \left(\frac{6/\sqrt{3}}{6.3/\sqrt{3}}\right)^2 = 6\,530.6 \text{ (kvar)}$$

4. 人工补偿后的功率因数

$$Q_{ac} = Q_\Sigma - Q_c = 10\,532.7 - 6\,530.6 = 4\,002.1 \text{ (kvar)}$$

$$S_{ac} = \sqrt{P_\Sigma^2 + Q_\Sigma^2} = \sqrt{16\,266.2^2 + 4\,002.1^2} = 16\,751.3 \text{ (kV·A)}$$

$$\cos\varphi_{ac} = \frac{P_\Sigma}{S_{ac}} = \frac{16\,266.2}{16\,751.3} = 0.971$$

功率因数符合要求。

（三）主变压器的选择

由于本变电所有一类负荷,所以选择两台主变压器。当两台同时工作时,每台变压器的容量为:

$$S_{NT} \geqslant S_T = k_{tp} S_{ac} = 0.8 \times 16\,751.3 = 13\,401.0 \text{ (kV·A)}$$

经统计,全矿一、二类负荷的计算负荷为:有功功率 12 705.0 kW,无功功率 7 394.1 kvar。再考虑一段母线退出运行后,电容器的补偿容量为总补偿容量的一半,此时的无功功率为 $7\,394.1 - 6\,530.6/2 = 4\,128.8$ (kvar),所以其总的视在计算容量为 $\sqrt{12\,705.0^2 + 4\,128.8^2} = 13\,359.0$ (kV·A),占全矿计算负荷的比例为 $13\,359.0/16\,751.3 = 0.797$,小于 0.8,所以故障保证系数 k_{tp} 应取 0.8。

查表确定选择 SFL_7-16000/63 型变压器两台。

变压器的负荷率为:

$$\beta = \frac{S_{ac}}{2S_{NT}} = \frac{16\,751.3}{2 \times 16\,000} = 0.523$$

（四）全矿总负荷

1. 变压器损耗计算

（1）变压器的有功损耗

$$\Delta P_T = 2(\Delta P_{iT} + \Delta P_{iT}\beta^2)$$
$$= 2 \times (23.5 + 81.7 \times 0.523^2) = 91.7 \text{ (kW)}$$

（2）变压器的无功损耗

$$\Delta Q_T = 2 \times \left(\frac{I_0\%}{100} S_{NT} + \frac{u_s\%}{100} S_{NT}\beta^2\right)$$

$$= 2 \times \left(\frac{1}{100} \times 16\,000 + \frac{9}{100} \times 16\,000 \times 0.523^2\right)$$

$$= 1\,107.8 \text{ (kvar)}$$

2. 全矿总负荷

$$P'_\Sigma = P_\Sigma + \Delta P_T = 16\,266.2 + 91.7 = 16\,357.9 \text{ (kW)}$$

$$Q'_\Sigma = Q_{ac} + \Delta Q_T = 4\,002.1 + 1\,107.8 = 5\,109.9 \text{ (kvar)}$$

$$S'_\Sigma = \sqrt{P'^2_\Sigma + Q'^2_\Sigma} = \sqrt{16\ 357.9^2 + 5\ 109.9^2} = 1\ 713.74\ (\text{kV}\cdot\text{A})$$

$$\cos\varphi'_\Sigma = \frac{P'_\Sigma}{S'_\Sigma} = \frac{16\ 357.9}{17\ 137.4} = 0.956$$

$$I'_\Sigma = \frac{S'_\Sigma}{\sqrt{3}\times U_N} = \frac{17\ 137.4}{\sqrt{3}\times 63} = 157.1\ (\text{A})$$

全矿功率因数为 0.956。

（五）全矿吨煤电耗

本矿年产量为 150 万 t，由负荷统计表，吨煤耗电量为：

$$E_t = \frac{E_\Sigma}{T} = \frac{74\ 245.2\times10^3}{150\times10^4} = 49.5\ (\text{kW}\cdot\text{h/t})$$

小　结

　　本章首先介绍了电力负荷的用电设备工作制，阐述了需用系数法和负荷的计算方法；其次介绍了提高工矿企业自然功率因数的方法，讲解了运用电容器进行功率因数补偿的原理；最后阐述了变压器的选择原则和对经济运行方式进行分析的方法，并通过实例讲解了根据企业是否有一、二类负荷确定变压器台数，根据负荷统计结果确定容量，同时考虑变压器的损耗情况决定补偿电容器的容量、台数，最后结合安装环境确定变压器型号的具体步骤。

思考与练习

1. 用电设备按照工作制分哪几类？

2. 负荷计算的原则是什么？

3. 负荷计算的步骤是什么？

4. 提高自然功率因数的意义和方法是什么？

5. 简述变压器具体选择的方法、步骤。

6. 简述用补偿电容器来提高功率因数的原理。

第三章　短路电流及计算

第一节　概　述

根据运行经验,破坏电力系统正常运行的故障最常见、危害最大的是各种短路现象。应通过对短路电流的分析和计算,采取合适的保护措施,确保供电的安全。短路电流的计算是我们进行设备选择和保护整定必须要掌握的基本知识。

一、短路类型

短路就是供电系统中不等电位的点没有经过用电器而直接相连通。

在三相系统中,短路的基本形式有三相短路、单相短路以及两相接地短路。各种短路如图 3-1 所示。

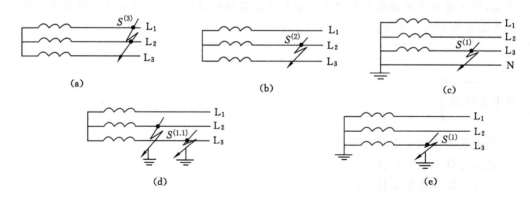

图 3-1　短路的种类
(a)三相短路;(b)两相短路;(c)单相短路;(d)两相接地短路;(e)单相接地短路

当三相短路时,由于短路回路阻抗相等,因此三相电流和电压仍是对称的,故又称为对称短路,而出现其他类型短路时,不仅每相电路中的电流和电压数值不等,其相角也不同,这些短路总称为不对称短路。

短路的电压与电流的相位差较正常时增大,接近于 $90°$。

单相短路只发生在中性点直接接地系统或三相四线制系统中。

其他还有层间短路,主要指电动机、变压器和线圈等的短路。

最关键的两个短路电流,一个是最大短路电流,主要用于选择设备、导线;另一个是最小短路电流,主要用于继电保护装置整定、校验。

二、短路原因

形成短路的原因很多,主要有以下几个方面:

(1) 元件损坏。如设备绝缘材料老化,设计制造安装及维护不良等造成的设备缺陷发展成短路。

(2) 气象条件影响。如雷击过电压造成的闪络放电,由于风灾引起架空线断线或导线覆冰引起电杆倒塌等。

(3) 人为过失。如运行人员带负荷拉刀闸,检修线路或设备时未排除接地线就合闸供电等。

(4) 其他原因。如挖沟损伤电缆,鸟、兽、风筝跨接在载流裸导体上等。

三、短路的危害

（一）特点

(1) 电流剧增至正常电流的几十甚至几百倍(电流大)。

(2) 系统电压骤降。

（二）后果

(1) 在工业供电系统中发生短路故障时,在短路回路中短路电流要比额定电流大几十倍至几百倍,可达数千安甚至更大,短路电流通过电气设备和导线必然要产生很大的电动力。

(2) 设备通过短路电流将使其发热增加,如短路持续时间较长,电气设备可能由于过热而造成导体熔化或绝缘损坏。

(3) 短路时故障点往往有电弧产生,它不仅可能烧坏故障元件,且可能殃及周围设备。

(4) 在短路点附近电压显著下降。系统中最主要的电力负荷是异步电动机,它的电磁转矩与端电压的平方成正比,电压下降时,电动机的电磁转矩显著减小,转速随之下降。当电压大幅度下降时,电动机甚至可能停转,造成产品报废、设备损坏等严重后果。

(5) 发生不对称短路时,不平衡电流产生的磁通,可以在附近的电路内感应出很大的电动势,对于架设在高压电力线路附近的通信线路或铁道信号系统会产生严重的影响。

(6) 当短路点离发电厂很近时,有可能造成发电机失去同步,使整个电力系统的运行解列,这是短路故障的最严重后果。

综上所述,短路危害是严重的,但是只要精心设计、认真施工、加强日常维护、严格遵守操作规程,大多数短路故障是可以避免的。

四、保护措施

保护措施主要包括装设电抗器、熔断器、继电保护装置等。

五、计算短路电流的目的和任务

(1) 正确选择和校验电气设备。电力系统中的电气设备在短路电流的电动力效应和热效应作用下,必须不受损坏,以免扩大事故范围,造成更大的损失。为此,在设计时必须校验所选择的电气设备的电动力稳定度和热稳定度,因此就需要计算发生短路时流过电气设备的短路电流。如果短路电流太大,必须采用限流措施。

(2) 继电保护设计和整定。关于电力系统中应配置什么样的继电保护,以及这些保护装置应如何整定,必须对电力网路中可能发生的各种短路情况逐一加以计算分析,才能正确解决。

(3) 确定电气主接线方案。在设计电气主接线方案时往往出现以下情况:一个供电可靠性高的接线方案,因为电的联系强,在发生故障时,短路电流太大以致必须选用昂贵的电气设备,而使所设计的方案在经济上不合理,这时若采取一些措施,如适当改变电路的接法,增加限制短路电流的设备,或者限制某种运行方式的出现,就会得到既可靠又经济的主接线方案。总之,在评价和比较各种主接线方案时,计算短路电流是一项很重要的内容。

六、计算短路电流需要收集的资料

计算短路电流除要熟悉变电所主接线系统,主要运行方式,各种变压器的型号、容量、有关各种参数,供电线路的电压等级,架空线和电缆的型号、有关参数、距离,大型高压电机型号和有关参数,还必须到电力部门收集下列材料:

(1)电力系统现有总额定容量及远期的发展总额定容量。

(2)与本变电所电源进线所连接的上一级变电所母线,在最大运行方式(系统在该方式下运行时,具有最小的短路阻抗值,发生短路后产生的短路电流最大)下的短路电流,和最小运行方式(系统在该方式下运行时,具有最大的短路阻抗值,发生短路后产生的短路电流最小)下的短路电流或短路容量。

(3)企业附近有发电厂的应收集各种发电机组的型号、容量、次暂态电抗、连线方式、变压器容量和短路电压百分数,输电线路的电压等级,输电线型号和距离等。

(4)通常变电所有两条电源进线,一条运行,另一条备用,应判断哪条进线的短路电源较大,哪条较小,然后分别计算最大运行方式下和最小运行方式下的短路电流。

第二节 短路电流的暂态过程

电力系统发生短路故障时,由于系统中存在着电感,而使得电路中的电流不能突变,必须经过一定的时间才能由短路前的稳定状态过渡到短路后的稳定状态,这一过程称为短路电流的暂态过程。暂态过程中的短路电流往往比短路电流的稳定值大得多,因此对电气设备的危害相当严重。

一、无限大容量电源系统短路电流的暂态过程

无限大容量系统指电力系统的电源容量无限大。无论电流有多大,电源电压和频率保持恒定,内阻抗为零。无限大容量电力系统实际是不存在的,只是为了简化末端短路容量的计算,忽略系统阻抗的一种做法。比如为了计算配电变压器的低压侧短路电流,由于变压器的阻抗远大于系统阻抗,计算时可以把系统看成无限大容量,从而就可以忽略系统阻抗,使计算简便,计算结果虽然会有一定误差,但一般能满足工程的需要。工矿企业供电系统内发生短路时,可以认为是无限大电源容量系统的短路。

发生三相短路时,由于是对称性短路,短路电流的暂态过程可取一相进行分析,如图3-2所示。

设电源母线 A 上的相电压瞬时值表达式为:

$$u = U_m \sin(\omega t + \theta) \tag{3-1}$$

短路前负荷电流的瞬时表达式为:

$$i = I_m \sin(\omega t + \theta - \varphi) \tag{3-2}$$

式中　U_m——电源母线相电压的幅值;

　　　I_m——断路前负荷电流的幅值;

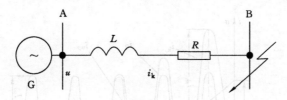

图 3-2　短路系统单相示意图

φ——负荷的阻抗角。

当母线 B 处发生三相短路时,短路回路的电压平衡方程式为:

$$L\frac{\mathrm{d}i_k}{\mathrm{d}t}+Ri_k=U_m\sin(\omega t+\theta)\tag{3-3}$$

其解为:

$$i_k=i_p+i_{np}=I_{pm}\sin(\omega t+\theta-\varphi_s)+[I_m\sin(\theta-\varphi)-I_{pm}\sin(\theta-\varphi_s)]e^{\frac{-t}{T_s}}\tag{3-4}$$

式中　i_p——短路电流的周期分量,它随时间按正弦规律变化,即:

$$i_p=I_{pm}\sin(\omega t+\theta-\varphi_s)\tag{3-5}$$

I_{pm}——短路电流周期分量的幅值,可用式(3-6)表示:

$$I_{pm}=\frac{U_m}{\sqrt{R^2+(\omega L)^2}}\tag{3-6}$$

i_{np}——短路电流的非周期分量,它随时间按指数规律衰减,即:

$$i_{np}=[I_m\sin(\theta-\omega)-I_{pm}\sin(\theta-\varphi_s)]e^{\frac{-t}{T_s}}\tag{3-7}$$

φ_s——短路回路的阻抗角,即:

$$\varphi_s=\arctan\frac{\omega L}{R}\tag{3-8}$$

θ——发生短路瞬间电压的相位角。

T_s——短路回路的时间常数,$T_s=L/R$。

从式(3-4)中可看出,短路电流是由周期分量和非周期分量两部分合成的。周期分量的幅值取决于电源电压和短路回路的总阻抗。在无限大电源容量系统中,由于电源电压保护,所以周期分量的幅值在整个暂态过程中也保持恒定。短路电流的非周期分量则是随着时间衰减的直流量,其波形偏向时间轴的一侧。短路后 0.2 s,即衰减到初始值的 2%左右,在工程上认为暂态过程已经结束,电路进入短路后的稳定状态。短路电流的波形如图 3-3 所示。

二、需计算的短路电流值

(一)短路稳态电流

当短路电流的非周期分量衰减完毕后,短路电流进入新的稳定状态,这时的短路电流有效值称为短路稳态电流,用 I_k 表示,它用来检验设备的热稳定性。

(二)次暂态电流

次暂态短路电流指的是短路后第一个周期的短路电流周期分量的有效值,用 I'' 表示。对于无限大电源容量系统,由于短路电流周期分量的幅值不衰减,所以短路电流周期分量的有效值在每个周期都相等,因此次暂态电流就等于短路稳态电流,即:

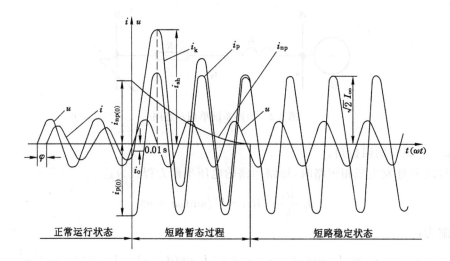

图 3-3 短路电流波形曲线

$$I'' = I_k = I_p$$

(三)短路冲击电流

短路冲击电流指短路电流可能的最大值,用 I_{sh} 表示。

对于感性负荷回路,当短路前负载电流为零,短路瞬间电压恰好通过零值时,短路后经过半个周期($t = 0.01\text{ s}$)就会出现短路电流的冲击值,即:

$$I_{sh} = \sqrt{2} k_{sh} I'' \tag{3-9}$$

式中 k_{sh}——冲击系数,$k_{sh} = 1 + \mathrm{e}^{\frac{0.01}{T_s}}$。

冲击系数 k_{sh} 的数值随短路回路的时间常数 T_s 的不同而不同。

当短路回路为纯电阻电路时,回路没有非周期分量,$T_s = L/R = 0$,$k_{sh} = 1$;当短路回路为纯电感电路时,非周期分量不衰减,$T_s = L/R = \infty$,$k_{sh} = 2$。

实际计算中,对于一般高压电网,$T_s \approx 0.5\text{ s}$,此时 $K_{sh} = 1.8$,则短路冲击电流为:

$$I_{sh} = \sqrt{2} k_{sh} I'' = \sqrt{2} \times 1.8 I'' = 2.55 I'' \tag{3-10}$$

对于一般低压电网,$T_s \approx 0.008\text{ s}$,此时 $K_{sh} = 1.3$,则短路冲击电流为:

$$I_{sh} = \sqrt{2} k_{sh} I'' = \sqrt{2} \times 1.3 I'' = 1.84 I'' \tag{3-11}$$

(四)短路冲击电流有效值

通常把短路后第一个周期短路电流的有效值称为短路冲击电流有效值,用符号 I_{sh} 表示。

对于高压电网:

$$I_{sh} = 1.52 I'' \tag{3-12}$$

对于低压电网:

$$I_{sh} = 1.09 I'' \tag{3-13}$$

(五)短路稳态电流

短路电流非周期分量 i_{np} 经过 10 个周期后衰减完毕,短路电流达到稳定状态,此时的电流称为稳态电流,用 I_∞ 表示。在无穷大容量电力系统中,短路电流周期分量有效值 I_k 在短路过程中是恒定的。

$$I''=I_\infty=I_k \tag{3-14}$$

第三节　短路电流的计算

一、短路电流的计算方法

(一)有名值法

有名值法又称绝对值法或者欧姆法。采用有名值方法计算短路电流时,电压、电流、阻抗等物理量直接带单位参加计算,其公式中的各物理量都是有单位的量。在计算低压供电系统的短路电流时,由于高压系统的阻抗与低压系统的阻抗相比很小,高压系统阻抗可忽略不计,减少了折算工作。故在低压电网中计算短路电流时多采用绝对值法计算短路电流。下面就低压电网短路电流计算来介绍怎样应用有名值法计算短路电流。

1. 有名值法计算低压短路电流时的简化条件

(1) 在低压电网中,向短路点供电的变压器容量如果不超过供电电源容量 3%,在计算短路电流时认为变压器高压侧端电压不变。煤矿供电中大部分都满足这一条件。

(2) 对低压电网一般不允许忽略电阻的影响,只有当短路回路的总电阻小于或等于总电抗的 1/3 时才允许忽略电阻。

(3) 电缆、母线长度超过 10 m 时不能忽略电阻。

2. 有名值法计算短路电流的步骤

有名值法计算短路电流的步骤分为绘制短路计算电路图、绘制等值电路图、计算回路总阻抗、计算短路电流等四步。

以下介绍短路回路总阻抗计算、短路电流计算。

3. 短路回路总阻抗计算

(1) 短路回路中各元件阻抗的计算

短路回路中的阻抗元件有电源(电源系统或发电机)、变压器、输电线路、电抗器等。

① 电源系统阻抗计算

若已知向短路点供电变压器高压系统的短路容量便可求出系统的电抗。由于电源系统的电抗远大于电阻,可将电阻忽略不计,只考虑电抗即可。电源系统的电抗计算为:

$$X_{sy}=\frac{U_{av}^2}{S_s}=\frac{U_{av}}{\sqrt{3}\,I_s^{(3)}} \tag{3-15}$$

式中　X_{sy}——电源系统的电抗,Ω;

　　　U_{av}——电源母线上的平均电压,kV;

　　　S_s——电源母线上的短路容量,kV·A;

　　　$I_s^{(3)}$——电源母线上的三相短路电流,kA。

平均电抗的选取见表 3-1。

表 3-1 不同电压等级的各种线路电抗平均值

线路种类	电抗/(Ω/km)
架空单回路电压在 1 kV 以上到 220 kV	0.4
架空单回路电压在 1 kV 以下	0.3
35 kV 电缆线路	0.12
1 kV 到 10 kV 电缆线路	0.07～0.08
1 kV 以下电缆线路	0.06～0.07

② 变压器的阻抗计算

变压器的阻抗计算式为：

$$Z_T = \frac{u_s\%}{100} \cdot \frac{U_{2NT}^2}{S_{NT}} \tag{3-16}$$

式中　Z_T——变压器的阻抗，Ω；

　　　$u_s\%$——变压器短路电压百分数，由变压器技术参数表查得；

　　　U_{2NT}——变压器二次额定电压，kV；

　　　S_{NT}——变压器的额定容量，kV·A。

变压器的电阻计算式为：

$$R_T = \Delta R_{NT} \frac{U_{2NT}^2}{S_{NT}^2} \tag{3-17}$$

式中　R_T——变压器的电阻，Ω；

　　　ΔP_{NT}——变压器的短路损耗，MW，可由变压器技术参数表中查得。

变压器的电抗计算式为：

$$X_T = \sqrt{Z_T^2 - R_T^2} \tag{3-18}$$

式中　X_T——变压器的电抗，Ω。

对大容量电力变压器，$X_T \gg R_T$，R_T 可忽略不计，$Z_T \approx X_T$。对小容量变压器，其电阻不能忽略。变压器的电阻和电抗可直接从技术参数表中查出。

③ 输电线路阻抗计算

输电线路电抗计算式为：

$$X_\omega = x_0 L \tag{3-19}$$

式中　X_ω——输电线路电抗，Ω；

　　　x_0——输电线路单位长度电抗，Ω/km，其值与导线直径和相间距离等因素有关，不同电压等级的各种线路电抗平均值，见表 3-1。

　　　L——输电线路长度，km。

输电线路电阻计算公式为：

$$R_\omega = \frac{L}{\gamma_{sc} A} \tag{3-20}$$

式中　R_ω——输电线路的电阻，Ω；

　　　L——导线的长度，m；

　　　A——导线的截面积，mm^2；

γ_{sc}——导线材料的电导率，$m/(\Omega \cdot mm^2)$。

各种电缆芯线在不同温度下的电导率见表 3-2。

表 3-2 　　　　　　　　　　　　　　　　电缆的电导率

电缆种类	电导率$/m \cdot (\Omega \cdot mm^2)^{-1}$		
	20 ℃	65 ℃	80 ℃
铜芯软电缆	53	42.5	—
铜芯铠装电缆	—	48.6	44.3
铝芯铠装电缆	32	28.8	—

线路电阻也可由下式计算：

$$R_\omega = r_0 \cdot L \tag{3-21}$$

式中　r_0——输电线路单位长度电阻，Ω/km，见表 3-3。

表 3-3　　　　　　　　　　　6 kV 高压铠装电缆阻抗　　　　　　　　　　单位：Ω/km

芯线截面 /mm²	铜芯		铝芯	
	电阻	电抗	电阻	电抗
16	1.344	0.068	2.298	0.068
25	0.858	0.066	1.444	0.066
35	0.613	0.064	1.032	0.064
50	0.429	0.063	0.772	0.063
70	0.307	0.061	0.516	0.061
95	0.226	0.060	0.380	0.060
120	0.179	0.060	0.301	0.060
150	0.143	0.060	0.241	0.060
185	0.116	0.060	0.195	0.060

注：1. 表中电阻为芯线温度 65 ℃时的电阻值；

2. 10 kV 高压电缆的电抗值按 0.08 Ω/km 计算。

④ 电抗器的电抗计算

电抗器是用来限制短路电流的电器，其电抗值计算公式为：

$$X_r = \frac{x_r\%}{100} \cdot \frac{U_{Nr}}{\sqrt{3} I_{Nr}} \tag{3-22}$$

式中　X_r——电抗器的电抗，Ω；

$x_r\%$——电抗器的百分数电抗，可查电抗器的技术参数表；

U_{Nr}——电抗器的额定电压，kV；

I_{Nr}——电抗器的额定电流，kA。

（2）短路回路的总阻抗计算

在计算短路回路的总阻抗时，由于短路回路中各元件的连接方式各有不同，所以应根据电工基础原理将它们化简为简单电路，然后再进行总阻抗的计算。各种不同电网的变换及基本公式见表 3-4。

表 3-4   **不同电网变换及其基本公式**

变换名称	变换前的网络	变换后的网络	变换后网络元件的阻抗
串联	X_1 X_2 X_3	X_Σ	$X_\Sigma = X_1 + X_2 + \cdots + X_n$
并联	X_1 X_2 X_3	X_Σ	$X_\Sigma = \dfrac{1}{\dfrac{1}{X_1} + \dfrac{1}{X_2} + \dfrac{1}{X_3} + \cdots + \dfrac{1}{X_n}}$
三角形变换成等值星形	X_{WU} X_{UV} X_{VW}	X_U X_W X_V	$X_U = \dfrac{X_{UV} \cdot X_{WU}}{X_{UV} + X_{VW} + X_{WU}}$ $X_V = \dfrac{X_{UV} \cdot X_{VW}}{X_{UV} + X_{VW} + X_{WU}}$ $X_W = \dfrac{X_{WV} \cdot X_{VW}}{X_{UV} + X_{VW} + X_{WU}}$
星形变换成等值三角形	X_U X_W X_V	X_{UV} X_{WU} X_{VW}	$X_{UV} = X_U + X_V + \dfrac{X_U \cdot X_V}{X_W}$ $X_{VW} = X_W + X_V + \dfrac{X_W \cdot X_V}{X_U}$ $X_{WU} = X_W + X_U + \dfrac{X_W \cdot X_U}{X_V}$

在计算短路回路的总阻抗时,短路回路中各元件所在线路可能不属于同一电压等级,所以还应把不同电压等级电路的元件阻抗折算到短路点所在电路的电压等级上,然后才能进行总阻抗的计算。阻抗的折算应以满足折算前、后元件消耗的功率不变原则进行,即折算公式为:

$$R' = R \cdot \left(\frac{U_{av2}}{U_{av1}}\right)^2$$

$$X' = X \cdot \left(\frac{U_{av2}}{U_{av1}}\right)^2 \qquad (3-23)$$

式中 R'、X'——折算后的等效电阻与电抗,Ω;

      R、X——折算前电路元件实际电阻与电抗,Ω;

      U_{av1}——元件所在电网的平均电压,kV;

      U_{av2}——短路点所在电网的平均电压,kV。

把短路回路化简和将不同电压等级元件阻抗折算后,可计算短路回路的总阻抗。短路回路总阻抗计算式为:

$$Z_\Sigma = \sqrt{R_\Sigma^2 + X_\Sigma^2} \qquad (3-24)$$

式中 R_Σ——短路回路的总电阻,Ω。在计算低压电网的最小短路电流时,应计入短路点的电弧电阻值 R_{ea},R_{ea} 取 0.01 Ω。

      X_Σ——短路回路的总电抗,Ω。

4. 短路电流计算

(1) 绘制短路计算电路图。

(2) 绘制等值电路图。

(3) 计算短路回路中各元件的电阻和电抗,然后将不同电压等级元件电阻和电抗进行折算。

(4) 计算短路回路总阻抗。

(5) 计算短路电流。

无限大电源容量系统发生三相短路时,其短路属对称短路,计算公式为:

$$I_s^{(3)} = \frac{U_{av}}{\sqrt{3} Z_{\sum}} = \frac{U_{av}}{\sqrt{3} \sqrt{R_{\sum}^2 + X_{\sum}^2}} \tag{3-25}$$

式中 U_{av}——短路点所在处线路平均电压,kV;

$I_s^{(3)}$——三相短路电流,kA。

(二) 相对值法(标幺值法)

1. 相对值(标幺值法、相对单位制法)

先选基本容量,工程设计,基本容量 S_{da} 通常取 100 MV·A。基本电压选各元件及短路点线路的平均电压 U_{av},计算各个元件线电压。

$$I_{da} = \frac{S_{da}}{\sqrt{3} U_{da}} \tag{3-26}$$

$$X_{da} = \frac{U_{da}}{\sqrt{3} I_{da}} = \frac{U_{da}^2}{S_{da}} \tag{3-27}$$

$$S_{*da} = \frac{S}{S_{da}} \tag{3-28}$$

$$U_{*da} = \frac{U}{U_{da}} \tag{3-29}$$

$$I_{*da} = \frac{I}{I_{da}} = \frac{\sqrt{3} U_{da} I}{S_{da}} \tag{3-30}$$

$$X_{*da} = \frac{X}{X_{da}} = X \frac{\sqrt{3} I_{da}}{U_{da}} = X \frac{S_{da}}{U_{da}^2} \tag{3-31}$$

式中 S、U、I、X——各物理量的实际值;

S_{*da}、U_{*da}、I_{*da}、X_{*da}——各物理量的相对基准值。

2. 系统各元件相对基准电抗值的计算

(1) 电源系统的相对基准电抗

$$X_{sy*da} = \frac{X_{sy}}{X_{da}} = \frac{\dfrac{U_{da}^2}{S}}{\dfrac{U_{da}^2}{S_{da}}} = \frac{S_{da}}{S} \tag{3-32}$$

式中 X_{sy}——电源系统的实际电抗;

X_{sy*da}——电源系统的相对基准电抗。

(2) 变压器的相对基准电抗

$$X_{T*da} = \frac{u_z\%}{100} \frac{S_{da}}{S_{NT}} \qquad (3-33)$$

式中　X_{T*da}——变压器的相对基准电抗；

　　　$u_z\%$——变压器短路电压百分比；

　　　S_{NT}——变压器额定容量。

（3）电抗器的相对基准电抗

$$X_{r*da} = \frac{x_z\%}{100} \frac{U_{Nr} I_{da}}{I_{Nr} U_{da}} = \frac{x_r\%}{100} \frac{U_{Nr}}{\sqrt{3} I_{Nr}} \frac{S_{da}}{U_{da}^2} \qquad (3-34)$$

式中　X_{r*da}——电抗器的相对基准电抗；

　　　$x_z\%$——电抗器电抗值；

　　　U_{Nr}——电抗器额定电压，kV；

　　　I_{Nr}——电抗器额定电流，kA。

（4）线路的相对基准电抗

$$X_{w*da} = X_w \frac{S_{da}}{U_{da}^2} = x_0 L \frac{S_{da}}{U_{da}^2} \qquad (3-35)$$

$$R_{w*da} = R_w \frac{S_{da}}{U_{da}^2} = r_0 L \frac{S_{da}}{U_{da}^2} \qquad (3-36)$$

式中　X_{w*da}、X_{w*da}——线路的相对基准电抗、相对基准电阻；

　　　L——线路长度；

　　　X_w、R_w——线路实际电抗、实际电阻。

3．短路电流的计算

（1）短路电流的相对基准值

$$I_{s*da}^{(3)} = \frac{I_s^{(3)}}{I_{da}} = \frac{\dfrac{U_{da}}{\sqrt{3} X_\Sigma}}{\dfrac{U_{da}}{\sqrt{3} X_{da}}} = \frac{X_{da}}{X_\Sigma} = \frac{1}{X_{\Sigma*da}} \qquad (3-37)$$

（2）短路电流的计算

$$I_s^{(3)} = I_{s*da}^{(3)} I_{da} = \frac{I_{da}}{X_{\Sigma*da}} \qquad (3-38)$$

（3）三相短路容量

$$S_{s*da}^{(3)} = \frac{S_s}{S_{da}} = \frac{\sqrt{3} U_{da} I_s^{(3)}}{\sqrt{3} U_{da} I_{da}^{(3)}} = \frac{I_s^{(3)}}{I_{da}} = \frac{1}{X_{\Sigma*da}} \qquad (3-39)$$

$$S_s = S_{s*da} S_{da} = \frac{S_{da}}{X_{\Sigma*da}} = \sqrt{3} U_{da} I_s^{(3)} \qquad (3-40)$$

（三）不对称短路电流的计算

包括两相短路、单相短路电流的计算。

1．两相短路电流的计算

（1）解析法计算两相短路电流

低压电网两相短路电流用于校验开关保护装置的灵敏度。在计算短路电流时，需计算出最小两相短路电流,所以首先要选择短路点。在井下供电系统中,每一个开关都有一定的保护范围,其在保护范围内最远点发生短路时,短路电流最小,选择这样的点为短路点,求其两相短路电流。如果开关的保护装置能在此电流下可靠动作,在保护范围内其他任何点发生两相短路,保护装置均能动作。计算短路电流的计算电路图如图 3-4 所示,短路点 S 选在保护范围的末端。

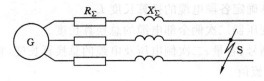

图 3-4　系统两相短路电流计算图

两相短路电流计算公式为:

$$I_s^{(2)} = \frac{U_{av}}{2Z_{\Sigma}} = \frac{U_{av}}{2\sqrt{R_{\Sigma}^2 + X_{\Sigma}^2}} \tag{3-41}$$

式中　U_{av}——短路点所在线路的平均电压,kV;

　　　Z_{Σ}——短路回路的总阻抗,Ω;

　　　$I_s^{(2)}$——两相短路电流,kA。

由式(3-25)和式(3-41)可得出同一点短路时三相短路电流与两相短路电流之间的关系式为:

$$I_s^{(2)} = \frac{\sqrt{3}}{2} I_s^{(3)} = 0.866 I_s^{(3)} \tag{3-42}$$

因此在计算出三相短路电流时,由式(3-42)可计算出两相短路电流。

(2) 查表法计算井下低压电网两相短路电流

低压电网两相短路电流的计算除上述方法外,工程中常采用查表法计算低压电网两相短路电流,查表法计算两相短路电流是一种简捷、快速的计算方法。

在无限大电源容量系统中,低压电网短路电流的大小取决于电力变压器和低压电缆的阻抗。当变压器的型号、容量和电缆的截面一定时,短路电流的大小就是电缆长度的函数,如果已知电缆长度 L,就可直接求出两相短路电流的大小。所以,根据变压器的型号和容量,列出不同长度的电缆所对应的短路电流表,通过短路点至变压器之间的电缆长度查出所对应的短路电流大小。在实际低压电网中,各段电缆的截面积是不相等的,如果对多种截面的电缆线路列短路电流表,就显得表格庞大而繁杂,不利于查算。因此,为了使表格简化和提高查表的速度,将不同低压电缆截面统一到一个标准截面下,即在阻抗不变的原则下,把不同截面和长度的电缆换算成统一标准截面下的等效长度。对 380 V、660 V 和 1 120 V 系统,当导线采用电缆时,取电缆的标准截面为 50 mm²。对 127 V 系统,取电缆的标准截面为 4 mm²。

把不同截面电缆长度换算到标准截面下的等效长度与实际电缆长度的比值称为换算系数,用 k_{ct} 表示,其等效长度也称换算长度,用 L_{ct} 表示。换算长度 L_{ct} 与实际长度 L 之间的关系为:

$$L_{ct} = k_{ct} L \tag{3-43}$$

式中　L_{ct}——电缆的换算长度，m；

　　　k_{ct}——换算系数；

　　　L——电缆的实际长度，m。

利用查表法计算低压电网两相短路电流的步骤如下：

① 绘制短路计算电路图，在图中选定短路计算点。

② 通过查表或计算确定各段电缆的换算长度 L_{ct}。

③ 求出短路点至变压器二次侧全部电缆的总换算长度。

④ 根据变压器的型号、容量、二次侧电压及电缆的总换算长度，在相应的变压器栏目下查出对应的两相短路电流值。

2. 单相短路电流的计算

在 380/220 V 三相四线制供电系统中，常需要计算单相短路电流，用于校验保护装置的灵敏度。单相短路也属于不对称短路，其短路电流的计算公式同两相短路电流一样均可用对称分量法分析得出。

（1）对称分量法计算单相短路电流

$$I_s^{(1)} = \frac{3U_\varphi}{\sqrt{(R_{1\sum} + R_{2\sum} + R_{0\sum} + 3R_{ca})^2 + (X_{1\sum} + X_{2\sum} + X_{0\sum})^2}} \tag{3-44}$$

式中　R_{ca}——电弧电阻，一般取 10 mΩ；

　　　$I_s^{(1)}$——单相短路电流，kA；

　　　U_φ——变压器二次侧平均相电压，取 230 V；

　　　$R_{1\sum}$、$R_{2\sum}$、$R_{0\sum}$——短路回路总的正序、负序和零序电阻，mΩ；

　　　$X_{1\sum}$、$X_{2\sum}$、$X_{0\sum}$——短路回路总的正序、负序和零序电抗，mΩ。

短路回路中正序、负序阻抗相等，正序阻抗即为计算三相短路电流时用的阻抗。短路回路的零序阻抗，对高压系统由于变压器都为 Y，yn0 接线，这样低压侧单相短路时，零序电流不能在高压侧流通，故认为高压系统无零序阻抗。变压器的零序电抗可查表获得，电流互感器、开关的零序阻抗等于正序阻抗。三相四线制配电线路的零序阻抗计算式为：

$$\begin{cases} R_0 = R_{0\varphi} + 3R_{0n} \\ X_0 = X_{0\varphi} + 3X_{0n} \end{cases} \tag{3-45}$$

式中　R_0、X_0——线路的零序电阻、电抗，mΩ；

　　　$R_{0\varphi}$、$X_{0\varphi}$——相线的零序电阻、电抗，mΩ；

　　　R_{0n}、X_{0n}——零线的零序电阻、电抗，mΩ。

（2）相-零回路法计算单相短路电流

为了简化计算引入相-零回路阻抗，其短路电流计算式为：

$$I_s^{(1)} = \frac{U_\varphi}{\sqrt{(R_{T\varphi} + R_{\varphi n\sum} + R_{ea})^2 + (X_{T\varphi} + X_{\varphi n\sum})^2}} \tag{3-46}$$

式中　$R_{T\varphi}$、$X_{T\varphi}$——变压器的单相（相-零）电阻、电抗，mΩ；

　　　$R_{\varphi n\sum}$、$X_{\varphi n\sum}$——短路回路（相-零）的总电阻、电抗，mΩ。

在单相短路回路中，任一元件（变压器、线路）的相-零阻抗由下式计算：

$$R_{\varphi n}（或 R_{T\varphi}）= \frac{1}{3}(R_1 + R_2 + R_0)$$

$$X_{\varphi n}(\text{或 } X_{T\varphi}) = \frac{1}{3}(X_1 + X_2 + X_0) \tag{3-47}$$

式中　R_1、R_2、R_0——元件的正序、负序、零序电阻，$m\Omega$；

$\qquad$ X_1、X_2、X_0——元件的正序、负序、零序电抗，$m\Omega$。

常用三相双线圈铝线配电电力变压器和 500 V 聚氯乙烯绝缘四芯电力电缆的各序阻抗见表 3-5 和表 3-6。其他元件请查有关手册。

表 3-5　　常用三相双线圈铝线配电电力变压器的零序阻抗(归算到 400 V 侧)　　　单位：$m\Omega$

电压/kV	容量/kV·A	阻抗电压/%	零序电阻	零序电抗	相-零电阻	相-零电抗
10(6)/0.4	100	4	312	425	124.75	177.75
	160		240	318	92.78	129.39
	200		204	268	77.87	108.25
	250		162	216	61.40	87.88
	315		122	174	46.33	70.30
	500		58	110	22.61	44.55
	630		40	84	15.97	35.15
	800		36	60	13.96	25.67
	1 000	4.5	34	46	12.87	19.88
	1 250		30	38	11.17	16.32
	1 600		24	32	8.83	13.55

表 3-6　　　　　500 V 聚氯乙烯绝缘四芯电力电缆每米阻抗值　　　单位：$m\Omega/m$

芯线标准截面 /mm^2	温度为 65 ℃时的电阻值				正、负序电抗 X_1、X_2	零序电抗	
	铝		铜				
	相线 R	零线 R_{0n}	相线 R	零线 R_{0n}		相线 $X_{0\varphi}$	零线 X_{0n}
$3\times4+1\times2.5$	9.237	14.778	5.482	8.772	0.100	0.114	0.129
$3\times6+1\times4$	6.158	9.237	3.665	5.482	0.099	0.115	0.127
$3\times10+1\times6$	3.695	6.158	2.193	3.665	0.094	0.108	0.125
$3\times16+1\times6$	2.309	6.158	1.371	3.665	0.087	0.104	0.134
$3\times25+1\times10$	1.057	3.695	0.895	2.193	0.082	0.101	0.137
$3\times35+1\times10$	1.077	3.695	0.639	2.193	0.080	0.100	0.138
$3\times50+1\times16$	0.754	2.309	0.447	1.371	0.079	0.101	0.135
$3\times70+1\times25$	0.538	1.057	0.319	0.895	0.078	0.079	0.127
$3\times95+1\times35$	0.397	1.077	0.235	0.639	0.079	0.097	0.125
$3\times120+1\times35$	0.314	1.077	0.188	0.639	0.076	0.095	0.130
$3\times150+1\times50$	0.251	0.754	0.151	0.447	0.076	0.093	0.120
$3\times180+1\times50$	0.203	0.754	0.123	0.447	0.076	0.094	0.128

二、计算三相短路电流示例

【例 3-1】 某采区供电系统如图 3-5 所示。已知井下中央变电所 6 kV 母线上的短路容量为 50 MV·A,由井下中央变电所至采区变电所的高压电缆为 ZLQ-3×35 型铠装电缆,长度为 2 000 m,其余参数如图所示。试计算 S 点的三相短路电流。

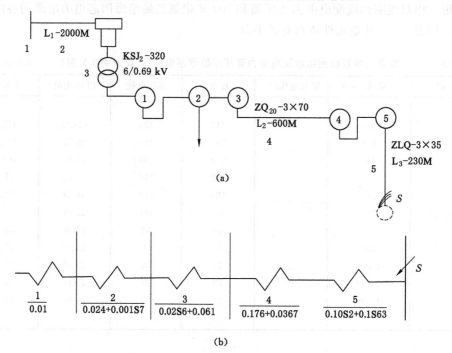

(a)

(b)

图 3-5　例 3-1 图

(a) 计算电路图;(b) S 点短路的等值电路图

【解】　(一)计算短路回路阻抗

1. 电源系统电抗

$$X_{sy} = \frac{U_{av}^2}{S_s} = \frac{6.3}{50} = 0.794(\Omega)$$

折算到 660 V 侧:

$$X'_{sy} = X_{sy} \cdot \left(\frac{U_{av2}}{U_{av1}}\right)^2 = 0.794 \times \left(\frac{0.69}{6.3}\right)^2 = 0.01(\Omega)$$

2. 高压电缆的阻抗

电抗:

$$X_{\omega 1} = x_{01} \cdot L_1 = 0.078 \times 2 = 0.156(\Omega)$$

电阻:

$$R_{\omega 1} = r_{01} \cdot L_1 = 0.992 \times 2 = 1.984(\Omega)$$

折算到 660 V 侧:

$$X'_{\omega 1} = X_{\omega 1} \cdot \left(\frac{U_{av2}}{U_{av1}}\right)^2 = 0.156 \times \left(\frac{0.69}{6.3}\right)^2 = 0.001\ 87(\Omega)$$

$$R'_{\omega 1} = R_{\omega 1} \cdot \left(\frac{U_{av2}}{U_{av1}}\right)^2 = 1.984 \times \left(\frac{0.69}{6.3}\right)^2 = 0.024(\Omega)$$

3. 变压器的阻抗

由变压器的技术参数表查得 KSJ_2-320 型变压器的阻抗为:

$$X_T = 0.061\ \Omega, \quad R_T = 0.028\ 6\ \Omega$$

4. 低压干线电缆的阻抗

电抗: $\quad\quad X_{\omega 2} = X_{02} \cdot L_2 = 0.061\ 2 \times 0.6 = 0.036\ 7(\Omega)$

电阻: $\quad\quad R_{\omega 2} = r_{02} \cdot L_2 = 0.294 \times 0.6 = 0.176(\Omega)$

5. 低压支线电缆的阻抗

电抗: $\quad\quad X_{\omega 3} = X_{03} \cdot L_3 = 0.081 \times 0.23 = 0.186\ 3(\Omega)$

电阻: $\quad\quad R_{\omega 3} = r_{03} \cdot L_3 = 0.471\ 4 \times 0.23 = 0.108\ 2\ \Omega$

6. S 点短路时短路回路总阻抗

$$X_{\sum} = X'_{sy} + X'_{\omega 1} + X_T + X_{\omega 2} + X_{\omega 3}$$
$$= 0.01 + 0.001\ 87 + 0.061 + 0.036\ 7 + 0.186\ 3 = 0.296(\Omega)$$
$$R_{\sum} = R'_{\omega 1} + R_T + R_{\omega 2} + R_{\omega 3} + R_{ea}$$
$$= 0.024 + 0.028\ 6 + 0.176 + 0.108\ 2 + 0.01 = 0.367(\Omega)$$
$$Z_{\sum} = \sqrt{R^2_{\sum} + X^2_{\sum}} = \sqrt{0.367^2 + 0.296^2} = 0.471(\Omega)$$

（二）S 点的三相短路电流

$$I^{(3)}_s = \frac{U_{av}}{\sqrt{3}\ Z_{\sum}} = \frac{690}{\sqrt{3} \times 0.471} = 845\ (A)$$

三、计算两相和单相短路电流示例

【例 3-2】 某车间变电所供电系统如图 3-6 所示,有关参数见图,试求 S_1 点的三相、两相、单相短路电流。

【解】 （一）绘制电路图

(1) 短路计算电路图如图 3-6(a)所示。

(2) 绘制等值电路图如图 3-6(b)所示。

（二）计算 S_1 点的三相、两相短路电流

1. 短路回路各元件的阻抗计算

在计算短路回路的总阻抗时,短路回中各元件所在线路属不同电压等级,所以把不同电压等级电路的元件阻抗折算到短路点所在电路的电压等级上,然后才能进行总阻抗的计算。阻抗的折算应以满足折算前、后元件消耗的功率不变原则进行。

高压系统的电抗(忽略电阻):

$$X_1 = \frac{U^2_{av}}{S_s}\left(\frac{U_{av2}}{U_{av1}}\right)^2 = \frac{U^2_{av}}{S_s} = \frac{400^2}{200 \times 10^3} = 0.8\ (m\Omega)$$

变压器的阻抗:

$$Z_2 = \frac{u_s\%}{100} \frac{U^2_{2NT}}{S_{NT}} = \frac{4.5}{100} \times \frac{400^2}{1\ 000} = 7.2\ (m\Omega)$$

变压器的电阻:

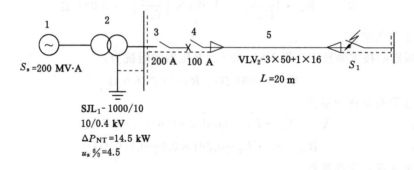

(a)

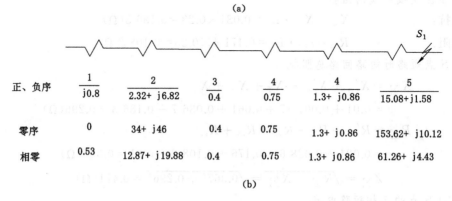

(b)

图 3-6　例 3-2 图

(a) 计算电路图；(b) 等值电路图

$$R_2 = \Delta P_{NT} \frac{U_{2NT}^2}{S_{NT}^2} = 14.5 \times \frac{400^2}{1\,000^2} = 2.32(m\Omega)$$

变压器的电抗：

$$X_2 = \sqrt{Z_T^2 - R_T^2} = \sqrt{7.2^2 - 2.32^2} = 6.82(m\Omega)$$

电缆相线电阻：

$$R_5 = r_0 L = 0.754 \times 20 = 15.08(m\Omega)$$

电缆相线电抗：

$$X_5 = x_0 L = 0.079 \times 20 = 1.58(m\Omega)$$

注意：r_0、x_0 由查表得到。

取刀开关接触电阻 $R_3 = 0.4$ mΩ；自动开关接触电阻 $R_4 = 0.75$ mΩ；自动开关过电流线圈电阻 $R'_4 = 1.3$ mΩ，电抗 $X'_4 = 0.86$ mΩ；母线电阻忽略。各元件阻抗填入等值电路图中。

2. 短路回路总阻抗计算

$$R_{\sum} = R_1 + R_2 + R_3 + R_4 + R'_4 + R_5$$

$$= 0 + 2.32 + 0.4 + 0.75 + 1.3 + 15.08 = 19.85(m\Omega)$$

$$X_{\sum} = X_1 + X_2 + X_3 + X_4 + X'_4 + X_5$$

$$= 0.8 + 6.82 + 0 + 0 + 0.86 + 1.58 = 10.06(m\Omega)$$

3. 计算短路电流

三相短路电流：

$$I_{s1}^{(3)} = \frac{U_{av}}{\sqrt{3}\sqrt{R_{\Sigma}^2 + X_{\Sigma}^2}} = \frac{400}{\sqrt{3}\sqrt{19.85^2 + 10.06^2}} = 10.4(kA)$$

三相短路电流冲击值：

$$i_{im} = 1.84I'' = 1.84 \times 10.4 = 19.1(kA)$$

两相短路电流：

$$I_{s1}^{(2)} = 0.866I_{s1}^{(3)} = 0.866 \times 10.4 = 9.0(kA)$$

（三）计算 S_1 点的单相短路电流

1. 计算短路回路阻抗

以上计算的阻抗为各元件的正序阻抗，而负序阻抗等于正序阻抗，计算单相短路电流只需求出各元件的零序阻抗，即可计算出单相短路电流。各元件的零序阻抗如下：

（1）高压系统无零序阻抗：开关的零序阻抗等于正序阻抗。

（2）变压器的零序阻抗（查表）为：

$$R_{02} = 34 \text{ m}\Omega, \quad X_0 = 46 \text{ m}\Omega$$

（3）电缆的相线零序阻抗（查表）：

相线零序电阻：

$$R_5 = R_{0\varphi} = r_{0\varphi}L = 0.754 \times 20 = 15.08(m\Omega)$$

相线零序电抗：

$$X_{0\varphi} = x_{0\varphi}L = 0.101 \times 20 = 2.02(m\Omega)$$

（4）电缆的零线零序阻抗（查表）：

零线零序电阻：

$$R_{0n} = r_{0n}L = 2.309 \times 20 = 46.18(m\Omega)$$

零线零序电抗：

$$X_{0n} = x_{0n}L = 0.160 \times 20 = 2.7(m\Omega)$$

（5）电缆线路的零序阻抗：

零序电阻：

$$R_{05} = R_{0\varphi} + 3R_{0n} = 15.08 + 3 \times 46.18 = 153.62(m\Omega)$$

零序电抗：

$$X_{05} = X_{0\varphi} + 3X_{0n} = 2.02 + 3 \times 2.7 = 10.12(m\Omega)$$

2. 计算短路回路各序总阻抗

正序总电阻、电抗等于负序总电阻、电抗，与三相短路计算相同，即

$$R_{1\Sigma} = R_{2\Sigma} = R_{\Sigma} = 19.85(m\Omega)$$

$$X_{1\Sigma} = X_{2\Sigma} = X_{\Sigma} = 10.06(m\Omega)$$

零序总电阻、总电抗：

$$R_{0\Sigma} = R_{02} + R_{03} + R_{04} + R_{04} + R_{05}$$

$$= 34 + 0.4 + 0.75 + 1.3 + 153.62 = 190.07(m\Omega)$$

$$X_{0\Sigma} = X_{02} + X'_{04} + X_{05}$$

$$=46+0.86+10.12=56.98(\text{m}\Omega)$$

3. 对称分量法计算 S_1 点的单相短路电流

$$I_{s1}^{(1)}=\frac{3U_\varphi}{\sqrt{(R_{1\Sigma}+R_{2\Sigma}+R_{0\Sigma}+3U_{ea})^2+(X_{1\Sigma}+X_{2\Sigma}+X_{0\Sigma})^2}}$$

$$=\frac{3\times230}{\sqrt{(19.85+19.85+190.07+3\times10)^2+(10.06+10.06+56.98)^2}}$$

$$=2.55(\text{kA})$$

4. 相-零回路法计算 S_1 单相短路电流

(1) 相零回路阻抗

高压系统相-零阻抗(忽略电阻)为：

$$X_{\varphi n\cdot1}=\frac{1}{3}(0.8+0.8)=0.53\ \text{m}\Omega$$

变压器的单相电阻(查表)为：

$$R_{T\varphi}=12.87(\text{m}\Omega)$$

变压器的单相电抗(查表)为：

$$X_{T\varphi}=19.88(\text{m}\Omega)$$

电缆的相-零回路阻抗：

$$R_{\varphi n5}=\frac{1}{3}(R_{15}+R_{25}+R_{0\varphi5}+3R_{0n5})L$$

$$=\frac{1}{3}(0.754+0.754+0.754+3\times2.309)\times20=61.26(\text{m}\Omega)$$

$$X_{\varphi n5}=\frac{1}{3}(X_{15}+X_{25}+X_{0\varphi5}+3X_{0n5})L$$

$$=\frac{1}{3}(0.079+0.079+0.101+3\times0.135)\times20$$

$$=4.43(\text{m}\Omega)$$

对刀开关和自动开关，其正、负、零序阻抗相等，相-零阻抗经计算后也与正序阻抗相等。其相-零回路阻抗为：

$$R_{\varphi n\Sigma}=R_{\varphi n3}+r_{\varphi n4}+R'_{\varphi n4}+R_{\varphi n5}$$

$$=0.4+0.75+1.3+61.26=63.71(\text{m}\Omega)$$

$$X_{\varphi n\Sigma}=X_{\varphi n1}+X'_{\varphi n4}+X_{\varphi n5}$$

$$=0.53+0.86+4.43=5.82(\text{m}\Omega)$$

(2) S_1 点单相短路电流的计算

$$I_{s1}^{(1)}=\frac{U_\varphi}{\sqrt{(R_{T\varphi}+R_{\varphi n\Sigma}+R_{ea})^2+(X_{T\varphi}+X_{\varphi n\Sigma})^2}}$$

$$=\frac{230}{\sqrt{(12.87+63.71+10)^2+(19.88+5.82)^2}}=2.55(\text{kA})$$

第四节　短路电流的效应

当供电系统发生短路故障时,通过导体的短路电流要比正常工作电流大很多倍。虽然有继电保护装置能在很短时间内切除故障线路,但短路电流通过电气设备及载流导体时,导体的温度仍有可能被加热到很高的程度,导致电气设备的损坏。短路电流通过电气设备及载流导体时,一方面要产生很大的电动力,即电动力效应;另一方面要产生很高的热量,即热效应。

一、短路电流的电动力效应

短路电流的电动力效应是指短路电流通过平行导体产生的电磁效应。

当两根平行导体中分别有电流流过时,导体间将产生作用力,当三相短路电流通过在同一平面的三相导体时,中间相所处的情况最严重。

中间相承受的最大电动力 $F^{(3)}$ 为短路时的最大电动力。计算公式为:

$$F^{(3)} = 0.173 K_s i_{im}^2 \frac{L}{a} \tag{3-48}$$

式中　$F^{(3)}$——三相短路时,中间一相导体所受的电动力,N;

i_{im}——三相短路时,短路冲击电流值,kA;

L——平行导体的长度,m;

A——两导体中心线间的距离,m;

K_s——导体的形状系数。

导体的形状系数 K_s 与导体的截面形状、几何尺寸及相互位置有关。圆形截面、正方形截面的导体其形状系数 $K_s=1$;当两导体之间的空隙距离大于导体截面的周长时取 $K_s=1$;其他矩形截面形状系数查图 3-6 中的曲线求得形状系数 K_s。由图可见,当矩形导体平放时,$m>1$,则 $K_s>1$;竖放时,$m<1$,$K_s<1$。

如果三相供电线路发生三相短路,可以证明,三相母线平行放置,其中间一相所受的电动力最大。此时电动力的最大瞬时值为:

$$F^{(3)} = 1.76 K_s (i_{im}^{(3)})^2 \frac{L}{a} \times 10^{-8} \tag{3-49}$$

式中　$F^{(3)}$——三相短路时,中间一相导体所受的电动力,N;

$i_{im}^{(3)}$——三相短路时,短路电流的冲击值,A。

由于三相短路电流的冲击值比两相短路流冲击值大,即 $i_{im}^{(3)} = 1.15 i_{im}^{(2)}$,所以三相短路的电动力是两相短路电动力的 1.15 倍。因此,对电气设备和导体的电动力校验均用三相短路电流冲击值进行校验。

各种电气设备如断路器、成套配电装置的导体机械强度、截面和布置方式、几何尺寸等出厂时都已确定。为了便于选用,制造厂家对其通过计算和实验,在产品技术参数中直接给出了电气设备允许通过的最大电流峰值,这一电流称为电气设备的动稳定电流,用符号 i_{es} 表示。有的厂家还给出了允许通过的最大电流有效值,用符号 I_{es} 表示。

在选用电气设备时,其动稳定电流 i_{es} 和 I_{es} 应大于或等于短路电流的冲击峰值和冲击有效值,即:

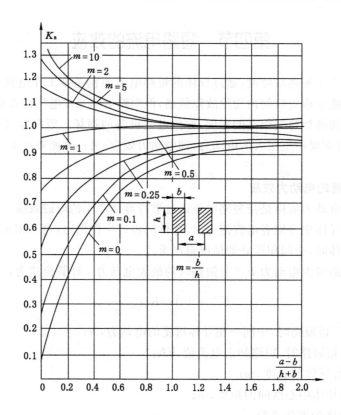

图 3-7　矩形母线截面导体的形状系数

$$\begin{cases} i_{cs} \geqslant i_{im} \\ I_{es} \geqslant I_{im} \end{cases} \tag{3-50}$$

二、短路电流的热效应

在电路发生短路时,极大的短路电流将使导体温度迅速升高,称之为短路电流的热效应。短路电流通过时,导体和电器各部件温度(或发热效应)应不超过允许值。

(一) 导体的长时允许温度和短时允许温度

由于导体具有电阻,当导体通过电流时将产生电能损耗,这种电能损耗转换为热能,一方面使导体的温度升高,另一方面向周围介质散热。当导体内产生的热量与导体向周围介质散发的热量相等时,导体就保持在一定的温度。

当供电线路发生短路时,强大的短路电流将使导体的温度迅速升高。由于短路后保护装置很快动作切除短路故障,认为短路电流通过导体的时间不长,因此,在短路过程中,可不考虑导体向周围介质的散热,近似认为在短路时间内短路电流在导体中产生的热量全部用来升高导体的温度。

图 3-8 所示为短路后导体温度对时间的变化示意曲线,表示导体由正常工作状态进入短路状态后温度的变化过程。设导体周围介质温度为 θ_0,正常工作于额定状态的温度为 θ_p。当时间为 t_1 时刻发生短路,导体温度近似直线上升。在 t_2 时刻保护装置将短路故障切除,此时温度不再上升,其温度为 θ_s。短路时导体中产生热量虽然很大,导体温升很高,但其作用时间很短,所以允许超过 θ_p 很多。如果作用时间稍长,将会使绝缘烧毁和造成导体

退火、氧化。因此规定了各种导体的短时允许温度 θ_{ps} 与长时允许温度 θ_p（正常工作温度）的差值，即导体的最大短时允许温升 τ_{ps}（$\tau_{ps} = \theta_{ps} - \theta_p$）。

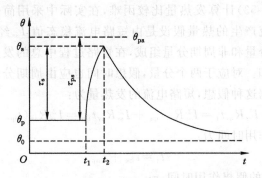

图 3-8 载流导体在短路时的发热情况

不同导体的长时允许温度 θ_p、短时允许温度 θ_{ps} 和最大短时允许温升 τ_{ps} 见表 3-7。

表 3-7 各种导体的长时允许温度 θ_p、短时允许温度 θ_{ps} 和最大短时允许温升 τ_{ps}

导体种类和材料		长时允许温度 $\theta_p/℃$	短时允许温度 $\theta_{ps}/℃$	短时最大允许温升 $\tau_{ps}/℃$	热稳定系数 C
母线排	铜	70	320	250	175
	铝	70	220	150	97
	钢（不与电器直接连接时）	70	420	350	70
	钢（与电器直接连接时）	70	320	250	60
油浸纸绝缘电缆	铜芯（10 kV 及以下）	80	280	200	165
	铝芯（10 kV 及以下）	80	230	150	90
	25～30 kV	80	205	125	95
橡皮电缆	铜芯	65	200	135	145
	铝芯	65	200	135	100

规定了导体的最大短时允许温升 τ_{ps} 后，导体或电气设备的短路热稳定条件确定公式为：

$$\tau_{ps} \geqslant \tau_s \tag{3-51}$$

式中 τ_s——电气设备或载流导体短路时的实际温升，℃。

（二）短路电流假想作用时间的计算

假想作用时间与短路电流的变化特性有关。要计算短路后导体的最高温度 θ_s，必须计算短路过程中短路电流 i_s 在导体中产生的热量 θ_{ts}。根据焦耳-楞次定律，短路电流在导体中产生热量为：

$$\theta_{ts} = \int_0^{t_s} i_s^2 R_{av} \mathrm{d}t \tag{3-52}$$

式中 i_s——短路电流，A；

R_{av}——导体的平均电阻，Ω；

t_s——短路电流存在的时间，s。

由于短路电流是一个幅值变化的量，在有限大电源容量系统中，短路电流周期分量的幅值也在变化，利用式(3-53)计算发热量比较困难，在实际中采用简化方法进行计算。这种简化方法是将短路电流产生的热量假设是由短路电流稳态值 I_{ss} 经某一假想时间产生的。由于短路电流由周期分量和非周期分量组成，在短路过程中总的发热量应等于这两个短路电流分量的发热量之和。对应于两个分量，假想时间也应由周期分量假想时间和非周期分量假想时间组成。根据这种假想，短路电流的发热量为：

$$\theta_{ts}=I_{ss}^2 R_{av} t_i=I_{ss}^2 R_{av} t_{ipe}+I_{ss}^2 R_{av} t_{iap}=I_{ss}^2 R_{av}(t_{ipe}+t_{iap}) \tag{3-53}$$

短路电流的假想作用时间为：

$$t_i=t_{ipe}+t_{iap} \tag{3-54}$$

式中　t_i——短路电流的假想作用时间，s；

　　　t_{ipe}——短路电流周期分量的假想作用时间，s；

　　　t_{iap}——短路电流非周期分量的假想作用时间，s。

上述公式说明，短路电流的稳态值 I_{ss} 在假想作用时间 t_i 内，导体中所产生的热量等于短路电流 i_s 在实际作用时间内所产生的热量。短路电流的假想作用时间 t_i 等于短路电流周期分量假想作用时间 t_{ipe} 和非周期分量假想作用时间 t_{iap} 之和。在无限大电源容量系统中，认为整个短路过程短路电流的周期分量不衰减。因此，周期分量假想作用时间就等于短路电流的实际作用时间，即 $t_{ipe}=t_s$。

短路电流的实际作用时间 t_s 等于距短路点最近的主要保护装置的动作时间 t_r 和断路器的分闸时间 t_c 之和，即：

$$t_s=t_r+t_c \tag{3-55}$$

保护装置的动作时间 t_r 由保护装置的整定时限确定。断路器的分闸时间 t_c，对快速断路器取 0.15 s，对低速断路器取 0.2 s。

在有限大电源容量系统中，短路电流的周期分量假想作用时间需查曲线求得，用时请查有关手册。

非周期分量的假想作用时间 t_{iap}，无论对有限大电源容量系统，还是无限大电源容量系统，均可由解析法得，即：

$$t_{iap}=0.05(\beta'')^2 \tag{3-56}$$

对于无限大电源容量系统，由于 $I''=I_{ss}(\beta''=I''/I_{ss})$，短路电流非周期分量的假想作用时间 $t_{iap}=0.05$ s，于是短路电流总的假想作用时间为：

$$t_i=t_s+0.05 \tag{3-57}$$

当短路电流持续时间较长时($t_s>1$ s)，导体的发热量主要由短路电流周期分量决定。忽略短路电流非周期分量的影响，认为 $t_i=t_{ipe}=t_s$。当短路电流持续时间较短时($t_s<1$ s)，需要计算非周期分量对导体发热量的影响。

（三）电气设备的热稳定校验

对于高压配电箱、电抗器、隔离开关、油断路器等高压成套电气设备，导体的材料和截面一定，其温升主要取决于通过设备的电流大小和电流作用时间的长短。为了方便用户进行热稳定性校验，生产厂家在设备参数中给出了与某一时间 t(如 1 s、5 s、10 s 等)相对应的热稳定电流 I_{ts}，由此可直接通过下式进行热稳定校验，即：

$$I_{ts}^2 t \geqslant I_{ss}^2 t_i \tag{3-58}$$

式中　I_{ts}——电气设备的热稳定电流，A；

　　　t——与 I_{ts} 相对应的热稳定时间，s。

三、导体最小热稳定截面的确定

在工程计算中，常需要确定满足短路热稳定条件的最小允许导体截面积 A_{min}。由于认为短路电流所产生的热量全部用于提高导体的温度，产生温升 τ_s，导体在短路时的热平衡方程式为：

$$I_{ss}^2 R_{av} t_i = AL\gamma c_{av}\tau_s \tag{3-59}$$

式中　A——导体的截面积，mm^2；

　　　L——导体的长度，m；

　　　γ——导体的密度，g/cm^3；

　　　c_{av}——导体的平均比热容，$J/(g \cdot ℃)$。

将 $R_{av} = \dfrac{L}{\gamma_{sc} A}$ 代入上式得，$I_{ss}^2 t_i = \gamma_{sc}\gamma c_{av}\tau_s A^2$。

对于电力系统中某一确定点，$I_{ss}^2 t_i$ 是一个定值，当安装在确定点的电气设备导体材料选定时 c_{av}、γ、γ_{sc} 均为常数。由上式可以看出，如果导体的截面积 A 越小，则 τ_s 越高。当 τ_s 等于导体材料的最大短时允许温升 τ_{ps} 时，导体满足热稳定条件的最小截面 A_{min} 便可确定。将 $\tau_s = \tau_{ps}$ 代入上式得导体的最小截面为：

$$A_{min} = \frac{I_{ss}}{\sqrt{\gamma_{sc}\gamma c_{av}\tau_{ps}}} = \sqrt{t_i} = \frac{I_{ss}}{C}\sqrt{t_i} \tag{3-60}$$

式中　I_{ss}——三相短路电流稳态值，A；

　　　$\sqrt{t_i}$——短路电流的假想作用时间，s；

　　　C——导体材料的热稳定系数，它与导体材料的电导率、密度、平均比热容、最大短时允许温升有关。

不同材料导体的热稳定系数见表 3-7。当所选用导体截面积 $A \geqslant A_{min}$ 时，便可满足导体的热稳定条件。

四、成套电气设备的校验方法

对于高压配电箱、电抗器、隔离开关、油断路器等高压成套电气设备，按前述电气设备的热稳定校验方法进行校验。

小　结

本章首先介绍了短路的原因及危害；其次讲解了无限大容量电源系统短路电流的暂态过程；然后讲解了短路电流的计算方法，并通过实例对短路电流的计算方法和步骤进行了详细说明；最后阐述了短路电流的电动力效应和热效应的定义、电动力计算方法，以及如何根据短路电流的效应来选择与校验电气设备和导体截面。

思考与练习

1. 产生短路的原因是什么？短路的类型有哪些？短路故障有哪些危害？
2. 计算短路电流的目的和任务是什么？
3. 什么是无限大电源容量系统？
4. 什么是短路电流的热效应和电动力效应？
5. 如何确定导体最小热稳定截面？
6. 成套电气设备如何校验？

第四章　高低压电气设备及选择

正确选择电气设备对供电的可靠性、安全性、经济性都有着重要的意义。首先选择电气设备的类型，然后按电路的实际工作条件选择和校验电气设备的技术参数，以保证电力系统在正常或发生故障时电气设备均能安全、可靠地工作。

常用电气设备包括高压开关、熔断器、互感器、电抗器以及成套配电装置。选择电气设备时应根据选择电气设备的一般原则进行选择和校验，并尽量选用国产先进设备。

第一节　电气设备中的电弧

一、电弧的发生与后果

1. 游离

气体的中性质点，分离为正离子与自由电子的现象叫作气体的游离。游离是电弧产生的原因之一。

2. 电弧产生的条件

(1) 电压：10~20 V 以上。

(2) 电流：80~100 mA 以上。

(3) 内部原因。电弧产生的内部原因有以下 4 条。

① 热电发射

当金属被加热到很高的温度时，金属中自由电子的热运动加剧，其中一部分自由电子获得足够的能量可以摆脱正电荷的束缚而逸出金属表面，叫作热电发射。

热电发射存在于电弧的始终。在触头开始分离时，由于接触压力和接触面积的减少，触头接触电阻迅速增大，触头迅速发热，在阴极触头表面会出现强烈的炽热点（阴极斑），从而发生热电发射。当电弧形成以后，由于电弧的高热而造成的阴极斑使阴极表面的热电发射继续不断。

② 强电场发射

当金属（阴极）的表面具有很强的电场时，金属中的自由电子在电场力的作用下被拉出金属表面，这种现象叫作强电场发射。

在触头分离时，触头之间便形成电场。加到触头之间的电压愈高，触头间的距离愈小，则电场的强度愈大。在开关切断电路触头开始分离或开关接通电路触头快要闭合时，触头的间隙很小，强电场发射的现象便会出现。

③ 碰撞游离

处于电场中的自由电子，在电场力的作用下向着阳极的方向做加速运动，从电场中获得能量使自身的动能不断增加。如果在它积累了足够的动能之后碰撞了气体的中性质点（分子和原子),便可能从中性质点中打出一个或几个自由电子,而使被碰撞的中性质点游离,这种游离形式叫作碰撞游离。

任何气体由于种种原因总有一些自由电子存在,所以气体是否会游离,关键在于自由电子在碰撞中性质点前是否能积累足够的动能。根据物理学的认识,自由电子在电场中所积累的动能决定于所受的电场力和自由行程,前者与电场强度成正比,后者与气体压力成反比。所以电场强度愈大,气体的压力愈小,则气体愈容易发生碰撞游离,否则相反。

此外,气体的温度也是气体是否容易发生碰撞游离的条件。因为气体的温度较高时气体中自由电子的能量较大,只需获得较少的能量便可游离。

④ 热游离现象

如果气体的温度很高,气体的中性质点会产生剧烈而不规则的热运动,这些具有足够动能的高速中性质点互相碰撞,也会使中性质点游离。

气体热游离的强度,除决定于气体的温度外,还与气体的种类和压力有关。在压力相同的条件下,不同种类的气体发生热游离的温度不同。压力影响气体质点的密度,压力增大时气体质点密度增大,气体质点过早碰撞的机会增多,质点不容易获得较大的动能,因此不容易游离。

3. 起弧过程

触点开始分离时触头间的电场很强,这时由于强电场发射产生的自由电子在电场的作用下向阳极加速运动。在这些自由电子积累了足够的动能,碰撞气体的中性质点时,使中性质点游离,打出一个或几个自由电子。新形成的自由电子也开始向阳极移动,于是会使更多的气体质点游离。这种现象持续存在的结果,使触头间的气体迅速游离,充满了带正电和负电的质点,有大量的电子自阴极流向阳极,这就是气体放电,即所见到的电弧。

随着触头分断距离的增大,触头间电场强度逐渐削弱,碰撞游离不再起主要作用,以后的气体导电主要由热游离维持。因为电弧中心的温度高达 10 000 ℃以上,电弧表面的温度也有 3 000~4 000 ℃,一般气体在 9 000~10 000 ℃就发生热游离,而金属蒸气在 4 000 ℃时就发生热游离,所以电弧一旦形成,依靠热游离便可维持气体继续放电。

由于电弧的产生靠的是气体碰撞游离,而维持电弧依靠气体的热游离,因此起弧时触头间需要较高的电压,而维持电弧只需要较低的电压。

4. 后果

电弧温度高达 10 000 ℃,易烧坏电气设备,造成短路。

二、电弧的熄灭与发展

当气体游离之后,它的相反的变化过程即带电质点的消失过程也就开始了,这种过程叫作去游离。当游离速率大于去游离速率时,电弧增强;当游离速率等于去游离速率时,电弧维持;当游离速率小于去游离速率时,电弧熄灭。去游离有复合与扩散两种方式。

(1)复合

气体中带正电的质点与带负电的质点相接触时,互相交换多余的电荷而成为中性质点的现象叫作复合。

在弧柱中进行复合的带电质点,主要是正、负离子。自由电子与正离子直接复合的可能性很小,因为自由电子的运动速度约为离子运动速度的 1 000 倍。自由电子与正离子复合是借助于中性质点进行的,首先自由电子在碰撞时附着在中性质点上形成负离子,然后质量与运动速度大致相等的正、负离子互相吸引接触,交换多余的电荷而变成中性质点。

正、负离子相对运动的速度愈小愈容易复合,所以复合强度与电场强度有关。电场愈弱,复合强度愈大。在交流电弧中,当触头间的电压接近于零时,复合进行得特别强烈,这就是交流电弧比直流电弧容易熄灭的原因。

复合强度还与电弧的温度和截面有关,温度愈低,截面愈小,则复合进行得愈强烈。

当电弧与固体介质的表面相接触时,复合也变得比较强烈。因为电子是较活跃的质点,它先使固定介质表面充电到某一负电位,然后将正离子吸引到介质的表面进行复合。

（2）扩散

带电质点从电弧中逸出进入周围介质的现象叫作扩散。扩散的原因,一方面是由于电弧和周围介质的温度相差很大,另一方面是由于电弧内和周围介质中离子浓度相差很大。

用较冷的未游离的气体吹动电弧,能使扩散加强。使电弧在周围介质中移动,也会得到同样效果。

电弧中离子的扩散强度决定于电弧和周围介质的温度差,也决定于电弧周长与截面积的比,这两个值愈大扩散得愈快。

三、开关电器常用的灭弧方法

交流开关的电弧能否迅速熄灭,取决于弧隙介质绝缘强度的恢复和弧隙恢复电压,而弧隙介质绝缘强度的提高,又有赖于去游离的加强。因此加强弧隙的去游离速度,降低弧隙电压的恢复速度与最大值,均能促使电弧熄灭。目前开关电器采用的灭弧方法主要有以下几种。

1. 速拉灭弧法

迅速拉长电弧,可使电弧中的电场骤降,从而削弱了碰撞游离,增强了带电质点的复合作用,加速电弧的熄灭。这种灭弧方法是开关电器中普遍采用的最基本的一种灭弧法。

可用高压开关断路弹簧,其触头分离速度为 $4\sim5$ m/s。这是开关电器中普遍使用的一种方法。

2. 冷却灭弧法

降低电弧的温度,可削弱热游离,增强带电质点的复合作用,有助于电弧的熄灭。这种灭弧方法在开关电器中的应用也比较普遍。

3. 吹弧灭弧法

它是指利用外力(如气流、油流或电磁力)来吹动电弧,使电弧加速冷却,同时拉长电弧,迅速降低电弧中的电场强度,使带电质点的复合和扩散增强,从而加速电弧的熄灭。

按吹弧方向,可分为横吹和纵吹两种,如图 4-1 所示。按外力的性质,可分为气吹、油吹、电动力吹和磁吹等,如图 4-2 所示。

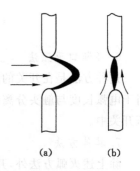

图 4-1　吹弧方向

(a) 横吹;(b) 纵吹

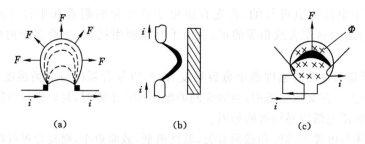

图 4-2 外力吹弧法
(a) 电动力吹弧；(b) 磁力拉弧；(c) 磁吹弧

4. 狭缝灭弧法

它是指使电弧在固体介质的狭缝中运动，一方面加强了冷却与复合作用，加强去游离；另一方面电弧被拉长，弧径被压小，弧电阻增大，促使电弧迅速熄灭。填料式熔断器属于狭缝灭弧。

5. 长弧切短法

如图 4-3 所示，触头间的电弧在电磁力作用下，进入与电弧垂直放置的、彼此绝缘的金属栅片内（由 A 处移向 B 处），将一个长弧分成若干个短弧。在交流电路中，利用近阴极效应，即当电流过零时所有短弧同时熄灭，在每一短弧的阴极附近立即出现 $150\sim250$ V 的绝缘强度。由于各段短弧是串联的，所以短弧的数目越多，总的绝缘强度就越高。当总绝缘强度大于外加电压时，电弧就不再重燃。此外，金属栅片也有冷却电弧的作用。这种方法常用于低压交流开关中。

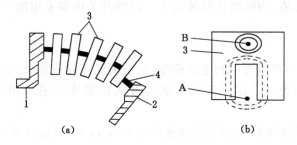

图 4-3 将长弧切割成若干短电弧
(a) 消弧栅侧视图；(b) 消弧栅片切割原理图
1——静触头；2——动触头；3——消弧栅片；4——电弧

6. 多断口灭弧法

这种方法是在开关的同一相内制成两个或多个断口，如图 4-4 所示。当断口增加时，相当于电弧长度与触头分离速度成倍提高，因而提高了开关的灭弧能力。这种方法多用在高压开关中。

7. 其他方法

除上述灭弧方法外，开关电器在设计制造时，还采取了限制电弧产生的措施。如开关触头采用不易发射电子的金属材料制成，触头间采用绝缘油、六氟化硫气体、真空等绝缘和灭弧性能好的绝缘介质等，工作触头用铜（镀银）制作，灭弧触头用铜、钨制作。

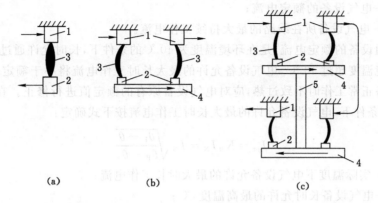

图 4-4　多断口灭弧示意图

(a) 一个断口；(b) 两个断口；(c) 三个断口

1——静触头；2——动触头；3——电弧；4——触头桥；5——绝缘拉杆

第二节　选择电气设备的一般原则

供配电系统中电气设备的选择，既要满足正常工作时能安全可靠运行，同时还要满足在发生短路故障时不致产生损坏。开关电器还必须具备足够的断流能力，并适应所处的位置、环境温度、海拔高度，以及防尘、防火、防爆、防腐等环境条件。

下面介绍选择电气设备的一般原则。

一、按使用环境选择电气设备

电气设备按装设地点不同，分为户内式和户外式；按照工作环境差异，分为普通型、防污型、湿热型、高原型和矿用型等。当电气设备安装地点的环境条件，如海拔、温度、污秽度等超过一般使用条件时，应采取措施，进行设备调整，如高海拔地区采用高原型设备，环境温度高的场合应降低设备的最高允许载流，污秽地区需采用防污型设备等。矿用型又分为矿用一般型和矿用防爆型，矿用防爆型又分为增安型、隔爆型、本质安全型等。

二、按正常工作参数选择电气设备

（一）根据额定电压选择

所选电气设备的额定工作电压应不低于所在电网的额定电压，或者电气设备的最高工作电压（为其额定电压的 1.1～1.15 倍）应不低于所在电网的最高电压，即：

$$U_N \geqslant U_{WN} \tag{4-1}$$

$$(1.1 \sim 1.15)U_N \geqslant U_{Wm} \tag{4-2}$$

式中　U_N——电气设备的额定电压；

　　　U_{WN}——电网的额定电压；

　　　U_{Wm}——电网的最高电压。

（二）根据额定电流选择

电气设备的额定电流应不小于通过它的最大持续工作电流，即：

$$I_N \geqslant I_{30} \tag{4-3}$$

式中　I_N——电气设备的额定电流；

$\quad\quad I_{30}$——电气设备所在线路的最大持续工作电流。

国产普通设备的额定电流，是在环境温度为 40 ℃ 的条件下，长时允许通过的最大电流。如果实际环境温度超过 40 ℃，电气设备允许的最大长时工作电流将小于额定值，此时为了保证电气设备正常工作时不致过热，应对电气设备原有的额定值进行修正。在环境温度不超过 60 ℃ 的条件下，电气设备允许的最大长时工作电流按下式确定：

$$I_{pr} = K_0 I_N = I_N \sqrt{\frac{\theta_P - \theta}{\theta_P - \theta_0}} \tag{4-4}$$

式中　I_{pr}——实际温度下电气设备允许的最大时长工作电流；

$\quad\quad \theta_P$——电气设备长时允许的最高温度，℃；

$\quad\quad \theta_0$——电气设备规定的标准环境温度，℃；

$\quad\quad \theta$——实际环境温度，℃；

$\quad\quad K_0$——温度修正系数。

如果周围环境温度低于 40 ℃，对于高压电器，每降低 1 ℃，允许电流比额定值增加 0.5%，但增加的总数不得超过 20%。

需要考虑满足在各种可能的运行方式下流过设备的电流：发电机、变压器回路的最大可能工作电流为其额定电流的 1.05 倍；变压器有过载可能时，回路最大工作电流按变压器最大过载能力（1.3~2 倍额定负荷能力）选取；母联回路一般取为母线上最大一台发电机或变压器的最大工作电流；母线分段回路按照所连母线上最大一台发电机故障时为保障母线负荷所需的最大穿越功率选取；出线回路除了考虑正常负荷方式外，还要考虑故障时从其余回路转移过来的负荷。

三、按短路条件进行设备的校验

（一）开关电器断流能力的校验

断路器和熔断器等电气设备担负着可靠切断短路电流的任务，所以开关电器还必须校验断流能力。开关电器的额定断流容量 S_∞ 应不小于所在电路的最大短路容量 $S_K^{(3)}$，即：

$$S_\infty \geqslant S_K^{(3)} \tag{4-5}$$

（二）电气设备的短路稳定性校验

为保证电气设备在短路故障时不致损坏，按最大可能的短路电流校验电气设备的动稳定和热稳定。

1. 热稳定性校验

通过短路电流时，导体和电器各部件的发热温度不应超过短时发热最高允许温度值，即：

$$I_t^2 t \geqslant I_\infty^{(3)2} t_{ima}, \quad t_{ima} = t_k + 0.05 \text{ s} \quad （当 t_k > 1 \text{ s 时}，t_{ima} = t_k） \tag{4-6}$$

式中　$i_\infty^{(3)}$、I_t——设备安装地点的三相短路稳态电流，t s 内允许通过的短路电流，kA；

$\quad\quad t_{ima}$、t_k——短路发热假想时间、实际短路时间，s；

$\quad\quad t$——设备生产厂家给出的设备稳定计算时间。

2. 动稳定性校验

动稳定指导体和电器承受短路电流机械效应的能力。满足动稳定性的校验条件是：

$$i_{max} \geqslant i_{sh}^{(3)} \text{ 或 } I_{max} \geqslant I_{sh}^{(3)} \tag{4-7}$$

式中　$i_{sh}^{(3)}$、$I_{sh}^{(3)}$——设备安装地点的三相短路冲击电流峰值、有效值，kA；

i_{max}、I_{max}——设备的极限通过电流峰值、有效值,kA。

电气设备的选择对供配电系统的安全可靠运行有非常大的影响,应当遵循上述原则进行选型并校验。

第三节　高压开关设备及选择

一、高压隔离开关

(一)结构

高压隔离开关的功能主要是隔离高压电源,以保证其他设备和线路的安全检修。因此它的结构有如下特点:断开后有明显可见的断开间隙,而且断开间隙的绝缘及相间绝缘都是足够可靠的,能充分保证人身和设备的安全。隔离开关没有专门的灭弧装置,因此不允许带负荷操作,然而可用来通断一定的小电流。

高压隔离开关按安装地点,分户内式和户外式两大类。图 4-5 所示是 GN8 系列户内高压隔离开关的外形。

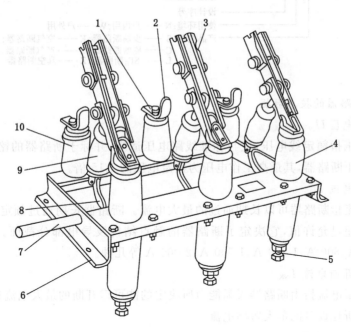

图 4-5　GN8-10/600 型高压隔离开关

1——上接线端子;2——静触头;3——闸刀;4——套管绝缘子;5——下接线端子;6——框架;

7——转轴;8——拐臂;9——升降绝缘子;10——支柱绝缘子

隔离开关与熔断器配合使用,可作为 180 kV·A 及以下容量变压器的电源开关。

相关电力设计技术规范规定,隔离开关可用于下列情况的小功率操作:

(1)切、合电压互感器及避雷器回路。

(2)切、合励磁电流不超过 2 A 的空载变压器。

(3)切、合电容电流不超过 5 A 的空载线路。

（4）切、合电压在 10 kV 以下，负荷电流不超过 15 A 的线路。

（5）切、合电压在 10 kV 以下，环路均衡电流不超过 70 A 的线路。

（二）选择

隔离开关的选择按电网电压、长时最大工作电流及环境条件选型，按短路电流校验其动、热稳定性。

二、高压断路器

（一）高压断路器的功能

高压断路器的功能是，不仅能通断正常负荷电流，而且能接通和承受一定时间的短路电流，并能在保护装置作用下自动跳闸，切除短路故障，以保证电力系统及设备的安全运行。

（二）断路器的型号

高压断路器的型号是由字母和数字组成，其含义说明如下：

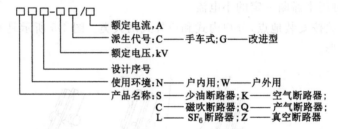

（三）断路器的技术数据

1. 额定电压 U_N

额定电压指额定线电压，应与标准线路电压适应，并标于断路器的铭牌上。对 110 kV 及以下的高压断路器，其最高工作电压为额定电压的 1.15 倍。

2. 额定电流 I_N

额定电流指断路器可以长期通过的最大电流。断路器长期通过额定电流时，各部分的发热温度不超过允许值，它决定了断路器的触点结构及导电部分截面。额定电流一般有 200 A、400 A、600 A、1 000 A、1 500 A、2 000 A 等几种。

3. 额定开断电流 I_{NK}

额定开断电流指由断路器灭弧能力所决定的能可靠开断的最大电流有效值。额定开断电流应大于所控设备的最大短路电流。

4. 额定断流容量 S_{Nd}

额定断流容量指额定开断电流 I_{Nk} 和额定电压 U_N 乘积的 $\sqrt{3}$ 倍，即：

$$S_{Nd} = \sqrt{3}\,U_N I_{Nk} \tag{4-8}$$

5. 极限通过电流

极限通过电流表征断路器在冲击短路电流作用下，所承受电动力的能力，它以电流峰值标出。

6. 热稳定电流

热稳定电流是规定时间内允许通过的最大电流有效值，表明断路器承受短路电流热效应的能力，它与持续时间一同标出。

7. 合闸时间

合闸时间指自发出合闸信号（即合闸接触器带电）起，到断路器触点接通时为止所经过的时间。要求断路器的实际合闸时间不大于厂家要求的合闸时间。

8. 固有跳闸时间

固有跳闸时间指自发出跳闸信号到断路器三相触点均分离的最短时间。要求实际跳闸时间不大于厂家要求的跳闸时间。断路器的实际开断时间等于开关固有跳闸时间加上熄弧时间。

（四）高压断路器的基本工作原理

高压断路器的基本工作原理如图 4-6 所示。

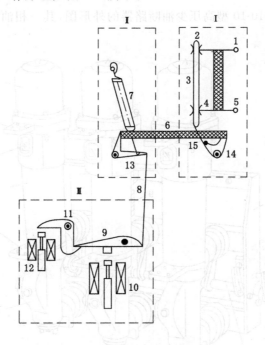

图 4-6　断路器的工作原理图

1,5——接线端子；2——静触头；3——动触头；4——中间触头，6——绝缘拉杆；7——分闸弹簧；
8,15——分闸拉杆；9——合闸机构；10——合闸电磁铁；11——分闸搭钩；
12——分闸电磁铁；13,14——拐臂

系统发生故障后，继电保护装置使分闸电磁铁 12 有电动作，分闸搭钩 11 顺时针方向转动，合闸机构 9 的合闸位置不能维持，在断路弹簧的作用下，拐臂 13、14 逆时针转动，拉杆 6 带动可动触头 3 向下运动，动、静触头分开，将系统故障部分切除。

断路器合闸时，合闸电磁铁 10 的线圈有电，将合闸机构 9 向上顶，并拉紧分闸弹簧 7，使拐臂 13、14 顺时针方向转动。拉杆 15 推动动触头 3 向上运动，与静触头 2 接触，连通系统回路。当合闸机构达到合闸位置后，被分闸搭钩卡住，而保持在合闸位置，然后合闸电磁铁断电，铁芯落下复位。

（五）高压断路器分类

高压断路器按其采用的灭弧介质分，有油断路器、六氟化硫断路器、真空断路器以及压缩空气断路器、磁吹断路器等,其中应用最广的是油断路器。

油断路器按其油量多少和油的功能,又分为多油和少油两大类。多油断路器的油量多,其油一方面作为灭弧介质,另一方面又作为相对地(外壳)甚至相与相之间的绝缘介质。少油断路器的油量很少(一般只几千克),其油只作为灭弧介质。一般 6～35 kV 户内配电装置中均采用少油断路器。下面重点介绍我国目前广泛应用的 SN10-10 型户内少油断路器,并简介应用日益广泛的六氟化硫断路器和真空断路器。

1. SN10-10 型高压少油断路器

SN10-10 型少油断路器是我国统一设计、推广应用的一种少油断路器。按其断流容量分,有Ⅰ、Ⅱ、Ⅲ型。

图 4-7 所示是 SN10-10 型高压少油断路器的外形图,其一相油箱内部结构的剖面图如图 4-8 所示。

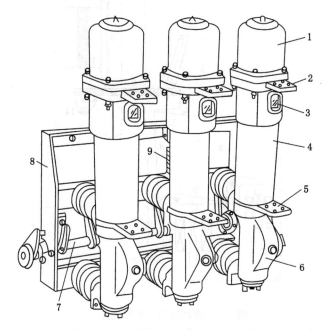

图 4-7　SN10-10 型高压少油断路器
1——铝帽;2——上接线端子;3——油标;4——绝缘筒;5——下接线端子;
6——基座;7——主轴;8——框架;9——断路弹簧

这种少油断路器主要由框架、传动机构和油箱等三个部分组成。油箱是其核心部分,油箱下部是由高强度铸铁制成的基座。操作断路器导电杆(动触头)的转轴和拐臂等传动机构就装在基座内,基座上部固定着中间滚动触头。油箱中部是灭弧室,外面套的是高强度绝缘筒。油箱上部是铝帽,铝帽的上部是油气分离室,铝帽的下部装有插座式静触头。插座式静触头有 3～4 片弧触片。断路器合闸时,导电杆插入静触头,首先接触的是其弧触片。断路器跳闸时,导电杆离开静触头,最后离开的是其弧触片。因此,无论断路器合闸或跳闸,电弧总在弧触片与导电杆端部弧触头之间产生。为了使电弧能偏向弧触片,在灭弧室上部靠弧触片一侧嵌有吸弧铁片,利用电弧的磁效应使电弧吸往铁片一侧,确保电弧只在弧触片与导电杆之间产生,不致烧损静触头中主要的工作触片。

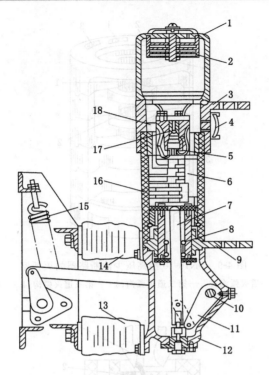

图 4-8　SN10-10 型高压少油断路器的一相油箱内部结构

1——铝帽;2——油气分离器;3——上接线端子;4——油标;5——插座式静触头;6——灭弧室;
7——触头(导电杆);8——中间滚动触头;9——下接线端子;10——转轴;11——拐臂;12——基座;
13——下支柱绝缘子;14——上支柱绝缘子;15——断路弹簧;16——绝缘筒;17——逆止阀;
18——绝缘油

这种断路器的导电回路是:上接线端子→静触头→导电杆(动触头)→中间滚动触头→下接线端子。

断路器的灭弧,主要依赖于如图 4-9 所示的灭弧室。图 4-10 所示是灭弧室的工作示意图。断路器跳闸时,导电杆向下运动。当导电杆离开静触头时,产生电弧,使油分解,形成气泡,导致静触头周围的油压骤增,迫使逆止阀(钢珠)动作,钢珠上升堵住中心孔。这时电弧在近乎封闭的空间内燃烧,从而使灭弧室内的油压迅速增大。当导电杆继续向下运动,相继打开一、二、三道灭弧沟及下面的油囊时,油气流强烈地横吹和纵吹电弧,同时由于导电杆向下运动,在灭弧室形成附加油流射向电弧。由于油气流的横吹与纵吹以及机械运动引起的油吹的综合作用,从而使电弧迅速熄灭。这种断路器跳闸时,导电杆是向下运动的,导电杆端部的弧根部分总与下面的新鲜冷油接触,进一步改善了灭弧条件,因此它具有较大的断流容量。

这种少油断路器,在油箱上部设有油气分离室,其作用是使灭弧过程中产生的油气混合物旋转分离,气体从油箱顶部的排气孔排出,而油滴则附着内壁流回灭弧室。

SN10-10 等型少油断路器可配用 CS2 等型手动操作机构、CD10 等型电磁操作机构或 CT7 等型弹簧储能操作机构。手动操作机构能手动和远距离跳闸,但只能手动合闸,其结构简单,可交流操作。电磁操作机构能手动和远距离跳、合闸,但需直流操作,且合闸功率大。弹簧储能操作机构亦能手动和远距离跳、合闸,而且操作电源交、直流均可,但结构较复

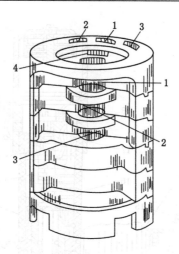

图 4-9　SN10-10 型高压少油断路器的灭弧室

1——第一道灭弧沟;2——第二道灭弧沟;3——第三道灭弧沟;4——吸弧铁片

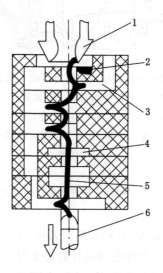

图 4-10　SN10-10 型高压少油断路器的灭弧室工作示意图

1——静触头;2——吸弧铁片;3——横吹灭弧沟;4——纵吹油囊;5——电弧;6——动触头

杂,价较高。如需实现自动合闸或自动重合闸,则必须采用电磁操作机构或弹簧操作机构。由于采用交流操作电源较为简单经济,因此弹簧操作机构的应用越来越广。

2. 高压六氟化硫断路器

六氟化硫(SF_6)断路器,是利用 SF_6 气体作灭弧和绝缘介质的一种断路器。

SF_6 是一种无色、无味、无毒且不易燃的惰性气体,在 150 ℃ 以下时,化学性能相当稳定。但它在电弧的高温作用下会分解,分解出的氟(F_2)有较强的腐蚀性和毒性,且能与触头的金属蒸气化合为一种具有绝缘性能的白色粉末状的氟化物。因此这种断路器的触头一般都设计为具有自动净化的作用。然而由于上述的分解和化合作用所产生的活性杂质,大部分能在电弧熄灭后几微秒的极短时间内自动还原,而且残余杂质可用特殊的吸附剂(如活性氧化铝)清除,因此对人身和设备都不会有什么危害。SF_6 不含碳元素(C),这对于灭弧和绝缘介质来说,是极为优越的特性。前述油断路器是用油作灭弧和绝缘介质的,而油在电弧高温作用下要分解出碳,使油中的含碳量增高,从而降低了油的绝缘和灭弧性能。因此油断路器在运行中要经常注意监视油色,适时分析油样,必要时要更换新油,而 SF_6 断路器就无此麻烦。SF_6 又不含氧元素(O),因此它不存在触头氧化的问题。因此 SF_6 断路器较之空气断路器,其触头的磨损较少,使用寿命增长。SF_6 除具有上述优良的物理、化学性能外,还具有优良的电绝缘性能。在 300 kPa 下,其绝缘强度与一般绝缘油的绝缘强度大体相当。特别优越的是 SF_6 在电流过零时,电弧暂时熄灭后,具有迅速恢复绝缘强度的能力,从而使电弧难以复燃而很快熄灭。

SF_6 断路器的结构,按其灭弧方式分,有双压式和单压式两类。双压式具有两个气压系统,压力低的作为绝缘,压力高的作为灭弧。单压式只有一个气压系统,灭弧时,SF_6 的气流靠压气活塞产生。单压式结构简单,我国现生产的 LN1 型、LN2 型 SF_6 断路器均为单压式。

SF_6 断路器灭弧室如图 4-11 所示。断路器的静触头和灭弧室中的压气活塞是相对固定不动的,跳闸时装有动触头和绝缘喷嘴的气缸由断路器操动机构通过连杆带动,离开静触头,造成气缸与活塞的相对运动,压缩 SF_6,使之通过喷嘴吹弧,从而使电弧迅速熄灭。

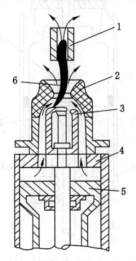

图 4-11　SF_6 断路器灭弧室工作示意图

1——静触头;2——绝缘喷嘴;3——动触头;4——气缸(连同动触头由操动机构传动);
5——压气活塞(固定);6——电弧

SF_6 断路器与油断路器比较,具有下列优点:断流能力强,灭弧速度快,电绝缘性能好,检修周期(间隔时间)长,适于频繁操作,而且没有燃烧爆炸危险。缺点为:要求加工精度很高,对其密封性能要求更严,因此价格比较昂贵。

SF_6 断路器主要用于需频繁操作及有易燃易爆危险的场所,特别是用于全封闭式组合电器。

SF_6 断路器配用 CD10 等型电磁操作机构或 CT7 等型弹簧操作机构。

3. 高压真空断路器

高压真空断路器是利用真空(气压为 $10^{-2} \sim 10^{-6}$ Pa)灭弧的一种断路器,其触头装在真空灭弧室内。由于真空中不存在气体游离的问题，所以这种断路器的触头断开时很难发生电弧。但是在感性电路中，灭弧速度过快，瞬间切断电流 i 将使 di/dt 极大，从而使电路出现过电压($U_L = Ldi/dt$)，这对供电系统是不利的。因此，此"真空"不能是绝对的真空，实际上应能在触头断开时因高电场发射和热电发射产生一点电弧，此电弧称为真空电弧，它能在电流第一次过零时熄灭。这样，燃弧时间既短(至多半个周期)，又不致产生很高的过电压。

真空断路器的灭弧室结构图如图 4-12 所示。真空灭弧室的中部，有一对圆盘状的触头。在触头刚分离时，由于高电场发射和热电发射而使触头间发生电弧。电弧温度很高，可使触头表面产生金属蒸气。随着触头的分开和电弧电流的减小，触头间的金属蒸气密度也逐渐减小。当电弧电流过零时，电弧暂时熄灭，触头周围的金属离子迅速扩散，凝聚在四周的屏蔽罩上，以致在电流过零后只几微秒的极短时间内，触头间隙实际上又恢复了原有的高真空度。因此，当电流过零后虽很快加上高电压，触头间隙也不会再次击穿，也就是说，真空电弧在电流第一次过零时就能完全熄灭。

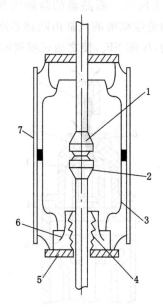

图 4-12　真空灭弧室的结构

1——静触头；2——动触头；3——屏蔽罩；4——波纹管；

5——与外壳封接的金属法兰盘；6——波纹管屏蔽罩；7——玻壳

真空断路器具有体积小、重量轻、动作快、寿命长、安全可靠和便于维护检修等优点，但价格较贵，主要适用于频繁操作的场所。

另外，还有压缩空气断路器、自产气断路器、磁吹断路器。

（六）断路器的选择

一般情况下可选择真空断路器和六氟化硫断路器。现在很少选择油断路器。对于污秽地点应选用防污型断路器。

断路器操作机构的选择应与断路器的控制方式、安装情况及操作电源相适应。选择断路器的技术参数时，应按额定电压和额定电流选择，按断流能力和短路时的动稳定性和热稳定性校验。

三、高压负荷开关

高压负荷开关,具有简单的灭弧装置,因而能通断一定负荷的电流和过负荷电流,但它不能断开短路电流,因此它必须与高压熔断器串联使用,以借助于熔断器来切断短路故障。

高压负荷开关主要用于负荷容量不大、对继电保护要求不高、不太重要的电路中。

高压负荷开关的类型较多,这里着重介绍一种应用最多的户内压气式高压负荷开关。

图 4-13 是 FN3-10RT 型户内压气式负荷开关的结构图。上半部为负荷开关本身,很像一般隔离开关,实际上它也就是在隔离开关的基础上加一个简单的灭弧装置。负荷开关上端的绝缘子就是一个简单的灭弧室,它不仅起支持绝缘子作用,而且内部是一个气缸,装有由操动机构主轴传动的活塞,其作用类似打气筒。绝缘子上部装有绝缘喷嘴和弧静触头。当负荷开关分闸时,在闸刀一端的弧动触头与绝缘子上的弧静触头之间产生电弧。由于分闸时主轴转动而带动活塞,压缩气缸内的空气而从喷嘴往外吹弧,使电弧迅速熄灭。当然分闸时还有电弧迅速拉长及本身电流回路的电磁吹弧作用。但总的来说,负荷开关的灭弧断流能力是很有限的,只能断开一定负荷的电流及过负荷电流。负荷开关不能配以短路保护装置来自动跳闸,其热脱扣器只用于过负荷保护。

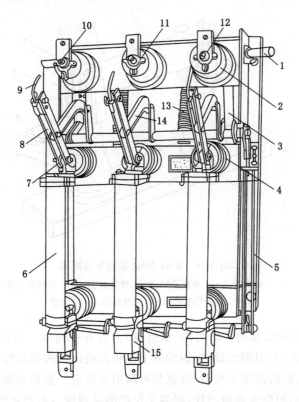

图 4-13　FN3-10RT 型高压负荷开关

1——主轴;2——上绝缘子兼气缸;3——连杆;4——下绝缘子;5——框架;6——RN1 型高压熔断器;
7——下触座;8——闸刀;9——弧动触头;10——绝缘喷嘴(内有弧静触头);11——主静触头;
12——上触座;13——断路弹簧;14——绝缘拉杆;15——热脱扣器;

负荷开关的灭熄装置简单,断流容量小,不能切断短路电流。只有与熔断器配合使用,才能起到断路器的作用。

负荷开关结构简单、尺寸小、价格低,与熔断器配合可作为容量不大(400 kV·A 以下)或不重要用户的电源开关,以代替油断路器。

负荷开关按额定电压和额定电流选择,按动、热稳定性进行校验。当负荷开关配有熔断器时,应校验熔断器的断流容量,其动、热稳定性则可不校验。

负荷开关一般选用 CS3 型手动操动机构。

第四节　熔断器及选择

熔断器是一种应用最早的保护装置。它是一种当所在电路的电流超过规定值并经一定时间后,使其熔体熔化而分断电流、断开电路的一种保护电器。熔断器的功能主要是对电路及电路设备进行短路保护,但有时也具有过负荷保护的功能。其优点是构造简单,价格低廉,适用于过流保护。缺点是操作不够方便,保护配合较难满足要求。

一、RN1、RN2 型高压熔断器

图 4-14 所示是 RN1、RN2 型高压熔断器的结构,图 4-15 所示是其熔管剖面示意图。

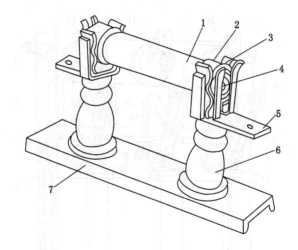

图 4-14　RN1、RN2 型高压熔断器

1——瓷熔管;2——金属管帽;3——弹性触座;4——熔断指示器;

5——接线端子;6——瓷绝缘子;7——底座

由图 4-15 可知,熔断器的工作熔体(铜熔丝)上焊有小锡球。锡是低熔点金属,过负荷时锡球受热首先熔化,包围铜熔丝,铜锡的分子互相渗透而形成熔点较铜的熔点低的铜锡合金,使铜熔丝能在较低的温度下熔断,这就是所谓冶金效应。它使得熔断器能在有不太大的过负荷电流或较小的短路电流时动作,提高了保护的灵敏度。由图可知,这种熔断器采用几根熔丝并联,以便在它们熔断时能产生几根并行的电弧,利用粗弧分细灭弧法来加速电弧的熄灭。这种熔断器的熔管内是充填有石英砂的,熔丝熔断时产生的电弧完全在石英砂内燃烧,因此灭弧能力很强,能在短路后不到半个周期,即短路电流未达冲击值 i_{sh} 之前完全熄灭电弧、切断短路电流,从而使熔断器本身及其所保护的电压互感器不必考虑短路冲击电流的影响,因此这种熔断器属于"限流"熔断器。

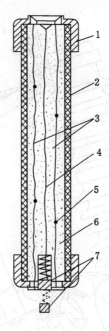

图 4-15　RN1、RN2 型高压熔断器的熔管剖面示意图

1——管帽；2——瓷管；3——工作熔体；4——指示熔体；5——锡球；

6——石英砂镇料；7——熔断指示器（虚线表示指示器在熔体熔断时弹出）

当短路电流或过负荷电流通过熔体时，工作熔体熔断后，指示熔体也相继熔断，其红色的熔断指示器弹出，如图 4-15 中虚线所示，给出熔断的指示信号。

二、RW4 型和 RW10 型户外高压跌落式熔断器

跌落式熔断器，又称跌开式熔断器，广泛用于环境正常的室外场所，既可作 6～10 kV 线路的设备的短路保护，又可在一定条件下，直接用高压绝缘钩棒（俗称令克棒）来操作熔管的分合。一般的跌落式熔断器如 RW4-10（G）型等，只能无负荷下操作，或通断小容量空载变压器和空载线路等，其操作要求与隔离开关相同。负荷型跌落式熔断器如 RW10-10（F）型，能带负荷操作，其操作要求与负荷开关相同。

图 4-16 所示是 RW4-10（G）型跌落式熔断器的基本结构。这种跌落式熔断器串接在线路上。正常运行时，其熔管上端的动触头借熔丝张力拉紧后，利用钩棒将此动触头推入上静触头内锁紧，同时下动触头与下静触头也相互压紧，从而使电路接通。当线路上发生短路时，短路电流使熔丝熔断，形成电弧。消弧管由于电弧烧灼而分解出大量气体，使管内压力剧增，并沿管道形成强烈的气流纵向吹弧，使电弧迅速熄灭。熔丝熔断后，熔管的上动触头因失去张力而下翻，使锁紧机构释放熔管，在触头弹力及熔管自重作用下，回转跌落，造成明显可见的断开间隙。

这种跌落式熔断器采用了"逐级排气"的结构。由图 4-16 可以看出，其熔管上端在正常运行时是封闭的，可以防止雨水浸入。在分断小的短路电流时，上端封闭形成单端排气，使管内保持足够大的压力，这样有利于熄灭小的短路电流所产生的电弧。而在分断大的短路电流时，由于管内产生的气压大，而使上端薄膜冲开而形成两端排气，这样有助于防止分断大的短路电流时可能造成的熔管爆裂。

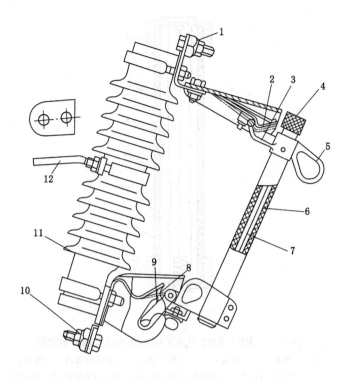

图 4-16 RW4-10(G)型跌落式熔断器

1——上接线端子;2——上静触头;3——上动触头;4——管帽(带薄膜);5——操作环;
6——熔管(外层为酚醛纸管或环氧玻璃布管,内套纤维质消弧管);7——铜纤丝;8——下动触头;
9——下静触头;10——下接线端子;11——绝缘瓷瓶;12——固定安装板

RW10-10(F)型跌落式熔断器是在一般跌落式熔断器的静触头上加装简单的灭弧室,因而能带负荷操作,这种负荷型跌落式熔断器有推广应用的趋势。

跌落式熔断器依靠电弧燃烧使产气管分解产生的气体来熄灭电弧,即使是负荷型跌落式熔断器加装有简单的灭弧室,其灭弧能力也不强,灭弧速度不快,不能在短路电流到达冲击值之前熄灭电弧,因此属"非限流"熔断器。

三、RW10-35 型高压熔断器

RW10-35 型高压熔断器如图 4-17 所示。

额定值:额定电流 0.5 A,断流容量 2 000 MV·A。

安装地点:户外。

保护对象:35 kV 电压互感器;2～10 A、600 MV·A 的其他设备。

四、低压熔断器

按结构分,低压熔断器分为 RC 系列插入式熔断器,RL 系列螺旋式熔断器,RM 系列无填料封闭管式熔断器,RT 系列有填料封闭管式熔断器,RLS 系列螺旋式快速熔断器等。

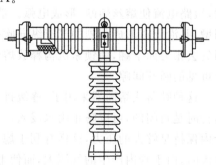

图 4-17 RW10-35 型高压熔断器

（一）RM 系列无填料封闭管式熔断器

（1）结构：内壁采用易分解灭弧气体的纤维管、变截面熔体。

（2）原理：分解气体灭弧。短路时熔体在窄部熔断、过负荷时在宽窄接合部熔断。

（3）作用：用于井下低压防爆开关。

（二）RL1 型螺旋式熔断器

（1）结构：如图 4-18 所示。

（2）特点：属于限流熔断器。

（3）作用：用于小电流主电路、控制电路、井下低压防爆开关。

（三）RTO 型有填料密封管式熔断器

（1）结构：如图 4-19 所示。

（2）特点：属限流熔断器。

（3）应用：用于短路电流较大的低压电路中，配低压控制屏。

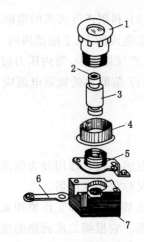

图 4-18　RL1 型螺旋式熔断器
1——瓷帽；2——熔断指示红点；
3——熔管；4——瓷套；5——上接线端；
6——下接线端；7——底座

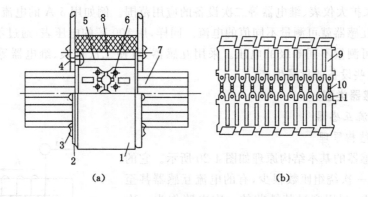

图 4-19　RTO 型有填料密封管式熔断器
(a) 结构；(b) 熔体
1——滑石陶瓷外壳；2——金属盖板；3——螺栓；4——熔断指示器；5——指示熔体；6——工作熔体；
7——刀形触头；8——石英砂；9——紫铜栅片；10——锡桥；11——小孔

五、高压熔断器选择

首先应根据使用环境、负荷种类、安装方式和操作方式等条件选择出合适的类型，然后按照额定电压、额定电流及额定断流能力选择熔断器的技术参数。在选择和校验熔断器技术参数时，应注意以下几点：

（1）对于限流型熔断器，熔断器的额定电压与所在电网的电压应为同一电压等级，若熔断器的电压等级高于电网的电压等级，如 10 kV 的熔断器用于 6 kV 线路上，熔体熔断时将会产生过电压。

（2）在校验熔断器的断流能力时，对于限流型熔断器用次暂态电流 I''，对于非限流型熔断器用冲击短路电流的有效值 I_{im}。

（3）利用产气灭弧的熔断器，选择时，熔断器安装处短路电流的最大、最小值，应在熔断器分断电流的上、下限范围内。否则，短路电流过大，管内气压过高，会造成熔管爆炸；电流过小，产气量太少，管内压力过低而达不到灭弧的目的。

（4）熔断器的额定电流应大于熔体的额定电流，否则熔断器将会因过热而损坏。

第五节　互感器及选择

互感器按其作用分为电流互感器和电压互感器。电流互感器又称仪用变流器，电压互感器又称仪用变压器。

从基本结构和工作原理来说，互感器就是一种特殊变压器，是一种测量用的电压、电流变换器。它根据二次回路的继电器、测量仪表及检视装置的需要设置，一般情况下，每一进、出线回路装设一组电流互感器，每一段母线上装设一组电压互感器。

一、互感器的主要功能

（1）用来使仪表、继电器等二次设备与主电路绝缘。这既可避免主电路的高电压直接引入仪表、继电器等二次设备，又可防止仪表、继电器等二次设备的故障影响主电路，提高一、二次电路的安全性和可靠性，并有利于人身安全。

（2）用来扩大仪表、继电器等二次设备的应用范围。例如用 5 A 的电流表，通过不同变流比的电流互感器就可测量不同值的电流。同样，用 100 V 的电压表，通过不同变压比的电压互感器就可测量不同等级的电压。采用互感器，可使二次仪表、继电器等设备的规格统一，有利于这些设备的批量生产。

二、互感器类型

（一）电流互感器

1. 基本结构原理

电流互感器的基本结构原理如图 4-20 所示。它的结构特点是：一次绕组匝数很少，有的电流互感器甚至没有一次绕组，利用穿过其铁芯的一次电路作为一次绕组（相当于匝数为 1），且一次绕组导体截面大；二次绕组匝数很多，导体较细。工作时，一次绕组串接在一次电路中，二次绕组则与仪表、继电器等的电流线圈相串联，形成一个闭合回路。由于电流线圈的阻抗很小，因此电流互感器工作时二次回路接近于短路状态。二次绕组的额定电流一般为 5 A。

电流互感器的一次电流 I_1 与其二次电流 I_2 之间有下列关系：

$$I_1 \approx (N_2/N_1)I_2 \approx K_i I_2 \qquad (4\text{-}9)$$

式中　N_1、N_2——电流互感器一次和二次绕组匝数；

　　　　K_i——电流互感器的变流比，一般表示为额定的一次和二次电流之比，即：

$$K_i = I_{1N}/I_{2N} \qquad (4\text{-}10)$$

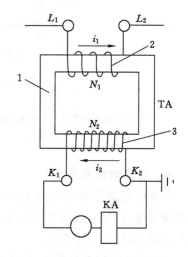

图 4-20　电流互感器的基本结构原理
1——铁芯；2——一次绕组；3——二次绕组

2. 电流互感器的类型和型号

电流互感器的类型很多。按一次绕组的匝数分,有单匝式(包括母线式、芯柱式、套管式)和多匝式(包括线圈式、线环式、串级式)。按一次电压分,有高压和低压两大类。按用途分,有测量用和保护用两大类。按准确度级分,测量用电流互感器有 0.1、0.2、0.5、1、3、5 等等级,保护用电流互感器有 5P 和 10P 两级。

高压电流互感器多制成不同准确度级的两个铁芯和两个二次绕组,分别接测量仪表和继电器,以满足测量和保护的不同要求。电气测量对电流互感器的准确度要求较高,且要求在短路时仪表受的冲击小,因此测量用电流互感器的铁芯在一次电路短路时应易于饱和,以限制二次电流的增长倍数。继电保护用电流互感器的铁芯则在一次电流短路时不应饱和,使二次电流能与一次短路电流成比例地增长,以适应保护灵敏度的要求。

图 4-21 所示是户内高压 LQJ-10 型电流互感器的外形。它有两个铁芯和两个二次绕组,分别为 0.5 级和 3 级,0.5 级用于测量,3 级用于继电保护。

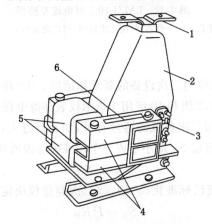

图 4-21　LQJ-10 型电流互感器

1——一次接线端子;2——一次绕组(树脂浇注);3——二次接线端子;4——铁芯;5——二次绕组;
6——警告牌(上写"二次侧不得开路"等字样)

图 4-22 所示是户内低压 LMZJ-10.5 型(500~800/5 A)的外形。它不含一次绕组,穿过其铁芯的母线就是其一次绕组(相当于 1 匝)。适用于 500 V 及以下的配电装置中。

以上两种电流互感器都是环氧树脂或不饱和树脂浇注绝缘的,较之老式的油浸式和干式电流互感器,尺寸小,性能好,安全可靠,因此现在生产的高低压成套配电装置中大都采用这类电流互感器。

3. 电流互感器的选择

根据使用环境和安装条件确定电流互感器的类型,然后按正常工作条件及短路参数确定其规格。选择步骤如下:

(1) 选择额定电压

电流互感器的额定电压应大于或等于电网的额定电压。

(2) 选择一次额定电流

电流互感器原边额定电流 I_{1N} 应不小于 1.2~1.5 倍最大长时工作电流 I_{ca},即:

$$I_{1N} \geqslant (1.2 \sim 1.5)I_{ca} \tag{4-11}$$

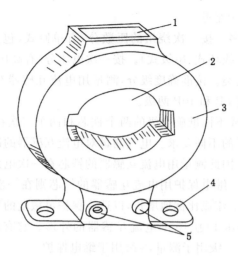

图 4-22　LMZJ-10.5 型电流互感器

1——铭牌；2——一次母线穿孔；3——铁芯(外绕二次绕组,树脂浇注)；4——安装板；5——二次接线端子

（3）校验准确等级

电流互感器的准确等级应与二次设备的要求相适应。0.2 级用于精密测量,0.5 级用于计费仪表,1.0 级用于测量仪表,3 级和 10 级用于指示仪表和继电保护装置。5P 和 10P 仅用于继电保护互感器的准确等级,与二次负载的容量有关,如容量过大,则准确等级下降。要满足准确等级要求,二次负载的总容量 S_{2L} 应小于或等于该准确等级所规定的额定容量 S_{2N},即：

$$S_{2N} \geqslant S_{2L} \tag{4-12}$$

电流互感器的二次电流已标准化(5 A),故二次容量仅决定于二次负载电阻 R_{2L},即：

$$S_{21} = I_2^2 R_{2L} \tag{4-13}$$

$$R_{2L} = K_{kx2} \sum R_{mk} + K_{kx1} R_w + R_c \tag{4-14}$$

式中　K_{kx1}、K_{kx2}——接线系数,决定于互感器二次接线方式,其值见表 4-1；

　　　　$\sum R_{mk}$——测量仪表和继电器线圈的内阻,Ω；

　　　　R_w——连接导线的电阻,Ω；

　　　　R_c——导线连接时的接触电阻,一般取 0.05～0.1 Ω。

表 4-1　电流互感器二次接线系数

接线方式		接线系数	
		K_{kx1}	K_{kx2}
单相		2	1
三相星形		1	1
两相星形	三线接负载	$\sqrt{3}$	$\sqrt{3}$
	两线接负载	$\sqrt{3}$	$\sqrt{3}$
两相差接		$2\sqrt{3}$	$\sqrt{3}$
三角形		3	3

在二次负载电阻中考虑连接线的电阻是因为仪表和继电器的内阻均很小，因而连接线的电阻不能忽视。在安装距离确定后，为了满足准确等级要求，连接线的电阻应为：

$$R_w \leqslant \frac{S_{2N} - I_{2N}^2 (K_{kx2} \sum R_{mk} + R_c)}{K_{kx1} I_{2N}^2} \qquad (4-15)$$

连接导线的计算截面积应为：

$$A_w = \frac{L}{\gamma_{sc} R_w} \qquad (4-16)$$

式中　A_w——连接导线的截面积，mm^2；

L——导线的长度，m；

γ_{sc}——导线的电导率，$m/(Q \cdot mm^2)$，铜线取 53，铝线取 32。

连接导线一般采用铜线，其最小截面不得小于 1.5 mm^2，最大不得超过 10 mm^2。

（4）校验动稳定

电流互感器满足动稳定的条件是：

$$K_{es} \sqrt{2} I_{1n} \geqslant i_{im} \qquad (4-17)$$

式中　K_{es}——动稳定倍数，由产品目录查出；

i_{im}——三相短路冲击电流，kA。

（5）校验热稳定

电流互感器满足热稳定的条件是：

$$K_{ts} \geqslant \frac{I_{ss}}{I_{1N}} \sqrt{\frac{t_i}{t}} \qquad (4-18)$$

式中　K_{ts}——对应于 t 的热稳定倍数，由产品目录查出；

t——给定的热稳定时间，一般为 1 s；

I_{ss}——三相稳态短路电流有效值，A；

t_i——短路电流的假想作用时间，s。

（6）校验 10% 误差

为了保证继电器可靠动作，继电保护用的电流互感器的电流误差不应超过 10%。因此对所选电流互感器应进行 10% 误差校验。

产品样本中提供的电流互感器的 10% 误差曲线，是在电流误差为 10% 时一次电流倍数 m（一次最大电流与额定电流之比）与二次负载阻抗 Z_{2L} 之间的关系。

校验时根据二次回路的相负载阻抗从所选择电流互感器的 10% 误差曲线上查出允许的一次电流倍数 m，其值应大于保护装置动作的实际电流倍数 m_{ca}。即：

$$m > m_{ca} = \frac{1.1 I_{op}}{I_{1N}} \qquad (4-19)$$

式中　I_{op}——保护装置的动作电流；

I_{1N}——电流互感器的一次额定电流；

1.1——考虑电流互感器 10% 误差的系数。

4. 电流互感器使用注意事项

（1）电流互感器在工作时其二次侧不得开路。在安装时，其二次接线要求牢靠，且不允许接入熔断器和开关。

（2）电流互感器的二次侧有一端必须接地。互感器二次侧一端接地，是为了防止其一、二次绕组间绝缘击穿时，一次侧的高电压窜入二次侧，危及人身和设备的安全。

（3）电流互感器在连接时，要注意其端子的极性。

（二）电压互感器

1. 基本结构原理和接线方案

电压互感器的基本结构原理图如图 4-23 所示。它的结构特点是：一次绕组匝数很多，而二次绕组匝数很少，相当于降压变压器。工作时，一次绕组并联在一次电路中，而二次绕组并联仪表、继电器的电压线圈。由于这些电压线圈的阻抗很大，所以电压互感器工作时二次绕组接近于空载状态。二次绕组的额定电压一般为 100 V。

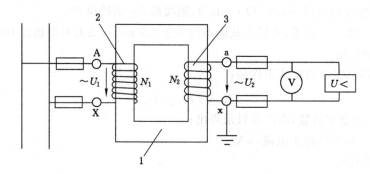

图 4-23 电压互感器的基本结构原理
1——铁芯；2——一次绕组；3——二次绕组

电压互感器的一次电压 U_1 与其二次电压 U_2 之间有下列关系：

$$U_1 \approx (N_1/N_2)U_2 \approx K_u U_2 \qquad (4\text{-}20)$$

式中　N_1、N_2——电压互感器一次和二次绕组匝数；

K_u——电压互感器的变压比，一般表示为其额定一、二次电压比，即：

$$K_u = U_{1N}/U_{2N} \qquad (4\text{-}21)$$

电压互感器在三相电路中有如图 4-24 所示的四种常见的接线方案。

（1）一个单相电压互感器的接线［见图 4-24(a)］。这种接线方式常用于给仪表、继电器接三相电路的一个线电压。

（2）两个单相电压互感器接成 V/V 形［见图 4-24(b)］。这种接线方式常用于给仪表、继电器接三相三线制电路的两个线电压，它广泛应用在变（配）电所的 6～10 kV 高压配电装置中。

（3）三个单相电压互感器接成 Y_0/Y_0 形［见图 4-24(c)］。这种接线方式常用于三相三线制和三相四线制电路，用于给要求线电压的仪表、继电器供电，同时也给接相电压的绝缘监视电压表供电。由于小接地电流系统在一次侧发生单相接地时，另两相电压要升高到线电压，所以绝缘监视电压表不能接入按相电压选择的电压表，而要按线电压选择，否则在发生单相接地时，电压表可能被烧毁。

（4）三个单相三绕组电压互感器或一个三相五芯柱三绕组电压互感器接成 $Y_0/Y_0/$ △（开口三角形）形［见图 4-24(d)］。这种接线方式常用于三相三线制电路，其接成 Y_0 的二次绕组，给需线电压的仪表、继电器及绝缘监视用电压表供电。接成 △（开口三角形）形的辅

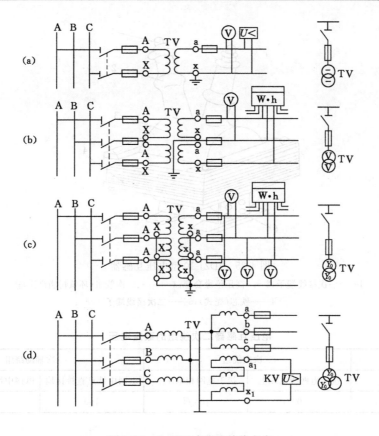

图 4-24　电压互感器的结线方案

（a）一个单相电压互感器；（b）两相单相电压互感器接成 V/V 形；（c）三个单相电压互感器接成 Y_0/Y_0 形；
（d）三个单相三绕组或一个三相五芯柱三绕组电压互感器接成 $Y_0/Y_0/\triangle$（开口三角形）形

助二次绕组,接电压继电器。一次电压正常工作时,由于三个相电压对称,因此开口三角形两端的电压接近于零。当某一相接地时,开口三角形两端将出现近 100 V 的零序电压,使电压继电器动作,发出信号。

2. 电压互感器的类型和型号

电压互感器按相数分,有单相和三相两类。按绝缘及其冷却方式分,有干式（含环氧树脂浇注式）和油浸式两类。图 4-25 所示是应用广泛的单相三绕组、环氧树脂浇注绝缘的户内 JDZJ-10 型电压互感器外形。

3. 电压互感器的选择

根据使用地点、安装条件及用途确定出互感器的型号后,再按下述步骤选择。

（1）选择额定电压

电压互感器一次额定电压 U_{1N} 应与其所在电网的电压 U_w 相适应,其值应满足:

$$1.1U_{1N} > U_w > 0.9U_{1N} \tag{4-22}$$

式中　1.1、0.9——电压互感器最大误差所允许的一次电压波动范围。

电压互感器的二次电压在任何情况下都不得超过标准值（100 V）,因此其二次绕组的额定电压应按表 4-2 进行选择。

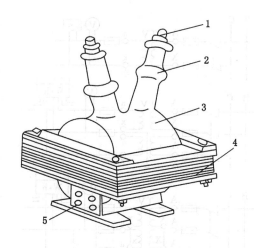

图 4-25　JDZJ-10 型电压互感器

1——一次接线端子；2——高压绝缘套管；3——一、二次绕组（环氧树脂浇注）；
4——铁芯（壳式）；5——二次接线端子

表 4-2　　　　　　　　　　　　电压互感器二次绕组的额定电压　　　　　　　　　　单位：V

绕组	二次主绕组		二次辅助绕组	
高压侧接线	接于电网线电压上	接于电网相电压上	电网中性点直接接地	电网中性点不直接接地
二次绕组电压	100	$100\sqrt{3}$	100	$100\sqrt{3}$

（2）按准确等级与二次负荷进行校验

所选电压互感器应满足二次设备在用途上对准确等级的要求。电压互感器的准确等级应按下列原则选择：

① 供给计费用的电度表，应选 0.5 级的电压互感器。

② 向监视用电度表、功率表或电压继电器等供电的电压互感器，其准确等级应为 1 级。

③ 作一般电压监视用或补偿电容器放电用的电压互感器准确度等级可取 3 级。

按二次负荷校验电压互感器的准确等级时，应使互感器的二次容量 S_{2L} 小于或等于互感器在该等级下所规定的二次额定容量。

通常电压互感器的各相负荷并不完全相等，在确定准确等级时，应取最大负载相作为校验依据。

电压互感器多采用限流型熔断器保护，故不做短路稳定性校验。

4. 电压互感器的使用注意事项

（1）电压互感器在工作时其二次侧不得短路。由于电压互感器一、二次侧都是在并联状态下工作的，如发生短路，将产生很大的短路电流，有可能烧毁互感器，甚至影响一次电路的安全运行。因此电压互感器的一、二次侧必须装设熔断器以进行短路保护。

（2）电压互感器的二次侧有一端必须接地。这与电流互感器二次侧接地的目的相同，也是为了防止一、二次绕组的绝缘击穿时，一次侧的高电压窜入二次侧，危及人身和设备的安全。

（3）电压互感器在连接时，也要注意其端子的极性。

第六节　成套配电装置及选择

成套配电装置是将各种有关的开关电器、测量仪表、保护装置和其他辅助设备按照一定的方式组装在统一规格的箱体中，组成的一套完整配电设备。使用成套配电装置，可使变电所布置紧凑，整齐美观，操作和维护方便，并可加快安装速度，保证安装质量，但耗用钢材较多，造价较高。目前变电所 10 kV 以下的配电设备均为成套装置。

成套配电装置分一次电路方案和二次电路方案。一次电路方案是指主回路的各种开关、互感器、避雷器等元件的接线方式。二次方案是指测量、保护、控制和信号装置的接线方式。电路方案不同，配电装置的功能和安装方式也不相同，用户可根据需要选择不同的一次、二次电路方案。

成套配电装置按电压及用途分，可分为高压开关柜、低压配电屏及动力和照明配电箱等。

一、高压成套配电装置

高压成套配电装置又称高压开关柜，用来接受和分配高压电能，并对电路实行控制、保护及监测。高压开关柜种类很多，下面简要介绍几种。

（一）KYN-10 型金属铠装封闭移开式高压开关柜

移开式即为手车式，它是把断路器、电压互感器、避雷器等需要经常检修的电气元件，都安装在一个有滚轮的小车上，小车可以从箱体中拉出柜外进行检修或将小车整体更换。该开关柜具有"五防"功能，即防止误操作断路器、防止带负荷分合隔离开关、防止带电挂接地线、防止带地线合闸和防止误入带电间隔。

该产品系三相交流 50 Hz，额定电压 3～10 kV，中性点不接地的单母线及单母线分段系统的户内成套配电装置，适用于各类型发电厂、变电站及工矿企业。

图 4-26 所示为 KYN1-10 型开关柜的外形结构示意图。开关柜是用钢板弯制焊接而成的全封闭型结构，主要由继电仪表室、手车室、母线室和电缆室等四个部分组成，各部分用钢板分隔，螺栓连接。

1. 手车

手车内架由角钢和钢板弯制而成。根据用途，可分为断路器手车、电压互感器避雷器手车、电容器避雷器手车、所用变压器手车、隔离手车及接地手车等。同类型、同规格的手车可以互换。

手车上的面板就是柜门，装有铭牌、观察窗等。开启手车内的照明灯可观察断路器的油位指示。柜门上装有手车定位旋钮及位置指示标牌。当转动锁定旋钮时，可将手车锁定在工作位置、试验位置及断开位置，并在面板上显示出位置状况。两旁有紧急分闸装置及合分闸位置指示器，能清楚反映少油断路器的工作状态。手车底部装有接地触头及 4 个滚轮，使手车能沿柜内的导轨移动。在手车正面装有 1 个万向滚轮，它能使车底 2 个前轮搁空，2 个后轮配合可使手车在柜外灵活转动。

手车在工作位置时，一次、二次回路接通；手车在试验位置时，一次回路断开，二次回路接通，断路器可做分合闸试验；手车在断开位置时，一次、二次回路全部断开，手车与柜体保持机械联系。

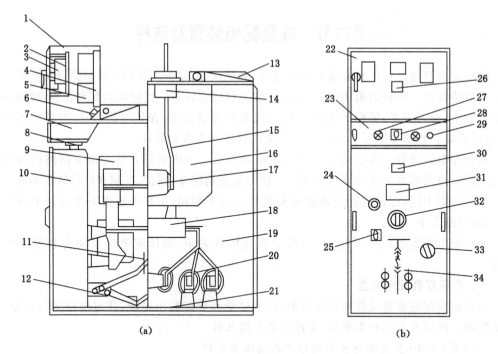

图 4-26　KYN1-10 型开关柜外形结构示意图

(a) 侧视图；(b) 正视图

1——仪表继电器室；2——内门；3——电度表；4——继电器安装板；5——继电器；6——端子排；7——控制小母线室；
8——二次触头及防护机构；9——手车室；10——断路器手车；11——金属活门；12——提门机构；13——卸压装置；
14——穿墙套管；15——主母线；16——主母线室；17——触头盒；18——电流互感器；19——互感器电缆室；
20——主母线套管；21——接地开关连锁操作轴；22——仪表门；23——操作板；24——推进机构摇把孔；
25——分合闸指示；26——带电显示装置；27——信号灯；28——断路器控制开关；29——手车照明灯开关；
30——铭牌；31——观察窗；32——手车位置指示旋钮；33——紧急分闸手把；34——一次接线标志

2. 柜体

柜体由手车室、主母线室、电流互感器(电缆)室等功能单元组成,各单元由钢板弯制焊接而成,各单元之间用金属板分隔。手车室后壁处装有 3～6 只带隔离静触头的触头盒,在触头盒的口部装有随手车推进、拉出而开启、关闭的两组接地帘门,当检修隔离静触头时,上、下两组帘门可分别打开。手车室左侧为辅助回路电缆小室,从底部直通仪表室。右侧装有接地开关及后门连锁操作轴。两侧的手车定位板及手车推进轨迹板与手车上连锁机构及推动机构配合,可避免由于手车的进出、手车的误操作以及运行状态时短路电流产生的电动斥力使车体移位,造成主回路隔离插头起弧等事故。顶部装有 24 芯的二次静触头及二次静触头的防护装置。底部装有手车识别装置、接地母线及手车导轨。母线室设在柜体后上方,在柜内金属隔板上配有套管绝缘子,以限制事故蔓延到邻柜。电流互感器(电缆)室在柜后部,内装电流互感器、接地开关、电缆盒固定架等,通过机构变化可实现左右联络,并可装设电压互感器。在开关柜手车室和母线室的上方设压力释放装置,供断路器或母线在发生故障时释放压力或排泄气体,以确保开关柜的安全。

3. 仪表继电器室

仪表继电器室通过减振器固定在手车室上方,可防止由于振动而引起二次回路元件的误动作。仪表室正面的仪表门可装指示仪表、信号继电器等。信号灯可以装在仪表门下面的操作板上,也可根据要求装在仪表门上,中间内门及后面安装板可装继电器等。仪表箱后壁为 15 回路的小母线室,仪表室底部装有二次回路接线端子。二次控制电缆由手车室左侧引入。

4. 接地及接地开关

开关柜设有 6 mm×40 mm 的接地母线,安装在电缆室。手车与柜体的电气连接通过铜质动、静触头压接,并引接到接地母线上,形成柜内接地系统。接地开关安装在电缆室,采用活动式操作手柄进行分合闸操作。

5. 加热器

在高湿地区或温度有较大变化的场合,开关柜内设备退出运行时,有产生凝露的可能,因而在开关柜内装设加热器,用提高温度的方法降低相对湿度,使得空气中的水蒸气不能凝结。该开关柜配制的加热器为管状式,功率为 300 W,安装在手车室前端的下面。加热器为可变件,按用户需要装设。

6. 连锁装置

为了实现"五防",柜内的连锁装置有以下几种:

(1) 由于手车面板上装有位置指示旋钮的机械闭锁,所以只有断路器处于分闸位置时,手车才能抽出或推入,防止了带负荷操作隔离触头。

(2) 由于断路器与接地开关装有机械连锁,只有断路器分闸、手车抽出后,接地开关才能合闸;手车在工作位置时,接地开关不能合闸,防止了带电挂接地线。

(3) 接地开关接地后,手车只能推进到试验位置,防止了带接地线合闸。

(4) 柜后上、下门装有连锁,只有在停电后手车抽出、接地开关接地后,才能打开后下门,再打开后上门。通电前,只有先关上后上门,再关后下门,接地开关才能分闸,使手车推入到工作位置,防止了误入带电间隔。

(5) 仪表板上装有带钥匙的控制开关(防误型插座)防止误分、误合断路器。

(二) KGN-10 型交流金属封闭铠装固定式高压开关柜

固定式是指它的电气元件固定安装在开关柜的箱体中,封闭铠装是指所有电气元件包括母线都安装在一个具有封闭金属外壳的箱体中。KGN-10 型开关柜也具有"五防"功能,它可代替老式的 GG 系列、GSG 系列、GPG 系列等固定式开关柜。

图 4-27 所示为 KGN-10 型开关柜的外形结构图。它的柜体骨架由角钢或钢板弯制而成,柜内以接地金属板分割成母线室、断路器室、操作机构室、继电器室及压力释放通道。

(三) HXGN-10(F·R)/630-SF₆ 型环网开关柜

该产品利用 SF₆ 作绝缘介质,相比空气绝缘具有设备体积小、绝缘性能强、灭弧性能好等特点,且结构简单,操作方便,运行安全可靠,产品接近国际先进水平。适用于 3～10 kV 供电系统中作电能控制和保护装置,可用于环网供电或辐射供电的工业区、商业区和居民小区的供电。

环网开关柜进线的主要方案有以下六种:

(1) 电缆进、出线和一个负荷开关-熔断器组合电器间隔。

(2) 两个负荷开关电缆进、出线间隔和一个负荷开关-熔断器组合间隔。

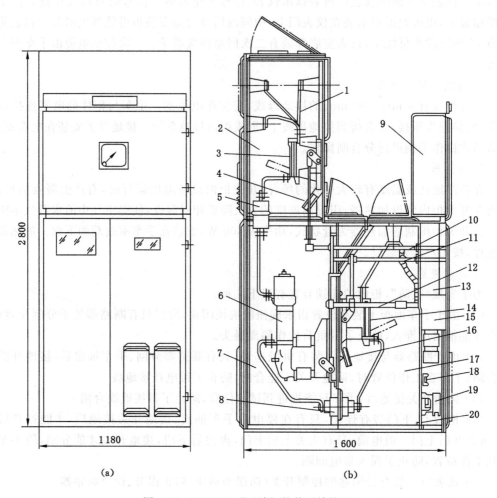

图 4-27 KGN-10 型开关柜的外形结构图

(a) 正视图；(b) 侧视图

1——母线；2——母线室；3——上隔离开关；4——接地开关；5——套管；6——断路器；7——断路器室；
8——电流互感器；9——继电器室；10——上隔离开关操作轴；11——下隔离开关操作轴；12——断路器操作轴；
13——操作机构室；14——下隔离开关；15——断路器操作机构；16——接地开关；17——电缆室；
18——熔断器；19——合闸接触器；20——接地母线

（3）两个负荷开关电缆进、出线间隔和两个负荷开关-熔断器组合间隔。

（4）三个负荷开关电缆进、出线间隔和一个负荷开关-熔断器组合间隔。

（5）三个负荷开关电缆进、出线间隔。

（6）四个负荷开关电缆进、出线间隔。

二、低压成套配电装置

低压成套配电装置有开启式低压配电屏和封闭式低压开关柜两种。开启式配电屏的电气元件采用固定安装、固定接线。封闭式开关柜的元件有固定安装式、抽出式（抽屉式和手车式）与固定插入混合安装式等几种。目前我国生产的低压配电柜常用的有 PGL 系列低压配电屏、BFC 系列抽出式低压开关柜、GGK1 系列电动机控制中心、GCL1 系列动力中心、

GGD 低压配电柜、XL 类动力配电箱、XM 类照明配电箱、多米诺组合式开关柜等。

（一）PGL 系列低压配电屏

PGL 系列交流低压配电屏适用于发电厂、变电站、厂矿企业中，供交流 50 Hz、额定工作电压不超过 380 V 的低压配电系统中的动力、配电、照明之用。这种固定式配电屏，技术先进、结构合理、安全可靠，可取代过去普遍应用的 BSL 型。

图 4-28 所示为 PGL 系列低压配电屏的外形结构图。PGL 系列配电屏为开启式双面维护的低压配电装置，采用薄钢板及角钢焊接组合而成。屏前有门，屏面上方仪表板为可开启的小门，可装仪表。屏后骨架上方有主母线装于绝缘框上，并设有母线防护罩，中性母线装在屏下方的绝缘子上。配电屏有良好的保护接地系统，提高了防触电的安全性。屏面下部有两扇向外开的门，门内有继电器和二次端子等。屏面中部装有开关操作手柄、控制按钮、指示灯等。刀开关、熔断器、自动开关、电流和电压互感器等都安装在屏内。根据屏内安装的电气元件的类型和组合形式不同，分为多种一次线路方案，用户可根据需要选用。

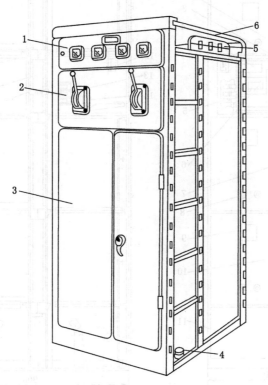

图 4-28　PGL 系列低压配电屏的外形结构图

1——仪表门；2——操作板；3——检修门；4——中性母线绝缘子；5——母线绝缘框；6——母线防护罩

（二）BFC 系列抽屉式低压开关柜

这种开关柜各单元回路的主要电气设备均安装在抽屉或手车中，当某一单元回路故障时，可立即换上备用单元或手车，以迅速恢复供电，这样既提高了供电可靠性，又便于对故障设备进行检修。这种开关柜的密闭性能好，可靠性高，结构紧凑，占地面积少，但与 PGL 系列比较，结构复杂，钢材耗用多，价格高。

图 4-29 所示为 BFC-2B 型抽屉式开关柜的结构示意图。它的基本骨架由钢板弯制件与角钢焊接而成,设备装设方式有手车式和抽屉式两种,抽屉式又分为单面抽屉柜和双面抽屉柜两种。单面抽屉柜前部是抽屉小室,装有抽屉单元,抽屉右侧装有二次端子排 23、二次插头(座)12、一次出线插座 5 及一次插座引至柜底部一次端子室 11 的绝缘线。柜的后部装有立放的三相铜母线,抽屉的一次进线插座 21 直接插在该母线上。柜的前、后两面均装有小门,前面抽屉小室的小门上可安装测量计、控制按钮、空气开关操作手柄等。双面抽屉柜的前、后两面均装有抽屉单元,母线立放在柜的中间。抽屉靠电气连锁装置的压板与轨道配合,可使抽屉处于工作位置及试验位置。抽屉装设的电气连锁装置用以防止抽屉带负荷从工作位置抽出。

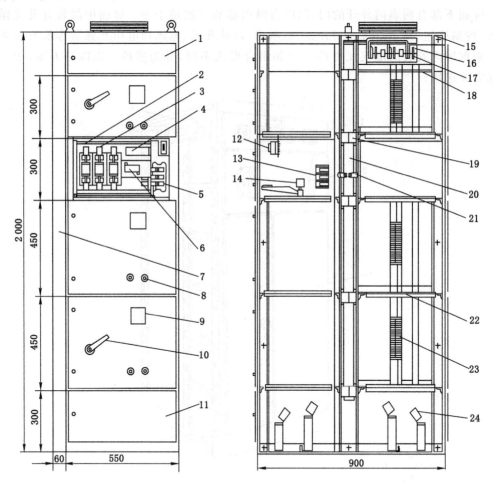

图 4-29　BFC-2B 型抽屉式开关柜的结构示意图

(a) 正视图；(b) 侧视图

1——主母线室小门；2——抽屉；3——熔断器；4——电流互感器；5——一次出线插座；6——热继电器；7——侧板；
8——按钮；9——电流表；10——空气开关操作手柄；11——一次端子室；12——二次插头(座)；13——一次出线插头；
14——电气连锁行程开关；15——通风孔；16——主母线夹；17——主母线；18——隔板；19——支母线夹；
20——支母线；21——一次进线插座；22——轨道；23——二次端子排；24——一次端子排

三、成套配电装置的选择

成套配电装置包括高压、低压两种。其选择主要是确定装置的类型、一次电路方案及电气参数的选择与校验。

(一)确定配电装置的类型

1. 高压成套配电装置类型的选择

高压成套配电装置按安装地点和使用环境分,可分为户内型、户外型、普通型、封闭型、矿用一般型和矿用隔爆型等类型。按电气元件在高压开关柜内的安装方式不同,可分为固定式和移开式两种。固定式维护检修不方便,但价格较低。移开式价格虽高,但灵活性好,又便于维护检修,适用于大型变电所或可靠性要求较高的变电所。按开关柜的安装方式和维护要求分,又分为靠墙或不靠墙安装、单面或双面维护。双面维护的开关柜只能离墙安装,由柜后引出架空线的开关柜也必须离墙安装。单面维护、电缆出线时也可靠墙安装。

在高压开关柜中大都装设少油断路器,对于频繁通断或短路故障较多的线路,要选用装有真空断路器的开关柜。选择高压开关柜时还应考虑其操作机构,手动式用于小型变电所,电磁式用于大中型变电所。

2. 低压成套配电装置类型的选择

在额定工作电压不超过 380 V 的低压配电系统中,现常用 PGL 型低压配电屏,其为户内安装,开启式双面维护,防护性能好,运行安全。与 BDL、BSL 系列产品相比,元件动稳定性好,分断电流能力高。此外,还有 BFC 系列抽屉式开关柜,主要设备都装在抽屉或手车上,单元回路故障时可立即换上备用件,迅速恢复供电,但其结构复杂,消耗钢材较多,价格较高。

按使用环境选择矿用电气设备的类型时,应符合《煤矿安全规程》的有关规定。

此外,还应根据工作机械对控制的要求选择电气设备的类型,例如对有爆炸危险的矿井井下供电线路用的低压总开关、分路开关和配电点总开关应选择隔爆型自动馈电开关;对不经常启动的小型机械设备,如井下局部通风机、采区小水泵及照明变压器等,一般选用隔爆手动启动器;隔爆磁力启动器主要用于控制和保护矿井井下启动频繁或需远距离控制的机械设备。

(二)成套配电装置一次电路方案的选择

1. 高压开关柜一次电路方案的确定

选择高压开关柜的一次电路方案时,应考虑以下几个因素:

(1)开关柜的用途。高压开关柜按用途分,可分为进线柜、配出线柜、电压互感器柜、避雷器柜、联络柜和所用变压器柜等多种。开关柜的用途不同,柜内电气元件和接线方式也不同。确定开关柜的一次电路方案时,应首先考虑其用途。

(2)负荷情况。对于负荷容量大、继电保护要求较高的用电户,必须使用断路器进行控制和保护。对于负荷容量较小、继电保护的动作时限要求不太严格,且灵敏度有较大潜力的不太重要的用电户,可采用装有负荷开关与熔断器的高压开关柜。对于单回路供电的用户,开关柜中只要求在断路器靠近母线一侧装设隔离开关;对双回路供电用户,断路器的两侧均应装设隔离开关。

(3)开关柜之间的组合情况。变电所的进线柜和联络柜,由于安装需要,往往选用两种不同方案的开关柜组合使用。对组合使用的开关柜,应注意其左、右联络方向,不可选错,否则将给安装带来困难。

（4）进出线及安装布置情况。对于进线开关柜,分电缆进线和架空进线两种。架空进线的又分为柜顶进线和柜后进线两种。对于出线开关柜,也分电缆出线和架空出线两种。为了保证足够的安全距离,两个架空出线柜不得相邻布置,中间至少应隔一个其他方案的开关柜。

此外,在选择一次电路方案时,还应考虑开关柜中电流互感器的个数,以满足保护和测量的需要。

2. 低压配电装置一次接线方案的选择

低压配电屏一次接线方案的选择,应考虑以下几点:

（1）保证对重要用户供电的可靠性。对重要负荷应采用双回路供电,例如向高压主、副井提升机的控制系统和低压主、副提升机等设备供电一般应采用双回路供电。

（2）恰当地确定配电屏出线的控制保护方案。线路较长、负荷较大的分路,一般应装设刀开关和自动开关;线路较短、负荷较小的分路,可用负荷开关、带灭弧罩的刀开关或熔断器作分路的控制和保护。

（3）确定配电屏进线的控制保护方案。根据出线数的多少,各出线的控制、保护方式和配电变压器容量的大小,确定配电屏的进线及其控制、保护方案。

分路较多、变压器容量较大时,应装设总刀开关和总自动开关。分路较少、变压器容量较小时,可用刀开关和熔断器作总开关和总保护。

配电变压器容量较小,低压线路较短,分路较少且未装设漏电保护开关时,应装设带有或配有漏电保护的总自动开关。若分路都装有漏电保护开关,总自动开关可不设漏电保护装置。

此外,系统接线应有一定的灵活性,以便于检修和保障生产的正常进行,应力求接线简单、操作方便、安全。当变电所采用两台 6(10)/0.4 kV 变压器时,一般采用分段单母线接线。当变电所采用一台变压器时,则采用单母线接线。

3. 成套配电装置电气参数的选择校验

当高压开关柜的型号和一次电路方案确定以后,开关柜中所装电气元件的型号也就基本确定了。下一步应对柜内电气元件的技术参数进行选择和校验。主要开关电器的选择和校验方法如前所述。有些高压配电装置,如矿用隔爆高压配电箱,厂家已进行配套生产,选择时,只需按配电箱给出的技术数据选择和校验即可。

低压配电屏的型号和一次线路方案确定后屏内主要电器也就基本确定了。电气参数主要根据额定电流选择。

有时将开关电器与变电设备等组合在一起,构成变电所组合电器,以减小占地面积。

小 结

本章首先详细阐述了电气设备常用的几种灭弧方法;其次介绍了选择电气设备的一般原则;最后阐述了高压开关设备(高压隔离开关、高压断路器、高压负荷开关)、熔断器、互感器(电压互感器、电流互感器)、成套配电装置的选择条件和方法。

思考与练习

1. 电弧产生的原因及灭弧方法有哪些？
2. 选择电气设备的一般原则是什么？
3. 高压隔离开关作用是什么？如何选择？
4. 高压断路器的技术参数有哪些？
5. 高压断路器如何分类？
6. 熔断器如何选择？
7. 电流互感器和电压互感器作用是什么？基本工作原理是什么？如何选择？
8. 高压开关柜作用是什么？基本结构组成包括哪些设备？

第五章 输电线路

输电线路的作用是输送电力,它把发电厂、变电所和用电户连接在一起构成电力系统。输电线路分架空线路和电缆线路两类。架空线路与电缆线路相比,架空线路受自然条件影响大,占有空间大,在城市中架设影响市容美观,高压线路通过居民区有较大危险,故架空线路的使用范围受一定的限制。但由于架空线路具有投资费用低(较电缆线路少近一半)、建设速度快、容易发现故障和易于维护检修等优点,所以在企业应用仍较为普遍。

第一节 架空线路

一、架空线路的结构

架空线路一般由导线、绝缘子、金具、电杆、横担、拉线等组成,还有避雷线和接地装置等。架空线路的结构如图 5-1 所示。

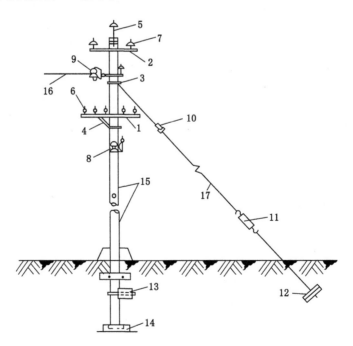

图 5-1 架空线路的结构组成

1——低压横担;2——高压横担;3——拉线抱箍;4——横担支撑;5——高压杆头;6——低压针式绝缘子;
7——高压针式绝缘子;8——低压碟式绝缘子;9——悬式碟式绝缘子;10——拉紧绝缘子;11——花篮螺栓;
12——地锚(拉线盘);13——卡盘;14——底盘;15——电杆;16——导线;17——拉线

（一）导线

导线按其有无绝缘分裸导线和绝缘导线两种。按结构可分为单股导线和多股导线,工矿企业架空线路一般采用多股裸绞线。绞线按材料又可分为铜绞线、铝绞线、钢绞线和钢芯铝绞线等。

（1）铜绞线（TJ）:导电性能好,机械强度高,耐腐蚀,易焊接,但较贵重。一般只用于腐蚀严重的地区。

（2）铝绞线（LJ）:导电性能较好,质量轻,价格低,机械强度较差,不耐腐蚀。一般用在 10 kV 及以下线路。

（3）钢绞线（GJ）:导电性能差,易生锈,但其机械强度高。只用于小功率的架空线路,或作避雷线与接地装置的地线。为避免生锈常用镀锌钢绞线。

（4）钢芯铝绞线（LGJ）:用钢线和铝线绞合而成,集中了钢绞线和铝绞线的优点。其芯部是几股钢线用以增强机械强度,其外围是铝线用以导电。钢芯铝绞线型号中的截面是指其铝线部分的截面积。

企业 10 kV 及以下配电线路常采用铝绞线,机械强度要求高的配电线路和 35 kV 及以上的送电线路上一般采用钢芯铝绞线。

（二）电杆

按材质可分为木杆、水泥杆和铁塔。水泥杆亦称钢筋混凝土杆,其优点是经久耐用、造价低,缺点是笨重、施工费用高。为了节约木材和钢材,目前水泥杆在 35 kV 及以下线路使用最为普遍。跨度较大的地方和 110 kV 以上的线路一般采用铁塔。

电杆按在线路中的作用和地位不同,又分多种形式。图 5-2 所示是各种杆型在线路中的应用示例。

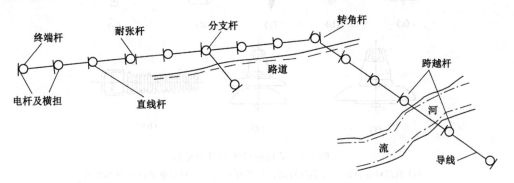

图 5-2　各种杆型在线路中的应用

（1）直线杆:用于线路的直线段,起支撑导线的作用,不承受沿线路方向的导线拉力,断线时不能限制事故范围。

（2）耐张杆:用于线路直线段数根直线杆之间,能承受沿线路方向的拉力,断线时能限制事故范围。架线施工中可在两张杆之间紧线,因此,电杆机械强度较直线杆大。

（3）转角杆:用于线路转弯处,其特点与耐张杆相同。转角通常为 30°、45°、60°、90°等。

（4）终端杆:用于线路的始端和终端,承受沿线路方向的拉力和导线的重力。

（5）分支杆:用于线路的分支处,承受分支线路方向的导线拉力和杆上导线的重力,其特点同耐张杆。

（6）跨越杆：用于河流、道路、山谷等跨越处的两侧，其特点是跨距大、电杆高、受力大。

（7）换位杆：用于远距离输电线路，每隔一段交换三相导线位置，以使三相导线电抗和对地电容平衡。

（三）横担

横担安装在电杆的上部，用于固定绝缘子，使固定在绝缘子上的导线保持足够的电气间距，防止风吹摆动造成导线之间的短路。

横担有木横担、铁横担和瓷横担。铁横担和瓷横担使用较普遍。

横担在电杆上的安装位置为：直线杆安装在负荷一侧；转角杆、分支杆、终端杆应安装在所受张力的反方向；耐张杆安装在电杆的两侧。另外横担安装应与线路方向垂直，多层横担应装在同一侧；横担应水平安装，其倾斜度不应大于1%。

（四）绝缘子

绝缘子又叫瓷瓶，用以固定导线，并使导线与横担和电杆之间绝缘。因此，绝缘子必须有良好的绝缘性能和足够的机械强度。

绝缘子按电压不同分为高压绝缘子和低压绝缘子两大类。按用途和结构不同又分为针式、碟式、悬式、瓷横担绝缘子、瓷拉紧绝缘子和防污型绝缘子等几种。图5-3所示是常用绝缘子的外形结构。

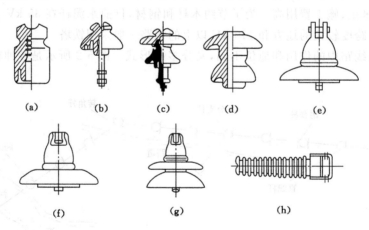

图 5-3　常用绝缘子的外形结构

（a）低压针式；（b）、（c）高压针式；（d）低压碟式；（e）槽形悬式；（f）球形悬式；
（g）防污悬式；（h）瓷横担

针式和悬式绝缘子用于直线杆。碟式和悬式绝缘子用于耐张、转角、分支、终端杆。防污悬式绝缘子用于空气特别污秽地区。瓷拉紧绝缘子用于拉线绝缘。

（五）金具

金具指连接和固定导线、安装横担和绝缘子、紧固和调整拉线等的金属附件。

图5-4所示为部分常用线路金具，主要有以下几种：安装针式绝缘子的直脚和弯脚，安装碟式绝缘子的穿心螺钉，悬式绝缘子的挂环、挂板、线夹，将横担固定在电杆上的U形抱箍，调节拉线松紧的花篮螺栓，连接导线用的并沟线夹、压接管、减轻导线振动的防振锤等。

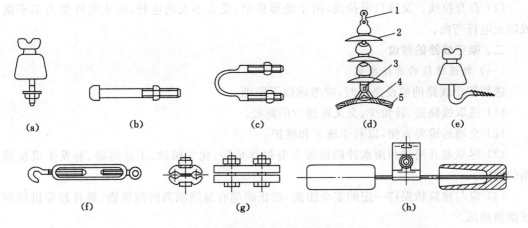

图 5-4 架空线路部分常用金具

(a) 直脚及绝缘子；(b) 穿心螺钉；(c) U 形抱箍；(d) 悬式绝缘子及金具；(e) 弯脚及绝缘子；
(f) 花篮螺栓；(g) 连接钢芯铝绞线用的并沟线夹；(h) 防振锤

1——球头挂环；2——绝缘子；3——碗头挂板；4——悬垂线夹；5——导线

（六）拉线

拉线是为了平衡电杆各方面的拉力，稳固电杆，防止电杆倾倒用的。

拉线由拉线抱箍、拉紧绝缘子、花篮螺栓、地锚（拉线底盘）和拉线等组成，如图 5-5 所示。

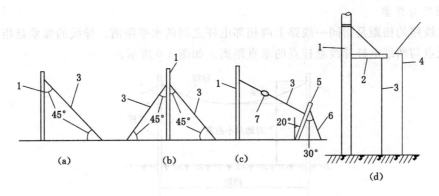

图 5-5 拉线的种类

(a) 普通拉线；(b) 人字拉线；(c) 高桩拉线；(d) 自身拉线

1——电杆；2——横木；3——拉线；4——房屋；5——拉桩；6——坠线；7——拉紧绝缘子

拉线按用途和结构不同可分以下几种：

（1）普通拉线。又称尽头拉线，用于终端杆、分支杆、转角杆。装设在电杆受力的反方向，用于平衡电杆所受的单向拉力。对耐张杆应在电杆线路方向两侧设拉线，以承受导线的拉力。

（2）人字拉线。又称侧面拉线或风雨拉线，用于交叉跨越加高杆或较长的耐张段中间的直线杆，用以抵御横切线路方向的风力。

（3）高桩拉线。又称水平拉线，用于需要跨越道路的电杆上。

（4）自身拉线。又称弓形拉线，用于地形狭窄、受力不大的电杆，防止电杆受力不平衡或防止电杆弯曲。

二、架空线路的敷设

（一）敷设路径的选择原则

选择架空线路的敷设路径时，应考虑以下原则：

（1）选取线路短、转角少、交叉跨越少的路径。

（2）交通运输要方便，以利于施工和维护。

（3）尽量避开河洼和雨水冲刷地带及有爆炸危险、化学腐蚀、工业污染、易发生机械损伤的地区。

（4）应与建筑物保持一定的安全距离，禁止跨越有易燃屋顶的建筑物，避开起重机械频繁活动地区。

（5）应与工矿企业厂（场）区和生活区规划协调，在矿区尽量避开煤田，少压煤。

（6）妥善处理与通信线路的平行接近问题，考虑其干扰和安全的影响。

（7）采用专用电杆、横担和绝缘子，不得借助树木、钢筋结构和脚手架。

（8）施工用电敷设档距不得大于 35 m，以防止弧垂太大及导线被自重拉断。线间距不得小于 300 mm，以防止线间因受风力摇摆摩擦，而导致绝缘损坏和线间短路。最大弧垂点与地面的最小距离为：一般场所 4 m，跨越机动车道 6 m，跨越铁路 7.5 m，以防止地面机械、车辆和操作者触线。

（二）线路的敷设

1. 档距与弧垂

架空线路的档距是指同一线路上两相邻电杆之间的水平距离。导线的弧垂是指架空线路的最低点与两端电杆导线悬挂点的垂直距离。如图 5-6 所示。

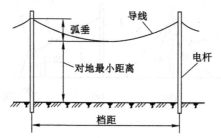

图 5-6 架空线路的档距与弧垂

线路档距的大小与电杆的高度、导线的型号与截面、线路的电压等级和线路所通过的地区有关，一般 3～10 kV 线路：在城区为 40～50 m，在郊区为 50～100 m；低压线路：在城区30～50 m，在郊区 40～60 m。

导线的弧垂不宜过大和过小。如弧垂过大，在风吹摆动时容易引起导线碰线短路和导致与其他设施的安全间距不够，影响运行安全。弧垂过小，将使导线受拉应力过大，降低导线的机械强度安全系数，严重时可能将导线拉断。

此外，导线受外界温度的变化或导线载荷的变化都将导致导线长度发生变化，而导线长度的微小变化，会导致导线的拉应力和弧垂很大的变化。因此，为了保证线路运行安全、可靠和经济合理,架空线路的弧垂在架空线路的设计和施工中应给予足够的重视。

2. 导线在电杆上的排列方式

三相四线制的低压线路,一般水平排列。电杆上的零线应靠近电杆,如线路附近有建筑物,应尽量设在靠近建筑物侧。零线不应高于相线,路灯线不应高于其他相线和零线。

高压配电线路与低压配电线路同杆架设时,低压配电线路应架设在下方。

三相三线制的线路的导线,可水平排列也可三角形排列。多回路线路的导线,易采用三角、水平混合排列或垂直排列。

3. 导线的线间距离

导线的线间距离取决于线路的档距、电压等级、绝缘子的类型和电杆的杆型等因素。架空导线的线间距离不应小于表 5-1 所列数值。

表 5-1　　　　　　　　　　架空电力线路线间的最小距离　　　　　　　单位:m

导线排列方式	档　距												
	≤40	50	60	70	80	90	100	110	120	150	200	300	350
导线水平排列,采用悬式绝缘子的 35 kV 线路	—	—	—	—	—	—	—	—	—	2.0	2.5	3.0	3.25
导线垂直排列,采用悬式绝缘子的 35 kV 线路	—	—	—	—	—	—	—	—	—	2.0	2.25	2.5	2.75
采用针式绝缘子或瓷横担的 3~10 kV 线路	0.6	0.65	0.7	0.75	0.85	0.9	1.0	1.05	1.15				
采用针式绝缘子的低压线路	0.3	0.4	0.45	0.5	—	—	—	—	—				

注:3 kV 以下线路,靠近电杆两侧导线间的水平距离不应小于 0.5 m。

4. 横担的长度与间距

铁横担一般采用 65 mm×65 mm×6 mm 角钢,其长度与间距取决于线间距离、安装方式和导线根数等因素。当线间距为 400 mm 时,一般低压四线制线路横担长为 1 400 mm,五线制横担长为 1 800 mm。上、下层横担之间的距离见表 5-2。

表 5-2　　　　　同杆架设的 10 kV 及以下线路上、下层横担之间最小距离　　　　　单位:mm

杆　型	直 线 杆	分支或转角杆
高压与高压	800	500
高压与低压	1 200	1 000
低压与低压	600	300

注:当使用悬式绝缘子及耐张线夹时,应适当加大距离。

5. 电杆高度

我国生产水泥电杆的长度一般有 6 m、7 m、8 m、9 m、10 m、12 m、15 m 等几种，电杆直径有 $\phi150$ mm、$\phi170$ mm、$\phi190$ mm 几种，电杆的锥度为 1：75，使用时可根据需要选用。电杆的高度取决于杆顶所空长度（一般为 100～300 mm）、上下两横担的间距、弧垂、导线与地面及导线与跨越物的距离、电杆埋地深度（与土壤的土质和电杆的长度有关）等因素。将这几部分的长度相加即为电杆的需要长度，然后根据此长度选择标准电杆。导线与地面的高度及电杆埋深见表 5-3 与表 5-4。

表 5-3 　　　　　　　　　架空导线对跨越物的最小允许距离 　　　　　　　　单位：m

跨越物名称	导线弧垂最低点至下列各处	最小距离	
		1 kV 以下	1～10 kV
市区、厂区和乡镇，乡、村、集镇，居民密度小、田野和交通不便区域	地面	6.0 5.0 4.0	6.5 5.5 4.5
公路、铁路、建筑物	路面	6.0 7.5 2.5	7.0 7.5 3.0
架空管道	位于管道之下 位于管道之上	1.5 3.0	不允许 3.0
不能通航和浮运的河、湖	冬季至冰面 至最高洪水位	5.0 3.0	5.0 3.0

表 5-4 　　　　　　　　　　　　　　厂区电杆埋深 　　　　　　　　　　　　　　单位：m

电杆长度	8	9	10	11	12	13	15
电杆埋深	1.5	1.6	1.7	1.8	1.9	2.0	2.3

注：本表适用于土壤允许承载能力为 20～30 t/m² 的一般土壤。

第二节　电缆线路

一、电缆的结构

电力电缆按绝缘材料，可分为纸绝缘电缆、橡胶绝缘电缆、塑料绝缘电缆等三种。

（一）纸绝缘电缆

纸绝缘电缆按导电线芯材料，可分为铜线芯和铝线芯两种；按绝缘纸带制作工艺和浸渍剂不同，可分为油浸纸绝缘、干绝缘和不滴流三种；按内护层，分为铅护套和铝护套两种；按铠装层,可分为无铠装、钢带铠装、细钢丝铠装和粗钢丝铠装等四种;按外被层,可分为无外被层、沥青油麻、聚氯乙烯、聚乙烯等四种。

图 5-7 所示为有三根芯线的纸绝缘裸钢带铠装电缆结构。为使电缆柔软,导电芯线 1 由多股铜线或铝线绞合而成的。相间绝缘 2 和统包绝缘 4 是用浸渍了电缆油的绝缘纸带绕包而成,以使导电芯线之间及芯线与地之间可靠绝缘,而且电缆的电压等级越高,纸带的层数越多。为防止潮气侵入,在统包绝缘外面包以用铅或铝制成的内护层 5,以保证纸带的绝缘性能。为了不使内护层受化学腐蚀,在内护层外面包有防腐纸带。为保证内护层不受机械损伤,电缆外面包以铠装层 8。为防止内护层在电缆弯曲时磨坏,故在两者之间绕包了浸渍了沥青的黄麻护层 7。为了不使铠装层生锈或被腐蚀,在铠装层外面包以外被层。

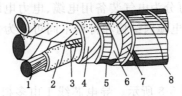

图 5-7　纸绝缘铠装电缆结构
1——导电芯线;2——相间绝缘;3——黄麻填料;4——统包绝缘纸带;5——内护层;6——纸填层;
7——黄麻护层;8——钢带铠装层

铝芯电缆的接头易氧化,造成接触不良,尤其在短路时,短路电弧产生的高温铝粉,很容易引燃易燃易爆气体,所以在有火灾、爆炸危险的场所严禁使用铝芯电缆和铝包电缆。《煤矿安全规程》规定,井下严禁采用铝包电缆,采区除中央变电所至采区变电所的电缆可采用铝芯外,其他电缆必须采用铜芯电缆。

用浸油绝缘纸带绕包的电缆,称为油浸纸绝缘电缆。这种电缆若垂直或倾斜敷设,电缆中的绝缘油将逐渐集中到电缆的下部,这样既使电缆上部绝缘性能下降,又加大了电缆下部的压力,导致电缆终端损坏,所以油浸纸绝缘电缆在敷设时两端的垂直落差受到严格的限制。为了克服这一缺点,生产了干绝缘电缆和不滴流电缆。前者在成缆前先将油滴干,所以允许敷设的垂直落差较大。后者是采用了特殊的浸渍剂,保证成缆后浸渍剂不会在护套内流动,因此其敷设的垂直落差不受限制。

无铠装层的电缆不能承受机械外力,在有机械外力作用的场所应采用铠装电缆,但是钢带铠装电缆不能承受大的拉力,只能敷设在倾斜角度不超过 45°的场所,当倾斜角度大于45°或垂直敷设时应采用钢丝铠装电缆。

无外被层的铠装电缆称为裸铠装电缆。为了防止锈蚀,目前裸钢带铠装电缆均采用镀锌钢带,不再涂覆电缆沥青。包以沥青油麻外被层的电缆,由于易燃且防蚀效果差,所以在有腐蚀性的场所应采用塑料外被层的电缆。聚氯乙烯外被层不仅防腐蚀和锈蚀作用良好,而且具有不延燃特性,适用于有易燃物和有腐蚀性的场所。

电缆的型号含义见表 5-5。根据电缆的型号和上述不同结构电缆的适用范围可确定电缆的使用场所。

表 5-5 电缆型号的含义

绝缘	导体	内互层	其他特征	铠装层	外被层
Z:纸绝缘；无 P 或 D 为油浸纸绝缘	L:铝；无 L 为铜	Q:铅包；L:铝包	CY:充油；F:分相；D:不滴油；C:滤尘用；P:干绝缘	0:无；1:麻被护层；2:双钢带（24 为钢带、粗圆钢丝）；20:裸钢带铠装；3:细圆钢丝；4:粗圆钢丝（44 为双粗圆钢丝）	0:无；1:纤维层；2:聚氯乙烯套；3:聚乙烯套

（二）橡胶绝缘电缆

橡胶绝缘电缆按其用途,可分为电气装备用电缆、电力电缆、控制电缆三种。因其采用橡胶护套也称橡套电缆。橡套电缆因结构和材料不同可分为普通橡套电缆、不延燃橡套电缆和屏蔽橡套电缆三种。

1. 普通橡套电缆

普通橡套电缆的结构如图 5-8 所示。导电芯线 1 由多根细铜丝绞合而成；橡胶绝缘 2 为相间绝缘；防振橡胶芯 3 起固定芯线作用,同时保证成缆后电缆呈圆形；橡胶护套 4 用以增强电缆的机械强度和对地的绝缘强度。

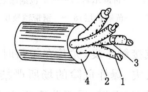

图 5-8　普通橡套电缆的结构

1——导电芯线；2——橡胶分相绝缘；3——防振橡胶芯；4——橡胶护套

用于向三相设备供电的电缆,其导电芯线数最少应为三芯；具有保护接地的最少应为四芯,其中一根为接地芯线。多于四芯的电缆如六芯、七芯等,多出的芯线用作控制线。

普通橡套电缆因其橡套采用天然橡胶制成,易燃烧,所以在易燃易爆的场所不宜使用。

2. 不延燃橡套电缆

不延燃橡套电缆结构与普通橡套电缆相同,只是其护套采用氯丁橡胶制成。氯丁橡胶同样可燃,但它燃烧时产生的氯化氢气体不助燃,并能将火焰包围起来使之与空气隔离,很快熄灭。故其适用于在易燃易爆的场所使用。

3. 屏蔽橡套电缆

屏蔽橡套电缆结构与其他橡套电缆基本相同,只是在其导电芯线橡胶绝缘层外又包了一层屏蔽层。屏蔽层有半导体胶和铜丝尼龙编织网两种,图 5-9 所示为国产矿用低压屏蔽电缆的结构,其垫芯 1 用导电橡胶制成,接地裸芯线 6 与导电橡胶紧密接触连为一体。

在电缆中,由于各屏蔽层都是接地的,所以当任一主芯线绝缘破坏时,首先通过屏蔽层接地造成接地故障,使检漏继电器动作切断电源,这样既可防止严重的相间短路故障的发生,又可防止漏电火花或短路电弧外漏引起易燃易爆物的燃烧和爆炸,所以屏蔽电缆特别适

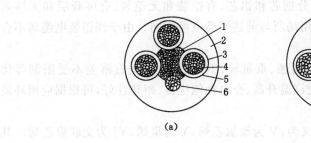
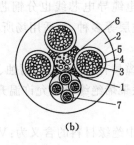

图 5-9　矿用低压屏蔽电缆的结构

(a) 无控制芯线；(b) 有控制芯线

1——垫芯；2——橡胶护套；3——主芯线；4——绝缘层；5——半导体屏蔽层；6——接地芯线；7——控制芯线

用于向具有爆炸危险的场所和移动频繁的电气设备供电。

图 5-10 所示为矿用移动屏蔽监视型橡套电缆。其导电芯线外绕包的导电胶布带 2 起均匀电场的作用。在内绝缘 3 外，包有由钢丝尼龙网做成的分相屏蔽层 4，然后通过分相绝缘 5 将三相分开。各分相屏蔽层连接在一起作为电缆的接地芯线。在分相绝缘 5 外又统包了一层导电胶带 6，作为总的屏蔽层。

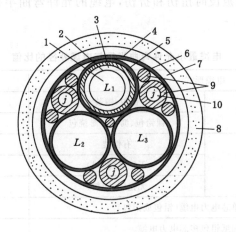

图 5-10　UYPJ 型矿用移动屏蔽监视型橡套电缆的结构

1，10——铜绞线；2，6——导电胶带；3——内绝缘；4——钢丝尼龙网；5——分相绝缘；

7——统包绝缘；8——氯丁橡胶护套；9——导电橡胶；10——监视线

电缆中的三根监视线 10，经导电橡胶与总屏蔽层紧密接触。三根监视线连接在一起与接地线之间构成监视保护层。屏蔽电缆各屏蔽层均应接地，当监视线与接地线之间因电缆受到损伤绝缘下降或发生断线故障时，均可使控制它的高压配电箱跳闸，起到监视保护作用。

橡套电缆柔软性好，容易弯曲，便于移动和敷设。因此，适用于向移动设备供电，且敷设时的垂直落差不受限制。

屏蔽橡套电缆特别适用于具有爆炸危险的场所和向移动频繁的电气设备供电。

（三）塑料绝缘电缆

常用塑料绝缘电力电缆有交联聚乙烯绝缘聚氯乙烯护套电缆和聚氯乙烯绝缘聚氯乙烯

护套电缆两种。塑料电缆导电芯线也分铜芯和铝芯、有铠装和无铠装、有屏蔽层和无屏蔽层、有外被层和无外被层等多种,其适用场所与前述同类电缆相同。由于裸铠装电缆属不合理结构,现已淘汰。

聚氯乙烯护套电缆具有抗酸碱、耐腐蚀、重量轻、不延燃、敷设垂直落差不受限制等优点,应尽量采用。交联聚烯绝缘电缆允许温升高、介电性能优良、耐热性好,可根据应用环境进行选择。

塑料电缆的型号中绝缘材料的含义为:V 为聚氯乙烯,Y 为聚烯,YJ 为交联聚乙烯。其他与纸绝缘电缆相同。

二、电缆的敷设

(一)电缆敷设的一般要求

1. 选择合适的敷设路径

在选择电缆的敷设路径时,应尽可能选择最短的路径;选择最安全的路径,尽可能保证电缆不受机械损伤、化学腐蚀、地中电流等的伤害;尽量避免和减少穿越地下管道、公路、铁路及通信电缆等;应避开规划中需要挖土的地方。

2. 电缆敷设时应注意的问题

(1)为了防止电缆在敷设时扭伤和折伤,电缆的允许弯曲半径不得小于表 5-6 所规定的数值。

表 5-6　　　　　　　　　　　电缆最小允许弯曲半径与电缆外径的比值

电缆形式		比 值
油浸纸绝缘多芯电力电缆	铅包、铠装	15
	裸铅包、沥青纤维绕包	20
橡胶和塑料绝缘电力电缆 (单芯和多芯)	有铠装	10
	无铠装(塑料)	8
	无铠装(塑料)	6
油浸纸绝缘单芯电力电缆(铅包或铝包)		25
干绝缘油纸铅包多芯电力电缆		25
胶漆布绝缘单芯及多芯电力电缆		25
油浸纸绝缘多芯控制电缆		15

(2)垂直或倾斜敷设的电缆,在最高和最低点之间的高度差不超过表 5-7 的规定。

表 5-7　　　　　　　　　　　电缆最大允许高度差　　　　　　　　单位:m

电压等级		铅包	铝包
1~3 kV	铠装	25	25
	无铠装	20	25
6~10 kV		15	20
20~35 kV		5	—
干绝缘统铅包		100	—

（3）寒冷的冬季电缆由于低温变硬而不易弯曲，为了防止电缆在敷设时受到损伤，电缆应预先加热，可放在温度较高的室内或通电加热。电缆敷设时，不需加热的环境温度及加热时的具体要求，见有关手册。

（4）下列地点的电缆应有金属管或罩加以保护：电缆进入建筑物、隧道、穿过楼板及墙壁处；电缆从地下或电缆沟引出地面时地面上 2 m 一段，其根部深入地下 0.1 m。在变电所内的铠装电缆，如无机械损伤，可不加保护。

（二）电缆的敷设方式

电缆的敷设方式有直接埋地敷设、利用电缆沟敷设、电缆隧道敷设、排管敷设、架空与沿墙敷设等多种，在工矿企业电缆隧道敷设和排管敷设较少采用。

1. 直接埋地敷设

这种敷设方式是沿已选定的路线挖掘地沟，然后把电缆埋在里面，如图 5-11 所示。

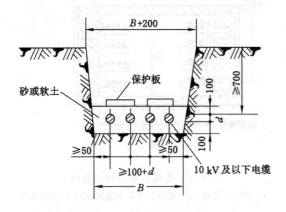

图 5-11　电缆直接埋地敷设

直接埋地敷设，不需其他设施，故施工简便、造价低廉，电缆埋在地下散热好，电缆的载流量大，因此，这种方式企业用得多。但电缆易受机械损伤、化学腐蚀、电腐蚀，故其可靠性差，且检修不方便。一般在电缆根数少，且敷设距离较长时采用。

电缆的埋设深度一般为 700～1 000 mm，但应在冻土层以下，否则应采取保护措施。

在线路的终端、转弯处、电缆接头处和沿线每隔 50～100 m 处的地面上，应设永久性路径标志。在电缆上应铺设水泥板或砖块，以便将来挖土时，表明下面埋有电缆。

直埋地下的电缆，应采用铠装电缆并有防腐层。向重要负荷供电的两路电源电缆，应尽量不敷设在同一土沟内。电缆与其他设施平行与交叉敷设时的最小间距和要求应符合有关规定。

2. 在电缆沟内敷设

电缆沟分屋内电缆沟、屋外电缆沟和厂区电缆沟三种，如图 5-12 所示。

当电缆线路与地下管道交叉不多，地下水位较低，对不容易积灰积水的场所，且电缆根数较多（不超过 12 根）时，可采用电缆沟敷设。电缆沟具有投资省、占地少、走向灵活、能容纳较多电缆等优点，但维护检修不如隧道和架空敷设方便。

电缆沟的沟底应有 5‰的坡度，以防沟内积水。电缆沟一般采用钢筋混凝土盖板，其质量一般不超过 50 kg。

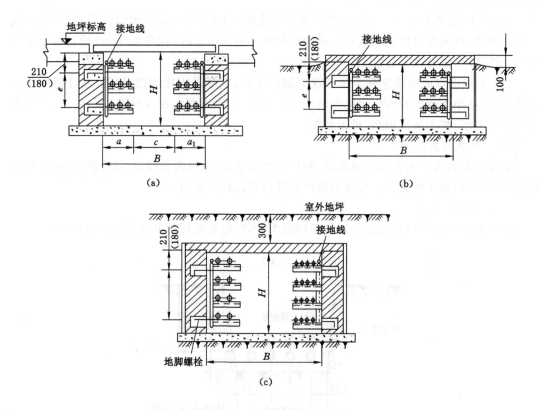

图 5-12　电缆在电缆沟内敷设

(a) 屋内电缆沟；(b) 变电所屋外电缆沟；(c) 厂区电缆沟

　　室内电缆沟盖板应与地坪相平，当地面容易积水时，常用水泥砂浆将其缝隙抹平。室内经常开启的电缆沟盖板宜采用钢盖板。变电所屋外电缆沟，其盖板需高出地面 100 mm，以兼作人行道。厂区电缆沟盖板顶部一般低于地面 300 mm，盖板上铺以细土和砂子。

　　屋外电力电缆沟进入变电所或厂房内，在入口处应有耐火隔墙。电缆沟尺寸和布置应符合有关规定。

　　3. 架空与沿墙敷设

　　电缆架空敷设是采用专用卡子、帆布带或铁钩等，将电缆吊挂在镀锌钢绞线上。电缆沿墙敷设是采用扁铁或钢筋制作的电缆钩将电缆吊挂于建筑物的墙壁上或梁上、柱上。这种敷设方式结构简单，宜于解决电缆与其他管线的交叉问题，维护检修方便，但容易积灰和受热力管道的影响。

　　(三) 煤矿井下电缆的敷设

　　井下电缆一般都沿井筒、巷道和支柱敷设，敷设方法与地面沿墙壁敷设基本相同。在水平巷道或倾角 30°以下的井巷，电缆沿巷道壁用吊钩悬挂；在木支架或金属支架的巷道中，用木耳子或帆布带沿柱子悬挂；在立井井筒或倾角 30°以上的井巷，电缆应用夹子、卡箍或其他夹持装置，固定在巷道壁上，如图 5-13 所示。

　　矿井井下电缆的敷设要求与地面基本相同，也应选择安全的路径和最短的路径。电缆的弯曲半径、敷设的高度差、与其他管线的间距和敷设的具体要求等均应符合有关规定。

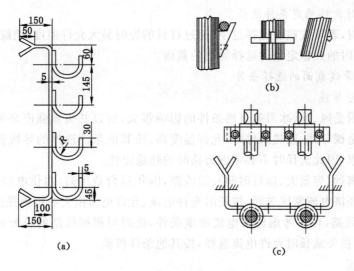

图 5-13 电缆在矿井井下敷设
(a) 电缆吊钩；(b) 沿柱子悬挂；(c) 用夹子、卡箍

第三节 输电导线截面的选择

输电导线的选择是供电设计的重要内容之一。为了保证供电的安全、可靠、经济合理和供电质量，必须正确合理地选择输电导线的型号和截面。输电导线型号的选择应根据其所处的电压等级和使用场所选择。下面详细介绍输电导线截面的选择方法。

一、选择导线截面的条件

(一)选择导线截面的一般原则

1. 按长时允许电流选择

电线和电缆通过电流时由于发热而使其温度升高，当通过电流超过导线的长时允许电流时，将使裸导线加速氧化，使绝缘电线和电缆的绝缘加速老化，严重时将使其损坏，甚至引起火灾和其他事故。另一方面，为了充分利用导线的负荷能力，避免有色金属的浪费，通过导线的电流又不能太小，因此，应按导线的长时允许电流选择其截面。

2. 按允许电压损失选择

因线路存在电阻和电抗，电流通过时会产生电压损失，当电压损失过大时，将严重影响用电设备的正常运行，因此，应按电网允许的电压损失选择导线的截面。

3. 按经济电流密度选择

线路的年运行费用包括电能损耗费、折旧费和维修费三部分。线路年运行费用的大小直接影响着供电的经济性，若导线截面选择过小，线路的折旧费和维修费用少，但电耗增加；截面选择过大，虽然电耗减少，但折旧费和维修费用增大。因此，为使线路的年运行费用最低，应按经济电流密度选择导线的截面。

4. 按机械强度选择

架空线路因受自然环境条件的影响，可能发生断线事故。矿井井下的橡套电缆经常移动，且易受砸、受拉、受压，所以导线必须有足够的机械强度，以确保线路的安全运行。

5. 按短路时的热稳定条件选择

线路短路时,若导线截面选择过小,超过材料的短时最大允许温度,绝缘就会迅速损坏。所以,应按短路时的热稳定条件选择导线的截面。

(二)各种导线截面的选择条件

1. 高压架空导线

架空导线因受风、雨、冰雪等自然条件的影响很大,所以其机械强度必须满足要求。高压架空导线因是裸导线,散热条件好,允许温度高,按其他条件选择的导线截面能满足短路时的热稳定要求,因此选择时不必考虑短路时的热稳定性。

对输电距离远、容量大、运行时间长的线路,因年运行费用高,对供电经济性影响较大,故其截面应按经济电流密度选择,按长时允许电流、允许电压损失和机械强度校验。对年运行费用不高的线路,可不考虑经济电流密度条件,此时可根据线路的长短和通过电流的大小,按允许电压损失或长时允许电流选择,按其他条件校验。

2. 高压电缆

高压电缆机械强度较高,按其他条件选择的电缆截面能满足机械强度的要求,所以选择时可不考虑此项条件,但由于高压电缆散热条件差,所以必须考虑短路时的热稳定性。

其他选择条件与高压架空线路相同,即对年运行费用高的应按经济电流密度选择,按长时允许电流、允许电压损失和短路时的热稳定条件校验;对年运行费用低的,可根据情况按长时允许电流或允许电压损失条件选择,按其他条件校验。

3. 低压导线和电缆

对负荷电流大、线路长的干线,应按正常工作时的允许电压损失初选其截面。对经常移动的橡套电缆支线,应按机械强度初选其截面。对负荷电流较大,但线路较短的线路应按长时允许电流初选其截面。初选的导线截面还应按其他条件校验。

在校验导线截面时,对裸导线不必校验短路时的热稳定性,但对绝缘导线和电缆其截面应与保护装置配合得当,避免发生导线已过热而保护装置仍未动作的情况。导线的截面还应按机械强度条件校验,但对干线电缆,不必校验其机械强度。低压线路短,年运行时间不长,对供电经济性影响不大,因此低压线路一般不按经济电流密度选择导线的截面。

笼型电动机启动电流大,启动时的电压损失也大,为了保证电动机有足够的启动转矩,磁力启动器有足够的吸持电压,导线截面还应按启动时的允许电压损失条件进行校验。

总之,在选择各种导线的截面时,应在其诸多的选择条件中,确定一个有可能选择出最大截面的条件首先初选其截面,然后再按其他条件校验,这样可使选择计算简便,避免返工。

二、按长时允许电流选择导线截面

导线的长时允许电流应不小于实际流过导线的最大长时工作电流。即:

$$K_{so}I_p \geqslant I_{ca} \tag{5-1}$$

$$K_{so} = \sqrt{\frac{Q_p - Q}{Q_p - Q_0}} \tag{5-2}$$

式中　I_p——标准环境温度(一般为 25 ℃)时,导线的长时允许电流(见表 5-8 和表 5-9);

　　　I_{ca}——导线的最大长时工作电流;

　　　K_{so}——温度校正系数,或查表(见表 5-10);

　　　Q_p——电气设备长时工作最高温度,℃;

Q_0——电气设备的标准环境温度，℃；

Q——实际环境温度，℃。

表 5-8　　　　　　　　　　　　　　　　**裸绞线载流量**　　　　　　　　　　　　　　　　单位：A

铜绞线			铝绞线			钢芯铝绞线	
导线型号	长时允许电流		导线型号	长时允许电流		导线型号	室外长时允许电流
	室外	室内		室外	室内		
TJ-4	50	25	LJ-16	105	80	LGJ-16	105
TJ-6	70	35	LJ-25	135	110	LGJ-25	135
TJ-10	95	60	LJ-35	170	135	LGJ-35	170
TJ-16	130	100	LJ-50	215	170	LGJ-50	220
TJ-25	180	140	LJ-70	265	215	LGJ-70	275
TJ-35	220	175	LJ-95	325	260	LGJ-95	335
TJ-50	270	220	LJ-120	375	310	LGJ-120	380
TJ-70	340	280	LJ-150	440	370	LGJ-150	445
TJ-95	415	340	LJ-185	500	425	LGJ-185	515
TJ-120	485	405	LJ-240	610		LGJ-240	610
TJ-150	570	480				LGJ-300	700
TJ-185	645	550				LGJ-400	800
TJ-240	770	650					

注：导线最高允许温度 70 ℃，环境温度 25 ℃。

表 5-9　　　　　　　　　　　　　**电缆在空气中敷设时的载流量**　　　　　　　　　　　　单位：A

主芯线截面 /mm²	油浸纸绝缘铠装电缆（三芯）								矿用橡套电缆	
	1～3 kV		6 kV		10 kV		35 kV		1 kV	6 kV
	铜芯	铝芯	铜芯	铝芯	铜芯	铝芯	铜芯	铝芯	铜芯	铝芯
1										
1.5										
2.5	30	24								
4	40	32								
6	52	40								
10	70	55	60	48					36	
16	95	70	80	60	75	60			46	53
25	125	95	110	85	100	80	95	75	64	72
35	155	115	135	100	125	95	115	85	85	94
50	190	145	165	125	155	120	145	110	113	121
70	235	180	200	155	190	145	175	135	138	148
95	285	220	245	190	230	180	210	165	173	170
120	335	255	285	220	265	205	240	180	215	205
150	390	300	330	255	305	235	265	200		
185	450	345	380	295	355	270	300	230		
240	530	410	450	345	420	320				

注：环境温度 25 ℃。矿用橡套电缆导电芯线最高允许温度为 65 ℃。油浸纸绝缘铠装电缆芯线最高允许温度 1～3 kV 为 80 ℃；6 kV 为 65 ℃；10 kV 为 60 ℃；35 kV 为 50 ℃。

表 5-10 不同环境温度时的载流量校正系数

线芯工作温度/℃	环境温度/℃								
	5	10	15	20	25	30	35	40	45
90	1.14	1.11	1.08	1.03	1.0	0.960	0.920	0.875	0.830
80	1.17	1.13	1.09	1.04	1.0	0.954	0.905	0.853	0.798
70	1.20	1.15	1.10	1.05	1.0	0.940	0.880	0.815	0.745
65	1.22	1.17	1.12	1.06	1.0	0.935	0.865	0.791	0.707
60	1.25	1.20	1.13	1.07	1.0	0.926	0.845	0.765	0.655
50	1.34	1.26	1.18	1.09	1.0	0.895	0.775	0.633	0.447

　　向单台或两台电动机供电的导线,其最大长时工作电流可取电动机的额定电流。向三台及三台以上电动机供电的干线,其最大长时工作电流可按下式计算：

$$I_{ca} = \frac{k_{de} \sum P_N \times 10^3}{\sqrt{3} U_N \cos \varphi_{wm}} \tag{5-3}$$

式中　　k_{de}——线路所带负荷的需用系数；

　　　　$\sum P_N$——线路所带用电设备额定功率之和,kW；

　　　　U_N——线路的额定电压,V；

　　　　$\cos \varphi_{wm}$——线路所带负荷的加权平均功率因数。

　　对三相四线制供电系统中的中性线,其长时允许电流不应小于三相线路中的最大不平衡电流,同时还应考虑三次谐波电流的影响。一般中性线的截面应不小于相线截面的50%。对三次谐波电流大的三相线路,可能使中性线的电流接近于相线电流,此时中性线的截面应与相线截面相同或接近。

三、按允许电压损失选择导线截面

(一)电压损失的计算

　　电网通过电流时,将产生电压损失。电压损失是指电网始、末两端电压的算术差值。电网的电压损失包括变压器的电压损失和线路的电压损失两部分。无论是变压器还是一段线路,计算电压损失时,均可看成是一个电阻和电感的串联电路。下面分别介绍线路和变压器电压损失的计算方法。

　　1. 线路的电压损失计算

　　(1)终端负荷电压损失的计算

　　图 5-14(a)所示为负荷集中于终端的三相交流输电线路,图中 $\dot{U}_1$ 和 $\dot{U}_2$ 分别为线路始端和末端的相电压,其矢量图如图 5-14(b)所示。

　　矢量图中线段 Ob 和 Oa 分别表示始、末端电压 $\dot{U}_1$ 和 $\dot{U}_2$ 的有效值。图中 $Oc = Ob, Oc$ 是以 O 为圆心, Ob 为半径画圆弧得到的, bd 由 b 点引 Oc 的垂线得到的。根据矢量图求得相电压损失为：

$$\Delta U = \dot{U}_1 - \dot{U}_2 = Ob - Oa = Oc - Oa \approx Od - Oa = ae + ed$$

$$\Delta U = IR \cos \varphi + IX \sin \varphi$$

　　对于三相对称线路其线电压损失为：

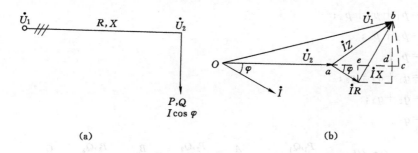

图 5-14　负荷集中于终端的输电线路及其电压损失矢量图

（a）线路图；（b）矢量图

$$\Delta U_{\mathrm{w}} = \sqrt{3}\,I(R\cos\varphi + X\sin\varphi) \tag{5-4}$$

式中　ΔU_{w}——线路的电压损失，V；

　　　I——流过线路的负荷电流，A；

　　　φ——线路所带负载的功率因数角；

　　　R、X——线路的每相阻抗、电抗，Ω。

电压损失用功率表示时，则为：

$$\Delta U_{\mathrm{w}} = \frac{PR + QX}{U} \approx \frac{PR + QX}{U_{\mathrm{N}}} \tag{5-5}$$

式中　P、Q——线路所带负载的有功功率，W；无功功率，var。

　　　U——负载的端电压，V。

　　　U_{N}——电网的额定电压，V。

将 $R = r_0 L$ 与 $X = x_0 L$ 代入式（5-4）和式（5-5），则：

$$\Delta U_{\mathrm{w}} = \sqrt{3}\,IL(r_0\cos\varphi + x_0\sin\varphi) \tag{5-6}$$

$$\Delta U_{\mathrm{w}} = \frac{L}{U_{\mathrm{N}}}(Pr_0 + Qx_0) \tag{5-7}$$

式中　r_0、x_0——线路每千米电阻、电抗（见表 5-11），Ω/km；

　　　L——线路的长度，km。

因为电缆线路的电抗很小，与电阻相比可忽略不计，此时其电压损失为：

$$\Delta U_{\mathrm{w}} = \sqrt{3}\,IR\cos\varphi = \frac{PR}{U_{\mathrm{N}}} = \frac{PLr_0}{U_{\mathrm{N}}} \tag{5-8}$$

（2）分布负荷电压损失的计算

图 5-15 所示为干线式分布的供电线路，在计算电压损失时，可按式（5-5）求出各段线路上的电压损失，再相加，即可求出整个线路的总电压损失。图 5-15 中从 O 点到 C 点整个线路的电压损失为：

$$\begin{aligned}
\Delta U_{\mathrm{w}} &= \Delta U_1 + \Delta U_2 + \Delta U_3 \\
&= \frac{P_1 R_1 + Q_1 X_1}{U_{\mathrm{N}}} + \frac{P_2 R_2 + Q_2 X_2}{U_{\mathrm{N}}} + \frac{P_3 R_3 + Q_3 X_3}{U_{\mathrm{N}}} \\
&= \frac{1}{U_{\mathrm{N}}}\left[(P_1 R_1 + P_2 R_2 + P_3 R_3) + (Q_1 X_1 + Q_2 X_2 + Q_3 X_3)\right]
\end{aligned} \tag{5-9}$$

式中　$P_1 = p_1 + p_2 + p_3$；

$P_2 = p_2 + p_3$；

$P_3 = p_3$；

$Q_1 = q_1 + q_2 + q_3$；

$Q_2 = q_2 + q_3$；

$Q_3 = q_3$。

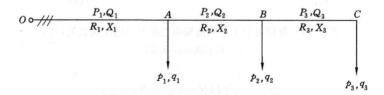

图 5-15　干线式分布负荷的供电线路

表 5-11 裸绞线的电阻和电抗

导线 型号	电阻 /(Ω/km)	线间几何均距/m									
		0.6	0.8	1.0	1.25	1.50	2.00	2.50	3.00	3.50	4.00
		电抗/(Ω/km)									
LJ-16	1.847	0.356	0.377	0.391	0.405	0.416	0.434	0.448	0.459	—	—
LJ-25	1.188	0.345	0.363	0.377	0.391	0.402	0.421	0.435	0.448	—	—
LJ-35	0.854	0.336	0.352	0.366	0.380	0.391	0.410	0.424	0.435	0.445	0.453
LJ-50	0.593	0.325	0.341	0.355	0.369	0.380	0.398	0.413	0.423	0.433	0.441
LJ-70	0.424	0.312	0.330	0.344	0.358	0.370	0.388	0.399	0.410	0.420	0.428
LJ-95	0.317	0.302	0.320	0.344	0.348	0.360	0.378	0.390	0.401	0.411	0.419
LJ-120	0.253	0.295	0.313	0.327	0.341	0.352	0.371	0.382	0.393	0.403	0.411
LJ-150	0.200	0.288	0.305	0.319	0.333	0.345	0.363	0.377	0.388	0.398	0.406
LJ-185	0.162	0.281	0.299	0.313	0.327	0.339	0.356	0.371	0.382	0.392	0.400
LJ-240	0.125	0.273	0.291	0.305	0.319	0.330	0.348	0.362	0.374	0.383	0.392
LGJ-16	1.926	—	—	0.387	0.401	0.412	0.430	0.444	0.456	0.466	0.474
LGJ-25	1.289	—	—	0.374	0.388	0.400	0.418	0.432	0.443	0.453	0.461
LGJ-35	0.796	—	—	0.359	0.373	0.385	0.403	0.417	0.429	0.438	0.446
LGJ-50	0.609	—	—	0.351	0.365	0.376	0.394	0.408	0.420	0.429	0.437
LGJ-70	0.432	—	—	—	—	0.364	0.382	0.396	0.408	0.417	0.425
LGJ-95	0.315	—	—	—	—	0.353	0.371	0.385	0.397	0.406	0.414
LGJ-120	0.255	—	—	—	—	0.347	0.365	0.379	0.391	0.400	0.408
LGJ-150	0.211	—	—	—	—	0.340	0.358	0.372	0.384	0.398	0.401
LGJ-185	0.163	—	—	—	—	—	—	0.365	0.377	0.386	0.394
LGJ-240	0.130	—	—	—	—	—	—	0.357	0.369	0.378	0.386

2. 变压器电压损失的计算

变压器的电阻压降百分数和电抗压降百分数可按下式计算：

$$u_r\% = \frac{\Delta P_{NT}}{S_{NT}} \times 100\% \tag{5-10}$$

$$u_x\% = \sqrt{(u_s\%)^2 - (u_r\%)^2} \tag{5-11}$$

式中　ΔP_{NT}——变压器的短路损耗，kW；

　　　$u_s\%$——变压器的短路电压百分数。

以上两个数据可从变压器的技术数据表中查得。

(二) 按允许电压损失选择导线截面

1. 允许电压损失的确定

电网的允许电压损失，应根据用电设备端子电压偏移允许值和变压器一次侧电压偏移的具体情况来确定。用电设备端子允许的电压偏移见表 5-12。

表 5-12	用电户受电端及用电设备端子电压偏移允许值	单位：%
用电户及用电设备名称		电压偏移允许值
电力用户：35 kV 及以上供电和对电压质量有特殊要求的用户		+5～−5
10 kV 及以下高压供电的电力用户		+7～−7
电动机：正常情况下		+5～−5
特殊情况下		+5～−10
照明灯：视觉要求较高的场所		+5～−2.5
一般工作场所		+5～−5*
事故、道路、警卫照明		+5～−10
其他用电设备无特殊要求时		+5～−5

注：* 对于远离变电所的小面积工作场所，允许为−10。

当缺乏计算资料时，线路允许电压损失可参考表 5-13。当仅无变压器一次侧电压偏移资料时，可先计算本级电网允许的电压损失，然后再减去变压器的电压损失，即可求出线路的允许电压损失。

表 5-13	线路电压损失允许值	单位：%
线路名称		允许电压损失
从供电变压器二次侧母线算起的 6(10)kV 线路		5
从配电变压器二次侧母线算起的低压线路		5
从配电变压器二次侧母线算起的供给有照明负荷的低压线路		3～5

当本级线路由几段线路组成时，还应减去其他各段线路的电压损失，求出其中一段线路的允许电压损失，然后按允许电压损失的方法选择该段线路的导线截面。

本级电网的允许电压损失可按下式确定：

$$\Delta U_p = U_{2NT} - U_{pmin} \tag{5-12}$$

式中　ΔU_p——电网允许的电压损失，V；

　　　U_{2NT}——该级电网电源变压器的二次额定电压，V；

　　　U_{pmin}——该级电网末端(用电设备)允许的最低电压(见表5-12)，V。

2. 按允许电压损失选择导线截面

按电压损失选择导线截面时，可先求出该段线路的允许电压损失，然后根据该段线路的允许电压损失再确定该段导线的截面积。由于线路的电压损失包括电阻和电抗两部分电压损失之和，所以不能直接确定导线的截面积。

但是，由于导线的截面对线路的电抗影响很小，对架空线路其电抗值一般在 0.36～0.42 Ω/km 之间，电缆的电抗约为 0.08 Ω/km，所以，可先假定线路的电抗值，计算出线路电抗部分的电压损失，线路电阻上的允许电压损失即为线路的允许电压损失与其电抗电压损失之差。然后，根据线路电阻上的允许电压损失求出导线满足电压损失的最小截面积。

根据式(5-7)可知线路电阻上的电压损失为：

$$\Delta U_r = \frac{PR}{U_N} = \frac{K_{de} \sum P_N L \times 10^3}{U_N \gamma_{sc} A} \tag{5-13}$$

式中　ΔU_r——导线电阻中允许的电压损失，V。

　　　U_N——线路的额定电压，V。

　　　$\sum P_N$——由该段线路供电的用电设备额定功率之和，kW。

　　　L、A、γ_{sc}——该段线路导线的长度，m；截面积，mm²；电导率，m/(Ω·mm²)。

　　　K_{de}——该段线路所带负荷的需用系数，若负荷为单台电动机时，则 $K_{de} = K_{lo}/\eta$，其中 K_{lo} 为该设备的负荷系数，η 为电动机的效率。

根据式(5-13)，该段导线满足电压损失的最小截面为：

$$A_{min} = \frac{K_{de} \sum P_N L \times 10^3}{U_N \gamma_{sc} \Delta U_{pr}} \tag{5-14}$$

式中　A_{min}——该段导线满足电压损失的最小截面，mm²；

　　　ΔU_{pr}——该段导线电阻中允许的电压损失，V。

根据式(5-14)的计算结果，选择标称截面不小于 A_{min} 的导线，然后再求出该线路的电抗值。若与假定的电抗值相差不大，则说明所选截面合理，否则应代入式(5-5)或式(5-7)校验电压损失，或重新假定电抗值进行复算。

对电缆线路，若忽略电抗，导线电阻中的允许电压损失可取该段线路的允许电压损失。选择出截面后不必再进行校验。

四、按经济电流密度选择导线截面

输电线路的年运行费用包括年电能损耗费和年折旧费与维护费用，其大小与导线截面关系密切。若导线截面大，则电能损耗费用少，但需增加初期投资，使线路的年折旧维护费用增加。若导线截面小，可使年折旧维护费用减少，但年电能损耗费用增加。为了保证供电的经济性，应选择一个合适的导线截面，使线路的年运行费用最小，我们把年运行费用最小时的导线截面称为经济截面。对应于经济截面的电流密度，称为经济电流密度。

图 5-16 中曲线 3 为年运行费用与导线截面的关系曲线，它由曲线 1 和曲线 2 叠加而成。由图可看出，当导线截面为 A_e 时，年运行费用最小，所以 A_e 即为经济截面。

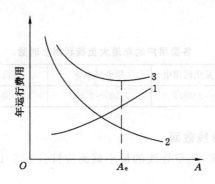

图 5-16 年运行费用与导线截面的关系

1——年折旧费与维护费;2——年电能损耗费;3——年运行费用

直接应用曲线法确定经济截面比较困难,我国有关部门统一规定了不同情况下的经济电流密度值,见表 5-14。在选择导线截面时,先从表 5-14 中查出经济电流密度,然后求出经济截面。

表 5-14   .   经济电流密度   单位:A/mm²

导体材料	年最大负荷利用小时数 T_{max}/h		
	3 000 以下	3 000~5 000	5 000 以上
裸铜导体和母线	3.0	2.25	1.75
裸铝导体和母线	1.65	1.15	0.90
铜芯电缆	2.5	2.25	2.0
铝芯电缆	1.92	1.73	1.54

导线的经济截面为:

$$A_e = \frac{I_{mn}}{I_{ed}} \tag{5-15}$$

式中 A_e——导线的经济截面,mm²;

      I_{mn}——线路正常工作时的最大长时工作电流,A;

      I_{ed}——经济电流密度,A/mm²。

选取的标准截面应等于 A_e。若标准截面与 A_e 不等时,应选择接近而小于 A_e 的标准截面;若大于 A_e 的标准截面与 A_e 很接近,则应选择大于 A_e 的标准截面。

从表 5-14 可看出,经济电流密度与年最大负荷利用小时数 T_{max} 有关。所谓年最大负荷利用小时数,就是线路全年的送电量 W,都按最大负荷 P_{max} 输送所需要的时间,如图 5-17 所示。即:

$$T_{max} = \frac{W}{P_{max}} \tag{5-16}$$

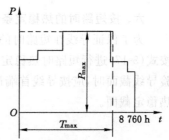

图 5-17 某用户的年负荷曲线

实际上,设计时用户的年负荷曲线是未知的,只能根据负荷的性质和经验来选择 T_{max}。各类用户的年最大负荷利用小时数见表 5-15。

表 5-15 各类用户的年最大负荷利用小时数 单位:h

负荷类型	室内照明及生活用电	单班制企业	两班制企业	三班制企业
T_{amx}	2 000~3 000	1 500~2 200	3 000~4 500	6 000~7 000

五、按机械强度选择导线截面

为满足机械强度的要求,架空导线的最小截面应符合表 5-16 的要求。矿用橡套电缆应符合表 5-17 的要求。

表 5-16 架空导线的最小截面或直径

导线构造	导体材料	架空线路等级		
		Ⅰ	Ⅱ	Ⅲ
单股导线	铜	不允许用	10	6
	钢	不允许用	φ3.5	φ2.75
	铝、铝合金	不允许用	不允许用	10
多股导线	铜	16	10	6
	钢	16	10	10
	铝、铝合金,钢芯铝线	25	16	16
绝缘导线	铜	不允许用	不允许用	2.5,4
	铝	不允许用	不允许用	4,10

注:Ⅰ级线路为 110 kV 以上所有用户及 35~110 kV 一、二类用户;Ⅱ级线路为 35 kV 三类用户及 1~20 kV 所有用户;Ⅲ级线路为 1 kV 以下所有用户。对绝缘导线,截面较小时为沿墙敷设,较大时为其他方式敷设,截面单位 mm²,直径单位 mm。

表 5-17 橡套电缆满足机械强度的最小截面 单位:mm²

用电设备名称	最小截面	用电设备名称	最小截面
采煤机组	35~50	调度绞车	4~6
可弯曲输送机	16~35	局部通风机	4~6
一般输送机	10~25	煤电钻	4~6
回柱绞车	16~25	照明设备	2.5~4
装岩机	16~25		

六、按短路时的热稳定条件选择导线截面

为了保证导线在短路时的最高温度不超过导线材料的短时最高允许温度,导线截面应按式(5-17)进行短路时热稳定条件的校验,求出导体的最小热稳定截面。按热稳定条件校验导线截面时,应按导线首端最大三相短路电流来校验,所选导线截面应不小于导线的最小热稳定截面。

$$A_{min} = \frac{I_{ss}}{C}\sqrt{t_i} \qquad (5-17)$$

式中 I_{ss}——三相短路电流稳态值,A。

t_i——短路电流的假想时间，s。

C——导体材料的热稳定系数。$C = r_{sc}\gamma C_{av}\tau_{ps}$，它与导体电导率 r_{sc}、密度 γ、热容量 C_{av} 和最大短路允许温升 τ_{ps} 有关。

七、按启动条件校验导线截面

（一）电动机的最小启动电压

1. 满足电动机的最小启动转矩

重载启动的电动机，要求有较大的启动转矩；而轻载启动的电动机，所需启动转矩较小。各种生产机械所需要的最小启动转矩 M_{stmin} 用其与额定转矩 M_N 的比值 $K(K = M_{stmin}/M_N)$ 来衡量。K 值称为电动机的最小启动转矩倍数，其值按表 5-18 确定。

表 5-18　　　　　　　　　　　　**煤矿生产机械所需最小启动转矩倍数**

生产机械名称	最小启动转矩倍数 K	生产机械名称	最小启动转矩倍数 K
采煤机组	1.0～1.2	无极绳绞车	1.2～1.3
刮板输送机	1.2～1.5	水泵或绞车	0.5～0.6
带式输送机	1.2～1.4		

因为笼型电动机的启动转矩与其端电压的平方成正比，所以电动机的最小启动电压 $U_{st,min}^2$ 与额定电压 U_N 的关系为：

$$\frac{U_{stmin}^2}{U_N^2} = \frac{M_{stmin}}{M_{stN}} = \frac{\dfrac{M_{stmin}}{M_N}}{\dfrac{M_{stN}}{M_N}} = \frac{K}{\alpha} \tag{5-18}$$

所以，电动机的最小启动电压 U_{stmin} 为：

$$U_{stmin} = U_N\sqrt{\frac{K}{\alpha}} \tag{5-19}$$

式中　α——电动机额定电压时的启动转矩 M_{stN} 与电动机额定转矩 M_N 之比（α 值可查电动机技术数据）。

当无最小启动转矩数据时，最小启动电压可取 $75\% U_N$。

2. 满足吸力线圈有足够的吸持电压

启动时电动机的最小启动电压，先按满足电动机最小启动转矩的条件确定，计算出在该电压下启动时，启动电动机支线电缆的电压损失 ΔU_{blst}，然后按式（5-20）校验启动器安装处（配电点处）的电压 U 是否满足启动器吸持电压（一般按 $0.7U_N$ 考虑）的要求，即：

$$U = U_{stmin} + \Delta U_{blst} \geqslant 0.7U_N \tag{5-20}$$

U 若符合上式的条件，则电动机的最小启动电压就按电动机的最小启动转矩条件确定。若不符合上式条件，则启动电动机的最小启动电压就按下式确定：

$$U_{stmin} = 0.7U_N - \Delta U_{blst} \tag{5-21}$$

式中　U_N——电网的额定电压；

U_{stmin}——电动机的最小启动电压；

ΔU_{blst}——启动时启动电动机支线电缆的电压损失，仍按满足电动机最小启动转矩时的最小启动电压条件计算。

电动机最小启动电压确定后,则认为该电压就是电动机的实际启动电压,然后,按电动机在该电压下启动的条件,分别计算启动时电网各部分的电压损失(包括支线电缆)。

(二)启动时电压损失计算

1. 支线电缆的电压损失

应选择启动时电压损失最大的一条支线计算。忽略电缆线路的电抗,用下式可得出启动电动机支线的电压损失:

$$\Delta U_{\text{blst}} = \sqrt{3}\, I_{\text{st}} R_{\text{bl}} \cos \varphi_{\text{st}} = \sqrt{3}\, I_{\text{st}} \cos \varphi_{\text{st}} \frac{L_{\text{bl}}}{\gamma_{\text{sc}} A_{\text{bl}}} \tag{5-22}$$

式中　I_{st}、$\cos \varphi_{\text{st}}$——电动机的实际启动电流,A;启动时的功率因数。

R_{bl}、L_{bl}、A_{bl}、γ_{sc}——支线电缆的电阻,Ω;长度,m;截面积,mm^2;电导率,m/(Ω·mm^2)。

电动机的实际启动电流可按下式确定:

$$I_{\text{st}} = I_{\text{stN}} \frac{U_{\text{stmin}}}{U_{\text{N}}} \tag{5-23}$$

式中　I_{stN}、U_{N}——电动机的额定启动电流,A;额定电压,V。

2. 干线电缆的电压损失

启动时干线电缆的电压损失为:

$$\Delta U_{\text{msst}} = \sqrt{3}\, I_{\text{msst}} \cos \varphi_{\text{msst}} \frac{L_{\text{ms}}}{\gamma_{\text{sc}} A_{\text{ms}}} \tag{5-24}$$

式中　I_{msst}、$\cos \varphi_{\text{msst}}$——启动时干线电缆的电流,A;功率因数。

L_{ms}、A_{ms}、γ_{sc}——干线电缆的长度,m;截面积,mm^2;电导率,m/(Ω·mm^2)。

为了计算方便,将上式写成:

$$\Delta U_{\text{msst}} = \sqrt{3}\, \frac{L_{\text{ms}}}{\gamma_{\text{sc}} A_{\text{ms}}} (I_{\text{st}} \cos \varphi_{\text{st}} + I_{\text{care}} \cos \varphi_{\text{wmre}})$$

$$\Delta U_{\text{msst}} = \frac{L_{\text{ms}}}{\gamma_{\text{sc}} A_{\text{ms}}} \left[\sqrt{3}\, I_{\text{st}} \cos \varphi_{\text{st}} + \frac{K_{\text{de}} \sum P_{\text{Nre}} \times 10^3}{U_{\text{N}}} \right] \tag{5-25}$$

式中　K_{de}——除启动电动机外,其他用电设备的需用系数;

$\sum P_{\text{Nre}}$——除启动电动机外,其他用电设备额定功率之和,kW;

U_{N}——用电设备的额定电压,V。

3. 变压器的电压损失

启动时变压器的电压损失为:

$$\Delta U_{\text{Tst}}\% = \frac{1}{i_{\text{2NT}}} \left[u_{\text{r}}\% \left(I_{\text{st}} \cos \varphi_{\text{st}} + \frac{K_{\text{dc}} \sum P_{\text{Nrc}} \times 10^3}{\sqrt{3} U_{\text{N}}} \right) + \right.$$

$$\left. u_{\text{x}}\% \left(I_{\text{st}} \sin \varphi_{\text{st}} + \frac{K_{\text{de}} \sum P_{\text{Nre}} \times 10^3}{\sqrt{3} U_{\text{N}}} \tan \varphi_{\text{wmre}} \right) \right] \tag{5-26}$$

$$\Delta U_{\text{Tst}} = \frac{\Delta U_{\text{Tst}}\%}{100} U_{\text{2NT}} \tag{5-27}$$

式中　ΔU_{Tst}、$\Delta U_{\text{Tst}}\%$——启动时变压器的电压损失,V;电压损失百分数。

$\tan \varphi_{wmre}$——除启动电动机外,其他用电设备加权平均功率因数角的正切值。

启动时整个低电网的电压损失为:

$$\Delta U_{st} = \Delta U_{Tst} + \Delta U_{msst} + \Delta U_{blst} \tag{5-28}$$

(三)按启动条件校验电缆截面

启动时,电动机端子上的启动电压应不小于电动机的最小启动电压,即:

$$U_{2NT} - \Delta U_{st} \geqslant U_{stmin} \tag{5-29}$$

如满足上式,电缆截面既能保证电动机有足够的启动转矩,又能保证吸力线圈有足够的吸持电压。

校验导线截面不合格,应采取措施:

(1)增大导线截面。

(2)分散负荷,增加线路回数。

(3)移动变电所的位置,使其靠近用电设备。

(4)更换大容量变压器,有条件时使变压器并联运行。

(5)在矿井井下采用移动变电站。

(6)提高额定电压等级。

小 结

本章首先详细阐述了架空线路的结构和敷设;其次详细阐述了电缆的结构和敷设;最后介绍了输电导线截面的选择原则、条件及选择方法。

思考与练习

1.架空线路有哪些部分组成?各自作用是什么?

2.架空线路的敷设应遵循什么原则?

3.电力电缆如何分类?

4.电力电缆敷设时应注意哪些问题?

5.架空线路的敷设方式有哪些?

6.选择输电导线截面的原则有哪些?

7.简述电压损失的计算方法。

第六章 电气主接线及供电系统

第一节 工厂变配电所的电气主接线

工矿企业变电所担负着从电网接受、分配电能和变换电压的任务,是工矿企业供电系统的主要组成部分。正确选择变电所的电气主接线方式,对工矿企业供电系统的供电可靠性、安全性、经济性和供电质量至关重要。

一、电气主接线的基本要求

变配电所的电气主接线指按照一定的工作顺序和规程要求连接变配电一次设备的一种电路形式,又称一次接线图。电气主接线应满足以下几方面要求:

(1)可靠性。电气接线必须保证供电的可靠性,应分别按各类负荷的重要性程度安排相应可靠程度的接线方式。保证电气接线可靠性可以用多种措施来实现,如断路器检修时争取不影响供电;断路器或母线故障以及母线检修时,尽量减少停运的回路数和停运时间,并要保证对重要用户的供电;尽量避免发电厂、变电站全部停运;大机组、超高压电气主接线应满足可靠性的特殊要求;等等。

(2)灵活性。电气系统接线应能适应各式各样可能运行方式的要求,并可以保证能将符合质量要求的电能送给用户。如应能灵活地投入和切除某些机组、变压器或线路,从而达到调配电源和负荷的目的;能满足电力系统在故障运行方式、检修运行方式和特殊运行方式下的调度要求;当需要进行检修时,应能够很方便地使断路器、母线及继电保护设备退出运行进行检修,而不致影响电力网的运行或停止对用户供电。

(3)安全性。电力网接线必须保证在任何可能的运行方式下及检修方式下运行人员的安全与设备的安全。

(4)经济性。包括最少的投资与最低的年运行费。

(5)应具有发展与扩建的方便性。在设计接线方时要考虑到5~10年的发展远景,要求在设备容量、安装空间以及接线形式上,为5~10年的最终容量留有余地。

二、电气主接线的基本方式

(一)单母线接线

单母线的接线方式如图 6-1 所示。单母线接线的每一条回路都通过断路器和母线隔离开关接到母线上。断路器用于切断和接通正常的负荷电流,并能切断短路电流。靠近母线的隔离开关称为母线隔离开关,用于检修母线电源和断路器。靠近线路侧的隔离开关称为线路隔离开关,用

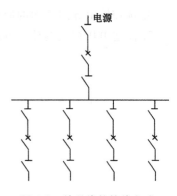

图 6-1 单母线的接线方式

于防止在检修断路器时从用户侧反向送电,防止雷电过电压沿线路侵入,保证维修人员安全。

单母线接线优点:简单,使用设备少,投资小。

单母线接线缺点:一旦母线出现故障,会造成全部用户停电。母线隔离开关故障或检修,必须断开相应回路,造成该回路用户停电。

这种接线方式适用于单电源进线的一般中小型容量的用户。

（二）单母线分段接线

单母线分段接线方式如图 6-2 所示。这种接线方式至少有两路电源进线,母线上增加了分段断路器或隔离开关,母线被分成两端(Ⅰ段和Ⅱ段),两路电源进线分别连接到一段母线上。

单母线分段接线优点:便于分段检修母线,与单母线接线相比减小了母线故障影响范围,提高了供电的可靠性和灵活性。

单母线分段接线缺点:任一线路断路器检修时,该回路必须停电。任一段母线或两段母线间隔离开关发生故障或检修时,该段母线的回路都停电。

这种接线方式适用于双电源进线的比较重要的用户。

（三）单母线带旁路接线

单母线带旁路接线方式如图 6-3 所示。和单线体分段接线相比,增加了一条母线和一组联络用开关,增加了多个线路侧隔离开关。

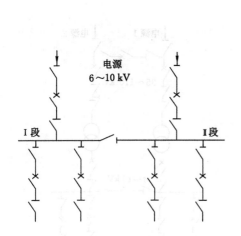

图 6-2　单母线分段接线方式

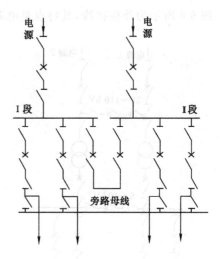

图 6-3　单母线带旁路接线方式

单母线带旁路接线优点:可以不停电检修线路断路器,提高了供电可靠性。

单母线带旁路接线缺点:当母线出现故障或检修时,仍然会造成所有出线停电。

这种接线适用于配电线路较多、负载线路较重要的主变电所或高压配电所。

（四）双母线接线

双母线接线方式如图 6-4 所示。两条母线用联络开关相连,互为备用,变电所每条进、出线都可以通过隔离开关接到任一条母线上。

双母线接线优点:可靠性高,操作灵活。母线检修时,通过"倒闸操作",可以不影响线路正常供电。母线隔离开关检修时,只需要断开该回路及与此隔离开关相连的母线,其余回路均可以不停电地转移到另一组母线上继续运行。

双母线接线缺点:所用设备多,接线复杂,投资大。

（五）桥式接线

桥式接线的特点是电源进线为两个或两个以上,负荷侧的出线数目与进线数目相同,且负荷多为主变压器。根据联络开关桥位置的不同,桥式接线有内桥和外桥之分。

1. 内桥接线

图 6-5 所示为内桥接线,其特点是母线和变压器之间只设隔离开关,不设断路器。

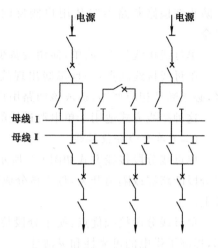

图 6-4 双母线接线方式

内桥接线优点:投资与占地面积少,切换线路方便。

内桥接线缺点:由于变压器侧没有断路器,切换变压器不方便。

内桥接线适用于电源进线长,线路故障可能性大,变压器负荷较平稳,切换次数少的变电所。

2. 外桥接线

图 6-6 所示为外桥接线,其特点是电源进线端只设隔离开关,不设断路器。

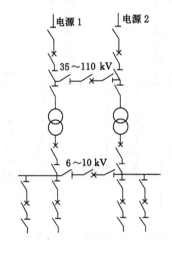

图 6-5 内桥接线

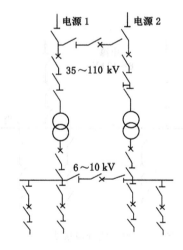

图 6-6 外桥接线

外桥接线优点:比内桥接线所需隔离开关少,投资与占地面积更少,切换线路方便。

外桥接线内桥接线缺点:切换线路不方便。

适用于电源线路短,故障与检修机会少,变压器负荷变化大且需经常切换的变电所。

第二节　矿井供电系统

一、矿井供电的类型

矿井供电系统主要有两种形式:一种是深井供电系统,另一种是浅井供电系统。

煤矿的受电电源,一般来源于电力系统的区域变电站或发电站,送到矿山后再变、配给煤矿的用户,组成煤矿供电系统。

煤矿受电电压为6～110 kV,视煤矿井型及所在地区的电力系统的电压而定,一般为35～110 kV 的双电源受电,经总降压站以6～10 kV 电压向车间、井下变电所及高压用电设备等配电,组成煤矿的高压供电系统;各变电所经变压器向低压用电设备配电,组成低压供电系统。决定矿井供电方式的主要因素有井田范围、煤层埋藏深度、矿井年产量、开采方式、井下涌水量,以及开采机械化和电气化程度等。对于开采煤层深、用电负荷大的矿井,可通过井筒将3～6 kV 高压电缆送入井下,一般称深井供电。如煤层埋藏深度,距地表100～150 m,且电力负荷较小,可通过井筒或钻孔将380 V 低压电能和660 V 高压电能直接用电缆送入井下,称浅井供电。根据具体情况,也可采用上述两种方式同时向井下供电,或初期采用浅井供电,后期采用深井供电等方式。

(一)深井供电系统

深井供电系统如图6-7所示。

(1)特点:井下设立中央变电所。

(2)适用场合:煤层深,井下负荷大、涌水量大等。

(3)组成:地面变电所、井下中央变电所、采区变电所、用电设备。

(4)供电回路数:两路或两路以上。

井底车场附近的低压用电设备的供电,是由设在中央变电所的变压器降压后供给的。采区内的低压用电设备的供电由采区变电所降压后供给。采区内综采工作面的低压设备用电可由采区变电所引出高压电缆,送到置于工作面附近的移动变电站,降压后供给。

(二)浅井供电系统

(1)特点:井下不设立中央变电所。

(2)适用场合:煤层埋藏不深(一般离地表100～200 m),井田范围大,井下负荷不大,涌水量小的矿井,可采用浅井供电系统,如图6-8所示。

(3)浅井供电主要有以下三种方式:

① 井底车场及其附近巷道的低压用电设备,可由设在地面变电所的配电变压器降压后,用低压电缆通过井筒送到井底车场配电所,再由井底车场配电所将低压电能送至各低压用电设备。井下架线式电机车所用直流电源,可在地面变电所整流,然后将直流电用电缆沿井筒送到井底车场配电所后供给。

② 当采区负荷不大或无高压用电设备时,采区用电由地面变电所用高压架空线路,将电能送到设在采区地面上的变电室或变电亭,把电压降为380 V 或660 V 后,用低压电缆经钻孔送到井下采区配电所,由采区配电所再送给工作面配电点和低压用电设备。

③ 当采区负荷较大或有高压用电设备时,用高压电缆经钻孔将高压电能送到井下采区变电所,然后降压向采区低压负荷供电。

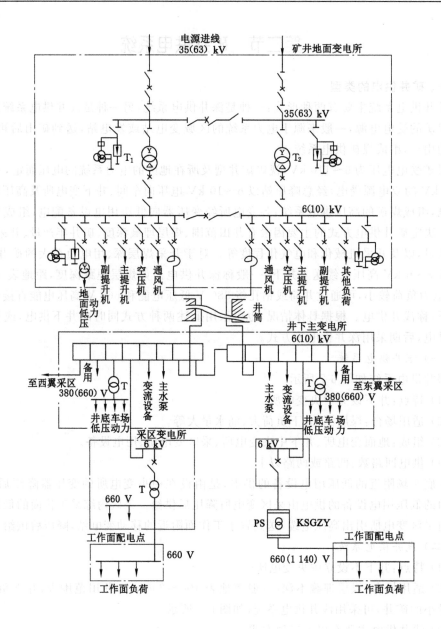

图 6-7 深井供电系统

在浅井供电系统中,由于采区用电是通过采区地表直通井下的钻孔向采区供电的,所以也称为钻孔供电系统。为防止钻孔孔壁塌落挤压电缆,钻孔中敷设有钢管,电缆穿过钢管送至井下采区。

(4)优缺点:浅井供电系统,可节省井下昂贵的高压电气设备和电缆,减少井下变电硐室的开拓量,所以比较经济、安全。其不足之处是需打钻孔和敷设钢管,钢管用完后不能回收。

矿井供电究竟采用哪种供电方式,应根据矿井的具体情况经技术经济比较后确定。

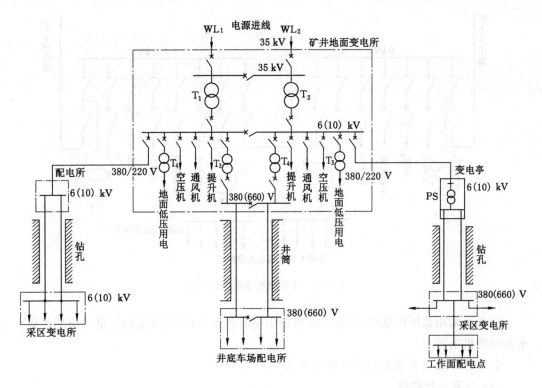

图 6-8　浅井供电系统

二、变电所位置确定

变电所所址选择应根据以下要求综合考虑:接近负荷中心;节约用地;进出线方便;变电所所址有适宜的地质条件;交通方便;避开污秽环境。

(一)井下中央变电所

1. 井下中央变电所的接线

井下中央变电所是井下供电的枢纽,它担负着向井下供电的重要任务,其接线如图 6-9 所示。

根据《煤矿安全规程》,对井下中央变电所和主排水泵房供电的线路,不得少于两回路,当任一回路停止供电时,其余回路应能担负矿井全部负荷。所以,为了保证井下供电的可靠性,由地面变电所引至中央变电所的电缆数目至少应有两条,并分别引自地面变电所的两段 6(10) kV 母线上。

中央变电所的高压母线采用单母线分段接线方式,母线段数与下井电缆数对应,各段母线通过高压开关联络。正常时联络开关断开,母线采用分列运行方式;当某条电缆故障退出运行时,母线联络开关合闸,保证对负荷的供电。

水泵是井下中央变电所的重要负荷,应保证其供电可靠,由于水泵总数中已包括备用水泵,因此每台水泵可用一条专用电缆供电。

水泵、采区用电,向电机车供电的硅整流装置的整流变压器,低压动力和照明用的配电变压器,应分散接在各段母线上,防止由于母线故障,影响供电可靠性和造成大范围停电影响安全和生产。

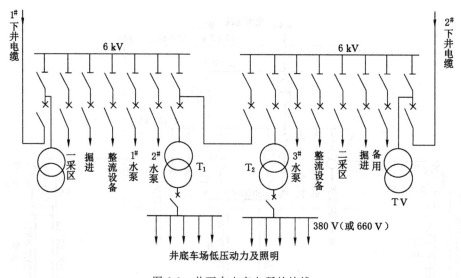

图 6-9　井下中央变电所的接线

当水泵采用低压供电时,配电变压器最少应有两台,每台变压器的容量均应满足最大涌水量时的供电要求。

2. 井下中央变电所的位置和硐室布置

(1) 位置选择原则

① 尽量位于负荷中心,以节省电缆,减少电能与电压损失。

② 电缆进出线和设备的运输要方便。

③ 变电所通风要良好。

④ 变电所的顶、底板坚固,无淋水。

考虑上述条件,一般变电所设置在井底车场附近,并与中央水泵房相邻,有条件时还应与电机车用的变流所联合建筑。

(2) 硐室要求

井下中央变电所应特别注意防水、通风及防火问题。为了防水,变电所地面应比井底车场的轨面标高高出 0.5 m。为了使变电所有良好的通风条件,当硐室长度超过 6 m 时,应设两个出口,保证硐室内的温度不超过附近巷道 5 ℃。变电所的出口装设两重门,即铁板门和铁栅栏门。平时铁栅栏门关闭,铁板门打开,以利于通风。在发生火灾时,将铁板门关闭以隔绝空气,便于灭火和防止火灾蔓延。

为了防火,硐室用耐火材料建成,其出口外 5 m 以内巷道也用耐火材料建成。硐室内的电缆必须采用不带黄麻保护层的,硐室内还必须设有砂箱及灭火器材。

(3) 设备布置

井下中央变电所设备布置如图 6-10 所示。

① 布置原则:中央变电所在进行设备布置时,应将变压器与配电装置分开布置,高、低压配电装置分开布置。

② 布置方式:设备与墙壁之间、各设备之间应留有足够的维护与检修通道;完全不需要从两侧或后面维护检修的设备,可互相靠紧和靠墙放置。考虑发展余地,变电所的高压配电

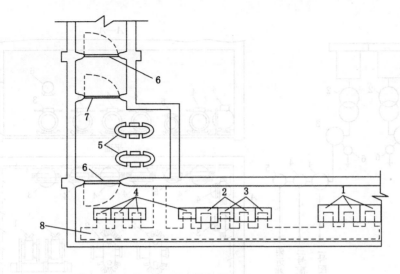

图 6-10 井下中央变电所

1——高压配电箱;2——硅整流器柜;3——直流配电箱;4——低压配电箱;
5——矿用变压器;6——防火铁门;7——铁栅栏门;8——电缆沟

设备的备用位置应按设计最大数量的 20% 考虑,且不少于两台。低压设备的备用回路,也按最多馈出回路数的 20% 考虑。

(二) 采区变电所

采区变电所的任务为,接受中央变电所高压电能,变换电压,配出高低压电能。

1. 采区变电所的接线

采区变电所的主接线应根据电源进线回路数、负荷大小、变压器台数等因素确定。

(1) 单电源进线:对单电源进线的采区变电所,如变压器不超过两台且无高压配出线的,可不设电源进线开关。有高压配出线的,为了操作方便,应设电源进线开关。适用于负荷小的工作面、炮采工作面。

(2) 双电源进线:对双电源进线的采区变电所,采用单母线接线时,电源线路应一条线路工作、一条线路备用。采用单母线分段接线时,两回电源应同时工作,但母线联络开关应断开,使两回电源线路分列运行。双电源进线适用于有综采工作面或下山采区有排水泵的采区变电所。

变电所每台动力变压器都应装有一台高压配电箱进行控制和保护。

变压器采用分列运行,每台变压器的低压侧各装有一台总馈电开关,各变压器形成独立的供电系统。

每台变压器的低压侧都装有一台检漏继电器,它与变压器低压侧总馈电开关配合起漏电保护作用。当总馈电开关内有漏电保护时不再装设检漏继电器。

2. 采区变电所的位置和硐室布置

采区变电所硐室布置如图 6-11 所示。

采区变电所位置的确定原则,与中央变电所基本相同,但是根据采区生产的特殊性还要求,每个采区最好只设一个变电所向全采区供电,如不可能,也应尽量少设变电所,并尽量减

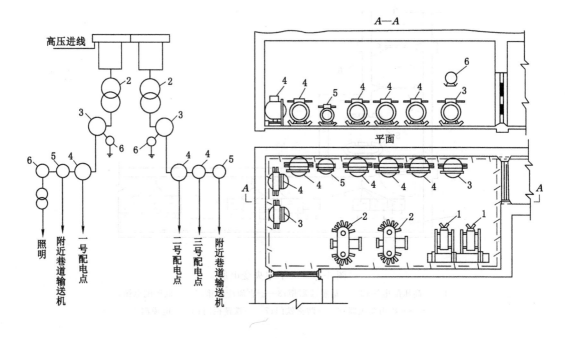

图 6-11　采区变电所硐室布置

1——高压配电箱；2——矿用变压器；3——总馈电开关；4——馈电开关；

5——照明变压器综合装置；6——检漏继电器

少变电所的迁移次数。

根据以上要求，通常将采区变电所设置在采区装车站附近，或在上（下）山与运输平巷交叉处，或两个上（下）山之间的联络巷中。

采区变电所的防水、防火、通风等安全措施与中央变电所相同。采区变电所设备的变压器可与配电设备布置在同一硐室内，变电所的高、低压设备应分开布置，检漏继电器放置在固定于硐室墙壁的支架上。各设备之间、设备与墙壁之间均应留有维护和检修通道，不从侧面和背后检修的设备可不留通道。

（三）综采工作面供电与工作面配电点

1. 综采工作面供电

综合机械化采煤工作面，单机容量和设备的总容量都很大，其回采速度又快，若仍采用固定变电所供电，既不经济，又不易保证电压质量，因此必须采用移动变电站供电，以缩短低压供电距离，使高压深入负荷中心，将综采工作面供电电压提高到 1 140 V，以利于保证供电的经济性和供电质量。目前我国高产高效工作面使用的设备，其额定电压已达 3 300 V。综采工作面供电系统由采区配电所—移动变电站—工作面电气设备组成。

综采工作机电设备布置如图 6-12 所示。移动变电站通常设置在距工作面 150～300 m 的平巷中，工作面每推进 100～200 m，变电站向前移动一次。

2. 工作面配电点

工作面电气设备多或距离采区变电所较远，为了便于操作工作面的动力设备，必须在工作面附近巷道中设置控制开关和启动器，这些设备的放置地点即为工作面配电点。

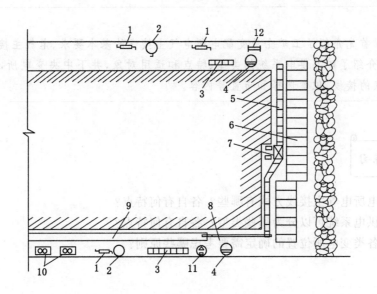

图 6-12 综采工作面机电设备布置

1——小绞车;2——小水泵;3——配电点;4——电钻、照明变压器综合装置;5——工作面输送机;

6——液压支架;7——采煤机;8——转载机;9——带式输送机;10——移动变电站;11——液压泵站;12——回柱绞车

工作面配电点可分为采煤与掘进两种。采煤工作面配电点,一般距采煤工作面 50～80 m;掘进工作面配电点,一般距掘进工作面 80～100 m。工作面配电点也随工作面的推进而前移。图 6-13 为采煤工作面配电点的布置及配电示意图。

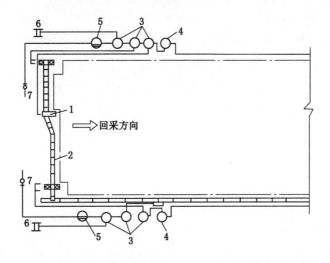

图 6-13 采煤工作面配电点的布置及配电示意图

1——采煤机;2——输送机;3——启动器;4——自动开关;

5——电钻变压器综合装置;6——回柱绞车;7——煤电钻

小　结

　　本章首先介绍了工矿企业变配电所电气主接线的基本要求、电气主接线的基本方式；其次介绍了矿井供电系统的类型、特点和适用对象，井下中央变电所，采区变电所和配电点的接线、位置选择和布置等内容。

思考与练习

1. 变配电所电气主接线方式有哪些？各自有何特点？
2. 矿井供电系统可以分为哪些类型？各自有何特点？
3. 井下各类变电所位置的确定需要考虑哪些原则？

第七章 供配电系统的保护

第一节 继电保护概述

为了保证供电系统安全可靠运行,必须用继电保护装置来反映电力系统中电气设备或线路发生的故障或不正常运行状态,这就要求我们要掌握一些继电保护装置的基本知识。

一、继电器保护装置的作用与要求

(一)继电保护装置的作用

厂矿供电系统在运行中,可能发生一些故障和出现各种不正常运行状态。常见的主要故障有相间短路,中性点直接接地系统的单相接地短路,变压器、电动机及电力电容器等可能发生的匝间或层间短路。短路故障一般均有很大的短路电流产生,并伴随有强烈的电弧,产生很大的热量和电动力,使故障回路内的电气设备遭受损坏,而且短路后故障点处和附近的电网电压要急剧下降,影响其他用户的正常生产,严重的短路故障可导致整个系统的解列,给供电系统造成严重的后果。

不正常运行状态有过负荷、一相断线、小接地电流系统中的单相接地等。长时间的过负荷运行,将引起电气设备绝缘老化,严重的会损坏设备并发展成为故障。一相断线容易引起电动机过负荷。在中性点不接地系统和中性点经消弧线圈接地系统中,一相接地后,其他两相对地电压升高为正常时对地电压的$\sqrt{3}$倍,如不及时处理可引起相间接地短路。

因此,当出现故障或不正常运行状态时必须及时发现,及时处理,消除隐患,避免导致更严重的故障。

为了尽可能快地消除发生故障的可能性,在平时应搞好设备、线路的维护与管理。为避免故障和不正常运行状态造成严重后果,保证供电的安全性和可靠性,在电力系统中必须装设继电保护装置。

所谓继电保护装置是一种能够反映电力系统中电气设备或线路发生故障或不正常运行状态,并能使断路器跳闸和发出信号的自动装置。

继电保护装置的基本任务如下:

(1)当被保护线路或设备发生故障时,继电保护装置能自动、迅速、准确而有选择地借助于断路器将故障部分断开,以保证系统其他部分正常运行,减轻事故危害,防止事故蔓延,使故障元件免受进一步的损坏。

(2)当被保护设备或线路出现不正常运行状态时保护装置能够发出信号,及时提醒工作人员采取有效措施,以消除不正常运行状态,防止事故发生。在煤矿井下一般作用于跳闸。

(3)继电保护装置与供电系统的自动化装置(如自动重合闸、备用电源自动投入装置等)相配合,缩短事故停电时间,提高供电系统运行的可靠性。

（二）对继电保护装置的要求

为了使继电保护装置能准确及时地完成上述任务,在设计和选择继电保护装置时,主要应满足四个基本要求,即选择性、速动性、灵敏性和可靠性。

1. 选择性

当供电系统发生故障时,要求继电保护装置应使离故障点最近的断路器首先跳闸,使停电范围尽量缩小,保证无故障部分继续运行。保护装置的这种性能称为选择性。

如图 7-1 所示的电网,各断路器都装有保护装置。当 S_2 点短路时,短路电流流经断路器 2QF 和 3QF,保护装置 2 和 3 动作,使断路器 2QF 和 3QF 断开,除线路 WL_1 停电外,其余线路继续供电。当 S_1 点短路时,短路电流流经断路器 1QF～7QF,按选择性要求,保护装置 7 应动作,使断路器 7QF 断开,除线路 WL_4 停电外,其余线路继续供电。但若由于某种原因,保护装置 7 拒绝动作,而由其上一级线路的保护装置 6 动作,使断路器 6QF 跳闸切除故障,这种动作虽然停电范围有所扩大,仍认为是有选择性的动作。保护装置 6 除了保护 WL_3 线路外,还作为相邻元件的后备保护。若不装后备保护,当保护装置拒动时,故障线路将无法切除,后果极其严重。

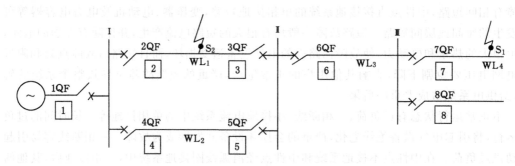

图 7-1　继电保护装置选择性动作示意图

2. 速动性

系统中发生短路故障时,继电保护以可能的最短时限将故障从电网中切除,以减轻故障的危害程度,加速系统电压的恢复,为电动机自启动创造条件。

切除故障的时间是指从发生短路起,至断路器跳闸、电弧熄灭为止所需要的时间,它等于保护装置的动作时间与断路器跳闸时间(包括灭弧时间)之和。因此,为了保证速动性,除选用快速动作的继电保护装置之外,还应选择快速动作的断路器。目前这两者加在一起最短时间大约为 0.1 s。

3. 灵敏性

灵敏性是指保护装置对保护范围内发生故障的反应能力。灵敏性可用灵敏系数 K_r 来定量表示,它是衡量继电保护装置在供电系统中发生故障或不正常运行状态时,能否及时动作的一个重要指标。在保护范围内不论发生何种故障,不论故障位置如何,均应反应敏锐并保证动作。继电保护装置在设计计算中,灵敏度校验是必不可少的一个内容。

对于反映故障时参数量增加的保护装置,灵敏系数为

$$K_r = \frac{保护区末端金属性短路时故障参数的最小值}{保护装置的动作整定值} \qquad (7-1)$$

对于反映故障时参数量下降的保护装置,灵敏系数为

$$K_r = \frac{保护装置的动作整定值}{保护区内金属性短路时故障参数的最大值} \qquad (7-2)$$

为使保护装置能可靠地起到保护作用,故障参数(如电流、电压等)的计算值应根据供电系统实际可能的最不利运行方式和故障类型来计算。

在《继电保护安全和自动装置技术规程》中,对各种保护装置的最小灵敏系数规定有:1.2、1.25、1.5、2 四级。通常对主要保护的灵敏系数要求不小于 1.5~2。在设计、选择继电保护装置时,必须严格遵守此规定。

4.可靠性

可靠性指在保护范围内发生故障和不正常运行状态时,保护装置应正确动作,不应拒动;在不该动作时,不应误动。继电保护装置的拒动和误动都将使事故扩大,造成严重后果。

保护装置不能可靠工作的主要原因是安装调试质量不高、运行维护不当、继电器质量差以及设计不合理等。为了提高保护装置动作的可靠性,必须注意以下几个方面:

(1)保护装置应该采用质量高、结构简单、动作可靠的继电器和元件。

(2)保护装置的接线应力求简单,使用最少的继电器和串联接点。

(3)正确调整保护装置的整定值。

(4)提高保护装置的安装和调试质量,加强经常性的维护管理工作。

以上对保护装置的四项基本要求,是互相联系而有时又互相矛盾的。在一个具体的保护装置中,不一定都是同等重要的。在各要求发生矛盾时,应进行综合分析,选取最佳方案,首先要满足选择性,非选择性动作是决不允许的。但是,为了保证选择性,有时可能使故障切除的时间延长从而影响到整个系统,这时为了尽快恢复系统的正常运行就必须保证速动性而暂时牺牲部分选择性,因为此时的速动性是照顾全局的措施。

二、常用保护继电器

(一)电磁式继电器

1.电磁式电流继电器

电磁式电流继电器在继电保护装置中作为启动元件,属于测量继电器。电流继电器的符号为 KA。供电系统中常用 DL-10 系列电磁式电流继电器作为电流保护装置的启动元件,它是一种转动舌片式的电磁型继电器,具体结构如图 7-2 所示,内部接线如图 7-3 所示。

当继电器线圈 1 中通入电流时,在铁芯 2 中产生磁通 Φ,该磁通使钢舌片 3 磁化,钢舌片上就有电磁力矩 M_{ef} 作用。根据电磁理论,作用在钢舌片上的电磁力矩 M_{ef} 与磁通 Φ 的平方成正比,即

$$M_{ef} = K_1 \Phi^2 \qquad (7-3)$$

当磁路不保和时,磁通 Φ 与线圈中的电流 I_k 成正比,所以电磁力矩 M_{ef} 也可表示为

$$M_{ef} = K_2 I_k^2 \qquad (7-4)$$

作用在钢舌片上的电磁力矩使钢舌片 3 向凸出磁极偏转,同时轴 10 上的反作用弹簧 9 力图阻止钢舌片偏转,弹簧的反作用力矩增大。当继电器线圈中的电流增大到使钢舌片所受的转矩大于弹簧的反作用力矩与摩擦阻力矩之和时,钢舌片被吸近磁极,带动转轴 10 顺

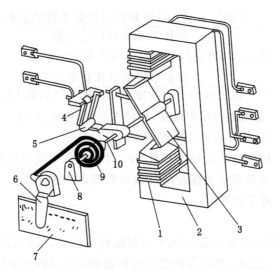

图 7-2　DL-10 系列电磁式电流继电器的内部结构

1——线圈；2——铁芯；3——钢舌片；4——静接点；5——动接点；6——调节转杆；7——标度盘(铭牌)

8——轴承；9——反作用弹簧；10——轴

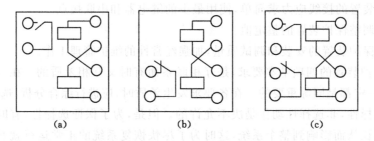

图 7-3　DL-10 系列电磁式电流继电器的内部接线

(a) DL-11 型；(b) DL-12 型；(c) DL-13 型

时针转动,使动接点 5 与静接点 4 闭合,这就叫作继电器动作。使继电器动作的最小电流,称为继电器的动作电流,用 I_{opk} 表示。

继电器动作后,减小线圈的电流到一定值时,钢舌片在弹簧反作用力矩作用下返回到起始位置,使动、静接点分离,这就叫作继电器返回。能够使继电器由动作状态返回到起始位置的最大电流,称为继电器的返回电流,用 I_{rek} 表示。

继电器的返回电流与动作电流的比值,称为继电器的返回系数,用 K_{re} 表示,即

$$K_{rc} = \frac{I_{rek}}{I_{opk}} = \frac{I_{re}}{I_{op}} \tag{7-5}$$

式中　I_{er}——主电路中能够使继电器由动作状态返回到起始位置的最大电流；

　　　I_{op}——主电路中能够使继电器动作的最小电流。

由于此时摩擦力矩起阻碍继电器返回的作用,因此电流继电器的返回系数总小于 1。返回系数越接近于 1,说明继电器质量越好。DL 系列电磁式电流继电器的返回系数较高,一般在 0.85 以上。

电磁式电流继电器的动作电流有以下两种调节方法：

（1）平滑调节，即通过调节转杆 6 来实现。当逆时针转动调节转杆时，弹簧被扭紧，反力矩增大，继电器动作所需电流也增大；反之，当顺时针转动调节转杆时，继电器动作电流减小。

（2）级进调节，通过调整线圈的串、并联来实现。当两线圈由串联改为并联时，相当于线圈匝数减少 1 半，因为继电器所需动作安匝是一定的，因此动作电流将增大 1 倍；反之，当线圈串联时，动作电流将减小 1 半。

电磁式电流继电器动作较快，其动作时间一般为 0.01～0.05 s。

电磁式电流继电器的接点容量较小，不能直接作用于断路器跳闸，必须通过其他继电器转换。

2. 电磁式中间继电器

在继电保护和自动装置中，当主保护继电器接点数量不足和接点容量不够时，采用中间继电器作为中间转换继电器。其符号采用 KM。企业常用的 DZ-10 系列中间继电器的内部结构如图 7-4 所示。

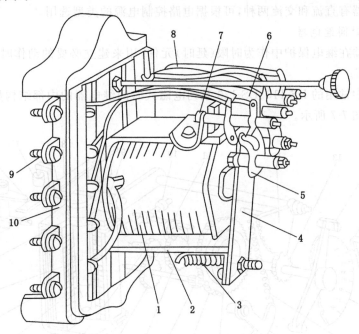

图 7-4 DZ-10 系列中间继电器的内部结构

1——线圈；2——电磁铁；3——弹簧；4——衔铁；5——动接点；6，7——静接点；
8——连接线；9——接线端子；10——底座

当线圈 1 通电时，衔铁 4 被吸向电磁铁 2，使其常闭接点断开，常开接点闭合。当线圈断电时，衔铁 4 在弹簧 3 作用下返回。

这种快吸快放的电磁式中间继电器的内部接线如图 7-5 所示。

中间继电器种类较多，有电压式、电流式，既有瞬时动作的，也有延时动作的。瞬时动作的中间继电器，其动作时间为 0.05～0.06 s。

中间继电器的特点是，接点多，容量大，可直接接通断路器的跳闸回路，且其线圈允许长时间通电运行。

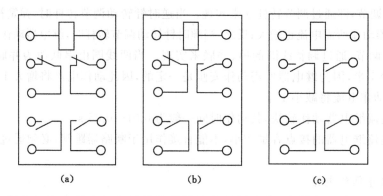

图 7-5 DZ-10 系列中间继电器的内部结构

(a) DZ-15 型;(b) DZ-16 型;(c) DZ-17 型

中间继电器有直流和交流两种,可根据电路控制电源的类型选用。

3.电磁式时间继电器

时间继电器在继电保护中作为时限(延时)元件,用来建立必要的动作时限。时间继电器的符号为 KT。

工矿企业中常用的 DS-110、DS-120 系列电磁式时间继电器的内部结构如图 7-6 所示,其内部接线如图 7-7 所示。

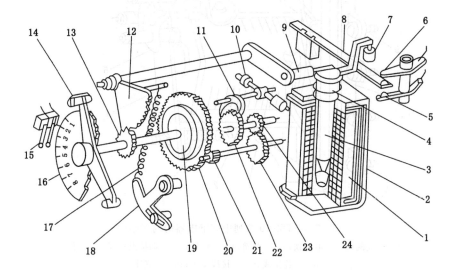

图 7-6 DS-110、DS-120 系列电磁式时间继电器的内部结构

1——线圈;2——电磁铁;3——衔铁;4——返回弹簧;5,6——瞬时静接点;7——绝缘件;
8——瞬时动接点;9——压杆;10——平衡锤;11——摆动卡盘;12——扇形齿轮;13——传动齿轮;
14——延时动接点;15——延时静接点;16——标度盘;17——拉引弹簧;
18——弹簧拉力调节器;19——摩擦离合器;20——主齿轮;21——小齿轮;
22——擎轮;23,24——钟表机构传动齿轮

当线圈 1 通电时,衔铁 3 被吸入,带动瞬时动接点 8 与瞬时静接点 6 分离,与瞬时静接点 5 闭合。压杆 9 由于衔铁 3 的吸入被放松,使扇形齿轮 12 在拉引弹簧 17 的作用下顺时

针转动,启动了钟表机构。钟表机构带动延时动接点14,逆时针转向延时静接点15,经一段延时后,延时接点14与15闭合,继电器动作。调整延时静接点15的位置可调整延时接点14到15之间的行程,从而调整继电器的延时时间。

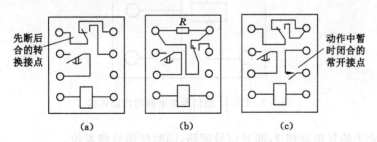

图 7-7 DS-110、DS-120 系列电磁式时间继电器的内部接线

(a) DS-111、DS-112、DS-113、DS-121、DS-122、DS-123 型;(b) DS-111C、DS-112C、DS-113C 型;

(c) DS-115、DS-116、DS-125、DS-126 型

线圈断电后,在返回弹簧4的作用下,衔铁3将压杆9顶起,使继电器返回。由于返回时钟表机构不起作用,所以继电器的返回是瞬时的。

电磁式时间继电器的特点是,线圈通电后,接点延时动作,用来按照一定的次序和时间间隔接通或断开被控制的回路。

4. 电磁式信号继电器

在继电保护和自动装置中,信号继电器用来作为整套继电保护装置或某个部分动作的信号指示,以便为保护动作情况和事故分析用。企业常用的 DX-11 型信号继电器的内部结构如图7-8所示,其内部接线如图7-9所示,其符号为KS。

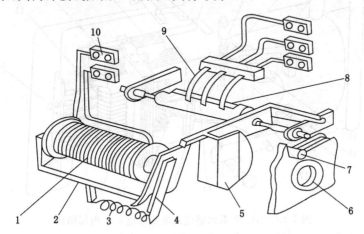

图 7-8 DX-11 型信号继电器的内部结构

1——线圈;2——电磁铁;3——弹簧;4——衔铁;5——信号牌;6——玻璃窗孔;7——复位按钮;

8——动接点;9——静接点;10——接线端子

在正常情况下,继电器的线圈未接通电源,信号牌5支持在衔铁4上面。当线圈1通电时,衔铁被吸向电磁铁2使信号牌落下,显示动作信号,同时带动转轴旋转90°,使固定在转轴上的动接点8与静接点9接通,从而接通了灯光和音响信号回路,发出信号。要使信号停

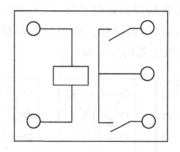

图 7-9 DX-11 型信号继电器的内部接线

止,可旋转外壳上的复位旋钮 7,断开信号回路,同时使信号牌复位。

（二）感应式继电器

GL-10、GL-20 系列感应式电流继电器均由两大系统构成,一是感应系统,可实现反时限电流保护特性;另一个是电磁系统,具有瞬时动作的特性。

1. 结构组成与工作原理

在企业的 6(10) kV 供电系统中,广泛使用感应式电流继电器作电流保护,因为它兼有电流继电器、时间继电器、中间继电器和信号继电器的作用,所以能大大简化继电保护装置。

GL 系列感应式电流继电器的结构均类似,GL-10 系列电流继电器的内部结构如图7-10所示,内部接线如图 7-11 所示,符号为 KA。

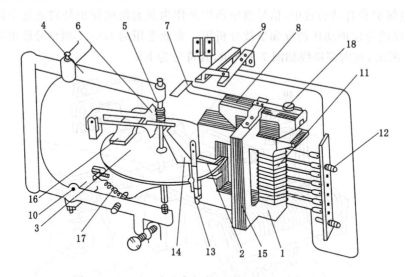

图 7-10 GL-10 系列感应式电流继电器的内部结构

1——铁芯;2——短路环;3——铝盘;4——框架;5——螺杆;6——扇形齿轮;7——摇柄;8——衔铁;9——接点;
10——轴;11——线圈;12——插销;13——转动螺杆;14——挡板;15——磁分路;16——永久磁铁;
17——弹簧;18——调节螺钉

感应系统主要由线圈 11、带短路环 2 的铁芯 1 及装在可偏转框架 4 上的转动铝盘 3 组成。电磁系统主要由线圈 11、铁芯 1 和衔铁 8 组成,其中线圈 11 和铁芯 1 是两个系统共用的。

感应式电流继电器的工作原理可用图 7-12 来说明。当线圈中有电流 I_k 通过时,电磁

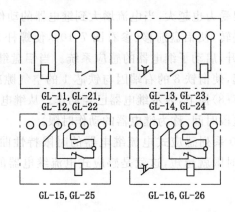

图 7-11　GL-10 系列感应式电流继电器的内部接线

铁 2 在短路环 3 的作用下，产生了相位一前一后的两个磁通 Φ_1 和 Φ_2，穿过铝盘 4，这时作用于铝盘上的电磁力矩 M_{ef} 为

$$M_{ef} = K_1 \Phi_1 \Phi_2 \sin \varphi \tag{7-6}$$

式中　φ——Φ_1 和 Φ_2 间的相位差。

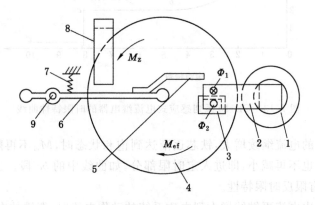

图 7-12　感应式电流继电器的转矩 M_{ef} 和制动力矩 M_z

1——线圈；2——电磁铁；3——短路环；4——铝盘；5——钢片；6——铝框架；7——调节弹簧；
8——永久磁铁；9——轴

由式(7-6)可见，电磁力矩 M_{ef} 的大小不但与磁通 Φ_1、Φ_2 的大小有关，还与它们的相位差 φ 有关。当继电器结构一定时，K_1 与 φ 为常数，当磁路未饱和时，磁通 Φ_1、Φ_2 与继电器线圈中的电流 I_k 成正比。故式(7-6)可写成

$$M_{ef} = K I_k^2 \tag{7-7}$$

式(7-7)说明，通入继电器线圈的电流 I_k 越大，电磁力矩 M_{ef} 越大，铝盘转动越快。

铝盘转动时，切割永久磁铁 8 的磁力线，在铝盘上产生涡流，该涡流又与永久磁铁的磁场相互作用，产生一个与 M_{ef} 方向相反的制动力矩 M_z，它与铝盘的转速 n 成正比，即

$$M_z = K_2 n \tag{7-8}$$

当转速 n 增大到某一值时，$M_z = M_{ef}$，铝盘匀速运转。铝盘在上述 M_{ef} 与 M_z 二者的同时作用下，铝盘受力有使框架 6 绕轴 9 方向顺时针方向偏转的趋势，但受到弹簧 7 的阻力。

线圈中的电流越大,则框架受力也越大,当电流增大到继电器的动作电流值 I_{op} 时,框架克服弹簧 17 的阻力而顺时针偏转,使铝盘前移(参看图 7-10),使螺杆 5 与扇形齿轮 6 啮合,扇形齿轮随着铝盘旋转而上升,启动了继电器的感应系统。当铝盘继续旋转使扇形齿轮上升抵达摇柄 7 时,将摇柄顶起,使衔铁 8 的右端因与铁芯 1 的空气隙减小而被吸向铁芯,接点 9 闭合,同时使信号牌(图 7-8)掉下,表示继电器已经动作。从继电器启动(螺杆与扇形齿轮啮合瞬间)到接点闭合的这段时间,称为继电器的动作时限。

图 7-13 所示为 GL-10 系列感应式电流继电器的时限特性曲线。通过线圈的电流越大,铝盘转动也越快,动作时限就越短,这就是感应式电流继电器的反时限特性,如图 7-13 中曲线的 ab 段。

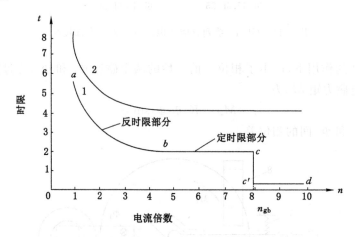

图 7-13　GL-10 系列感应式电流继电器的时限特性曲线

当继电器线圈的电流继续增大,铁芯逐渐达到饱和状态时,M_{ef} 不再随 I_k 增大而增大,继电器的动作时限也不再减小,即进入定时限部分,如曲线中的 bc 段。这种有一定限度的反时限特性,称为有限反时限特性。

当继电器线圈中电流再继续增大到电磁系统的动作电流时,衔铁的右端被吸向铁芯,摇柄 7 向上运动使接点 9 瞬时闭合,电磁系统瞬时动作,进入曲线的"速断"部分,如曲线中的从 $cc'd$ 段。电磁系统的动作时间一般为 0.05~0.1 s。

由图 6-13 所示,动作特性曲线上对应于开始速断时间的动作电流倍数,称为速断电流倍数 n_{qb},GL-10、GL-20 系列电流继电器的速断电流倍数 $n_{qb}=2$~8。

当线圈中的电流减小到一定程度时,弹簧 17 将框架 4 拉回,使扇形齿轮 6 与螺杆 5 脱离,继电器则返回。

2. 动作电流与动作时限的调节

通入继电器线圈中的电流能使螺杆与扇形齿轮相啮合时的最小值,称继电器感应系统的动作电流。继电器感应系统的返回电流,是通入继电器线圈中的电流能使螺杆与扇形齿轮从啮合状态相脱离的最大值。

继电器感应系统的动作电流是利用插销 12(图 7-10)改变继电器线圈抽头的方法来调节,也可利用调节弹簧 17 的拉力来进行平滑的细调。

感应系统的动作时限,可以通过转动螺杆 13 使挡板 14 上下移动,改变扇形齿轮的起始位置来调节。扇形齿轮与摇柄的距离越大，则在一定电流作用下，继电器动作时限越长。

由于 GL-10 系列感应式继电器的动作时限与通过继电器线圈的电流大小有关，所以，继电器铭牌上标注的时间均指 10 倍动作电流时的动作时间。其他电流值时的动作时限可从对应的时限特性曲线上查得。

电磁系统的动作电流，可通过调节螺钉 18 改变衔铁右端与铁芯之间的空气隙来调节，气隙越大，速断动作电流也越大。

GL-10 系列继电器的优点是，接点容量大，能直接作用于断路器跳闸，本身还具有机械掉牌装置，不需附加其他继电器就能实现有时限的过电流保护作用和信号指示作用。其缺点是，结构复杂，精确度较低，感应系统惯性较大，动作后不能及时返回，为了保证其动作的选择性必须加大时限阶段。

（三）整流型 LL-10 系列反时限过电流继电器

LL-10 系列反时限过电流继电器是 GL 型继电器的替代产品，它采用晶体管元件的整流方式工作，所以噪声低、功耗小、动作准确性高、安装尺寸小，其动作特性和 GL 型继电器完全一致，现将其工作原理叙述如下。

图 7-14 为 LL-13A、LL-14A 型继电器的内部接线图。

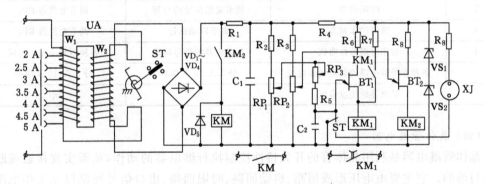

图 7-14　LL-13A、LL-14A 型继电器的内部接线图
UV——电流变换器；ST——启动接点；VD₁～VD₅——二极管；BT₁，BT₂——单结晶体管；
VS₁，VS₂——稳压二极管；RP₁～RP₂——电位器；XJ——测试插孔

LL-10 系列电流继电器均有一只电流变换器 UA（电流变换器实际上就是一个小电流互感器，其一次绕组匝数少、导线粗，且铁芯也没有气隙，因此励磁电流很小，励磁阻抗很大，可认为一次侧的电流基本上都变换到二次侧，因此，铁芯不饱和时，一、二次电流成比例且和线圈匝数成反比），其线圈一次绕组 W_1 的一端直接引出接线，另一端分 7 个抽头引出，用来调节并整定继电器的动作电流。二次绕组 W_2 是一个匝数很多的线圈，它和一个桥式整流电路相连接，整流输出的电压即为晶体管电路的工作电源。电阻 R_1、R_2，电容器 C_1 和稳压管 VS_1、VS_2 组成滤波、稳压电路。UA 铁芯的一侧还有一个中心转动舌片形衔铁，其上所带接点为 ST，接入到电路中。正常时 ST 的常闭接点将电路中的 C_2 短接，单结晶体管 BT_1、BT_2 不能触发，继电器不动作。

当通入继电器的电流达到整定的动作值时，ST 接点由衔铁的转动而转换，常闭接点打开，C_2 开始充电。当 C_2 的电压达到 BT_1 的触发值时，BT_1 触发导通，KM_1 有电动作，又触

发 BT_2 使 KM_2 有电动作，KM_2 的常开接点闭合，使 KM 得电动作，KM 的常开接点闭合而接通相应的回路。继电器的动作时间取决于 C_2 上的电压达到 BT_1 的触发值的时间。该时间除和电路的时间常数相关外，另一方面取决于 RP_1 上的压降，而 RP_1 上的电压又是由加入继电器的电流转变到 W_2 上的电压值来确定的，即加入继电器 W_1 中的电流越大，W_2 上的电压就越高，动作时间就越短。当加入继电器的电流转换成 W_2 上的电压增大到一定程度，在 RP_2 上的分压达到 BT_2 的触发值时，不等 BT_1 动作，BT_2 已先触发接通 KM_2，然后接通 KM，使继电器无延时动作。

当继电器在延时动作过程中通入继电器的电流小于动作值时，ST 复位，C_2 被短接，继电器将返回原来状态。另外，当继电器动作，接通保护出口回路，断路器将故障电路切除后，继电器中无故障电流经过 W_1，继电器也将立即返回。

GL-10 系列继电器与 LL-10 系列继电器功能对照见表 7-1。

表 7-1　　　　　　　　GL-10 系列继电器与 LL-10 系列继电器功能对照表

编号	项目	GL-10 系列继电器	LL-10 系列继电器
1	感应系统动作电流调节	改变线圈匝数	改变线圈匝数
2	时限调整	调节扇形齿轮的行程	调节电位器 RP_1
3	瞬时动作调节	调节瞬动螺钉	调节电位器 RP_2
4	动作时限特性曲线	依继电器的型号确定	各种型号不完全相同
5	各种型号继电器的额定动作电流	分 5 A、10 A 两种	分 5 A、10 A 两种
6	继电器的接点容量	大	小

（四）晶体管继电器

晶体管继电器是利用晶体管的开关特性控制执行继电器的动作，从而实现接通或断开电路目的的。它主要由电压形成回路、启动回路、时限回路、出口信号回路以及工作电源等五个组成部分。下面以图 7-15 为例介绍晶体管继电器的工作原理。

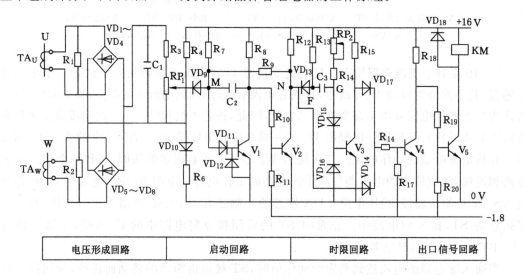

图 7-15　晶体管继电器原理图

1. 电压形成回路

电压形成回路由电流互感器 TA_U、TA_w，桥式整流环节 $VD_1 \sim VD_8$，滤波环节 C_1、R_3，及定值电位器 RP_1 组成。其主要作用是将被保护线路中的强电交流信号转换为弱电直流信号，经 RP_1 输出。

2. 启动回路

启动回路主要由三极管 V_1、V_2 组成的触发器构成。当被保护线路正常运行时，定值电位器 RP_1 的输出电压小于比较电压（VD_{10} 与 R_6 上的电压），VD_9 导通后的箝位作用使 M 点为高电位，此时 V_1 饱和导通，V_2 截止，N 点为高电位。

当被保护线路发生过电流故障时，RP_1 的输出电压大于比较电压，VD_9 导通使 M 点为低电位，此时，V_1 截止，V_2 导通，N 点电位接近于 0 V。当继电器在动作前故障消除时，电位器 RP_1 的输出电压小于比较电压，触发器迅速翻转回原态（V_1 导通，V_2 截止），此时相当于继电器返回。

可见，晶体管继电器的动作值决定于电位器 RP_1 输出电压的大小。改变 RP_1 的值，可调整继电器的动作电流值。

3. 时限回路

时限回路是利用电容器 C_3 放电来实现延时的。当线路正常运行时，三极管 V_2 处于截止状态。三极管 V_3 由 RP_2、R_{14} 和 VD_{15} 供给基极电流而饱和导通，同时 C_3 经 R_{13}、VD_{15}、V_3 充电。当 C_3 充电结束后，F 点电位为 $+16$ V，G 点电位接近于 0 V（为 VD_{15} 和 V_3 的正向压降），V_4 由 R_{12}、VD_{14}、R_{16} 取得基极电流而导通。

当线路发生故障时，触发器翻转，V_1 截止，V_2 导通，于是 F 点电位降至 0 V（下降了 16 V）。由于电容器两端电压值不能突变，因此 G 点电位也下降 16 V，即 -16 V，从而使 V_3 截止。这时 V_4 改由 R_{15}、VD_{17} 获得基极电流而保持导通状态。

由于 V_2 的导通，电容 C_3 经 VD_{13}、V_2、RP_2、R_{14} 放电，使 G 点电位逐渐上升，当 V_3 的基极电位大于 V_3 的 U_{be}（约 0.6 V）时，V_3 导通。这时 V_2、V_3 均处于导通状态，使 V_4 基极电位为低电位，V_4 截止，V_5 导通，接通出口信号回路，KM 吸合而动作。

由以上分析可知，晶体管继电器的动作时限，就是 C_3 放电时 G 点电位由 -16 V 升到使 V_3 的基极电位大于 0.6 V 的时间。因此，要调整保护装置的动作时限，可通过改变电位器 RP_2 的数值来实现。

4. 出口信号回路

上述时限元件动作后，V_4 截止，V_5 导通，执行继电器 KM 通电动作，使断路器跳闸并发出信号。

与电磁式继电器和感应式继电器相比，晶体管继电器具有以下特点：

（1）晶体管继电器的动作时限、动作电流均依靠各种电子电路（无触点装置）来调整，因而无磨损和接触不良等情况。

（2）晶体管继电器维护简单、调整方便，且保护装置的组成及配合亦较方便，容易获得多种保护。

（3）由于晶体管设备消耗功率小并有放大作用，因而灵敏度高，且可以减轻电流互感器的负担，因此可使用容量较小的互感器。

（4）由于晶体管电路易受交流、直流系统干扰波的影响，易造成误动作，因此晶体管继电器的抗干扰能力差。

三、微机保护装置

与传统的模拟式继电保护相比较,微机保护可充分利用和发挥计算机的储存记忆、逻辑判断和数值运算等信息处理功能,在应用软件的配合下,有极强的综合分析和判断能力,可靠性很高。

微机保护的特性主要是由软件决定的,所以保护的动作特性和功能可以通过改变软件程序来获取,且有较大的灵活性。它具有较完善的通信功能,便于构成综合自动化系统,可最终实现无人值班,提高系统运行的自动化水平。

目前,我国许多电力设备的生产厂家已有很多成套的微机保护装置投入现场运行,并在电力系统中取得了较成功的运行经验。

(一)微机保护的构成

典型的微机保护系统主要由数据采集部分、微机系统、开关量输入/输出系统三部分组成。如图 7-16 所示。

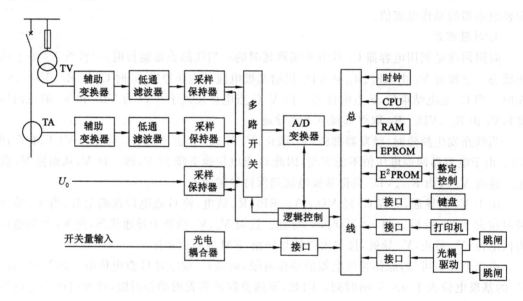

图 7-16 微机继电保护装置硬件系统示意框图

数据采集部分包括交流变换、电压形成、模拟低通滤波、采样保持、多路转换以及模/数转换等,功能是将模拟输入量准确地转换为所需的数字量。

微机系统是微机保护的核心部分,包括 CPU、RAM、EPROM、E^2PROM、可编程定时器、控制器等。功能是根据预定的软件,CPU 执行存放在 EPROM 和 E^2PROM 中的程序,运用其算术和逻辑运算的功能,对由数据采集系统输入至 RAM 区的原始数据分析处理,从而完成各种保护功能。

开关量输入/输出系统由若干个并行接口适配器、光电隔离器及有接点的中间继电器等组成,以完成各种保护的出口跳闸、信号报警、外部接点输入及人机对话等功能。该系统开关量输入通道的设置是为了实时地了解断路器及其他辅助继电器的状态信号,以保证保护动作的正确性,而开关量的输出通道则是为了完成断路器跳闸及信号报警等功能设计的。

微机保护系统的基本工作过程如下：当供电系统发生故障时，故障信号将由系统中的电压互感器和电流互感器传入微机保护系统的模拟量输入通道，经 A/D 转换后，微机系统对这些故障信号按固定的保护算法进行运算，并判断是否有故障存在。一旦确认故障在保护区域内，则微机系统将根据现有断路器及跳闸继电器的状态来决定跳闸次序，经开关量输出通道输出跳闸信号，从而切除系统故障。

（二）微机保护的软件设计

微机保护的软件设计就是建立保护的数学模型。所谓数学模型，它是微机保护工作原理的数学表达式，也是编制保护计算程序的依据。通过不同的算法可以实现各种不同的保护功能，模拟式保护的特性和功能完全由硬件决定，而微机保护的硬件是共同的，保护的特性与功能主要由软件所决定。

供电系统继电保护的种类很多，不管哪一类保护的算法，其核心问题都是要算出可表示被保护对象运行特点的物理量，如电压、电流的有效值和相位等，或者算出它们的序分量，或基波分量，或谐波分量的大小和相位等。有了这些基本电气量的值，就可以很容易地构成各种不同原理的保护。所以讨论这些基本电量的算法是研究微机保护的重点之一。

目前微机保护的算法较多，常用的有导数算法、正弦曲线拟合法（采样值积算法）、傅里叶算法等，由于篇幅关系，不再详述。值得一提的是，目前许多生产厂家已将微机保护模块化、功能化，例如线路微机保护模块、变压器微机保护模块、电动机微机保护模块等，用户可根据需要直接选购，使用方便。

（三）微机电流保护应用举例

图 7-17 为微机电流保护的计算流程框图，其中包括正常运行、带延时的过流保护和电流速断保护三部分。

在供电系统正常运行时，微机保护装置连续对系统的电流信号进行采样。为了判断是否故障，采用正弦曲线拟合法（即三采样值积算法）对数据进行运算处理，该算法的公式为

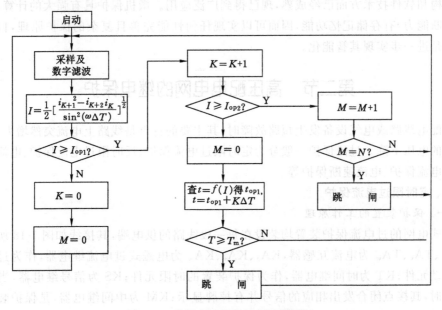

图 7-17　微机电流保护计算流程框图

$$I = \frac{1}{2}\left[\frac{i_{K+1}^2 - i_{K+2}i_K}{\sin^2(\omega \Delta T)}\right]^{\frac{1}{2}} \tag{7-9}$$

由此求得电流有效值,将它与过流保护动作整定值 I_{op1} 和电流速断保护整定值 I_{op2} 进行比较。当计算出来的电流小于 I_{op1} 和 I_{op2} 时,说明系统运行正常,微机保护装置不发出跳闸指令。

当供电系统发生故障时,计算出的 I 大于定值 I_{op1} 时,保护程序进入带延时的过电流保护部分,这时计数器 K 加 1。K 的作用是计算从故障发生开始所经过的采样次数。如果 I 小于 I_{op2} 神,则对第 2 个计数器 M 清零,同时,运行程序通过查表的方式查询过电流继电器的时间、电流特性。该特性 $t=f(I)$ 反映了在特定电流数值条件下,过流延时跳闸的起始时间,即可得到在动作电流为 I_{op1} 时的起始时间 t_{op1}。用 t_{op1} 和故障发生所经历的时间 $K\Delta T$ 相加之后,与过流保护的延时时限 T_m 相比较,当 $t_{op1}+K\Delta T \geqslant T_m$ 时,保护发出跳闸命令,完成带延时的过流保护运算。

当 $I \geqslant I_{op2}$ 时,保护计算进入电流速断部分。此时 M 开始计数,直到它到达某一固定数值 N 时,就发出跳闸命令。N 是一个延时,用于躲过系统故障时出现的尖脉冲。设 $f_s=16f_0$,取 $N=4$,表示速断动作具有 1/4 工频周期的延时。

四、继电保护的发展和现状

继电保护是随着电力系统的发展而发展起来的。19 世纪后期,熔断器作为最早、最简单的保护装置已经开始使用,但随着电力系统的发展,电网结构日趋复杂,熔断器早已不能满足选择性和快速性的要求。到 20 世纪初,出现了作用于断路器的电磁型继电保护装置。20 世纪 50 年代,由于半导体晶体管的发展,开始出现了晶体管式继电保护装置。随着电子工业向集成电路技术的发展,20 世纪 80 年代后期,集成电路继电保护装置已逐步取代晶体管继电保护装置。

随着大规模集成电路技术的飞速发展,微处理机和微型计算机的普遍使用,微机保护在硬件结构和软件技术方面已经成熟,现已得到广泛应用。微机保护具有强大的计算、分析和逻辑判断能力,有存储记忆功能,因而可以实现任何性能完善且复杂的保护原理,目前的发展趋势是进一步实现其智能化。

第二节　高压配电电网的继电保护

输配电线路或电气设备发生短路故障时,其主要的特点是线路上电流突然增大,同时故障相间的电压下降。过流保护一般分为定时限过电流保护、反时限过电流保护、电流电压连锁的过电流保护、电流速断保护等。

一、定时限过电流保护

(一)保护装置的工作原理

开式电网的过电流保护装置均装设在每一段线路的供电端,其接线如图 7-18 所示。图中 TA_u、TA_v、TA_w 为电流互感器,KA_u、KA_v、KA_w 为电磁式过电流继电器,作为过电流保护的启动元件;KT 为时间继电器,作为保护装置的时限元件;KS 为信号继电器,当保护装置动作时,其接点闭合发出相应的信号并有掉牌显示;KM 为中间继电器,是保护装置的执行元件;YR 为断路器的跳闸线圈;QF_1 为断路器操作机构控制的辅助常开接点。保护装置采用三相完全星形接线方式。

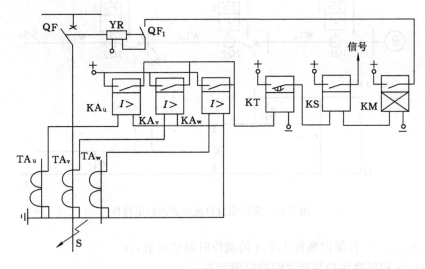

图 7-18　定时限过电流保护原理接线图

在正常情况下,线路中流过的是工作电流,其值小于继电器的动作电流,继电器不能动作。当线路保护范围内的 S 点发生短路故障时,流过线路的电流剧增,当电流达到电流继电器的整定值时,电流继电器动作,其常开接点闭合,接通时间继电器的 KT 线圈回路;该接点经过一定延时后闭合,接通信号继电器 KS 线圈回路,KS 接点闭合,接通灯光、音响信号回路;信号继电器本身具有掉牌显示功能,指示该保护装置动作。在 KT 接点闭合接通信号继电器的同时,中间继电器 KM 线圈也同时得电,其接点闭合使断路器跳闸线圈 YR 有电,动作于断路器跳闸,切除故障线路。断路器 QF 跳闸后,QF_1 随即打开,断开断路器跳闸线圈回路,以避免直接用 KM 接点断开跳闸线圈时,其接点被电弧烧坏。线路故障切除后,保护装置中除信号牌需手动复位外,其他继电器均自动返回到起始状态,完成保护装置的全部动作过程。待跳闸回路的隔离开关断开后,再手动复位信号牌,以备下次动作的需要。

（二）保护装置的时限特性

下面以图 7-19 为例说明单侧电源的辐射式线路定时限过电流保护的时限特性。

线路 WL_1、WL_2、WL_3、分别装设定时限过电流保护装置。当线路 WL_3 的 S_1 点发生短路时,短路电流由电源经过线路 WL_1、WL_2、WL_3 流至短路点 S_1。当短路电流大于各保护装置的动作电流值时,三个过流保护装置都将启动。为满足选择性要求,距故障点最近的保护装置 3 应动作使断路器 3QF 跳闸,切除 WL_3 故障线路。而保护装置 1、2 仅有电流继电器启动,但不作用于跳闸,在故障切除后应可靠返回。因此,为了保证保护装置动作的选择性,必须使保护装置 1、2 的动作时限大于保护装置 3 的动作时限。当保护装置 3 动作于跳闸后,保护装置 1、2 可自动返回。因此,各保护装置之间动作时限的配合应满足式(7-10)。

$$
\left.
\begin{array}{l}
t_1 > t_2 > t_3 \\
t_2 = t_3 + \Delta t \\
t_1 = t_2 + \Delta t = t_3 + 2\Delta t
\end{array}
\right\}
\tag{7-10}
$$

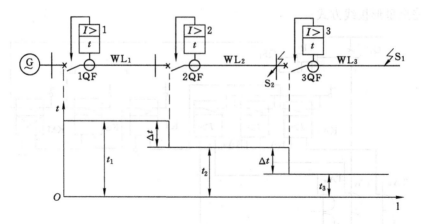

图 7-19 定时限过电流保护的时限特性

式中　t_1、t_2、t_3——各保护装置 1、2、3 的动作时限整定值，s；

　　　Δt——相邻两保护装置之间的时限级差，s。

由上述可知，保护装置的动作时限从线路的末端到电源端逐级增加，越靠近电源，动作时限越长。这种确定保护装置动作时限的方法被称为时限的阶梯原则。相邻两保护之间的时限级差，取决于断路器的跳闸时间和时限元件的动作误差，再适当考虑一定的裕量时间。一般定时限过流保护装置的时限级差取 $\Delta t = 0.5 \sim 0.7$ s，反时限过电流保护装置的时限级差取 $\Delta t = 0.7 \sim 0.9$ s。

定时限过电流保护装置的动作时限是由时间继电器的整定值决定的，只要通过电流继电器的电流值大于其动作电流值，保护装置就会启动，但其动作时限的长短与短路电流的大小无关。所以把具有这种时限特性的过电流保护称为定时限过电流保护。

为了达到保护装置拒动时能可靠地切除故障线路之目的，每段线路的保护装置，除保护本段线路外，还应作为下一级线路的后备保护，如图 7-20 所示。当 S_1 点发生短路时，线路 WL_3 的保护装置 3 如果拒绝动作，则经过一定延时后保护装置 2 动作，将故障线路切除，所以保护装置 2 是线路 WL_3 的后备保护。

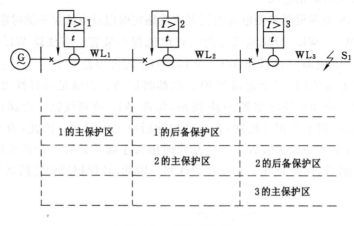

图 7-20 保护区的划分

（三）保护装置的整定计算

过电流保护装置的整定计算主要是针对动作电流和动作时限。

1. 动作电流的整定

过电流保护装置的动作电流应满足以下两个条件：

（1）应躲过正常最大工作电流 I_{wmax}，即

$$I_{op} > I_{wmax}$$
$$I_{wmax} = K_{std} I_{ca} \tag{7-11}$$

式中　I_{op}——保护装置的一次侧动作电流，A；

　　　I_{wmax}——线路最大工作电流，A；

　　　K_{std}——电动机的自动启动系数，一般取 1.5～3；

　　　I_{ca}——线路的最大长时工作电流，A。

（2）当已启动的保护装置还未达到动作时限，该线路中的电流又恢复到最大工作电流时，已启动的继电器应能可靠地返回。

由图 6-20 可知，当 S_1 点发生短路故障时，短路电流同时流过保护装置 1、2、3，这些保护装置都同时启动，但保护装置 3 首先动作，切除故障线路，当短路电流消失后，线路中仍有工作电流通过保护装置 1、2，为了保证选择性，已启动的继电器 1、2 应该返回。因此，要求返回电流 I_{re} 应大于最大工作电流，即

$$I_{re} > I_{wmax}$$
$$I_{re} = K_k I_{wmax} \tag{7-12}$$

式中　K_k——可靠系数，一般取 1.15～1.25。

依继电器的返回系数 $K_{re} = I_{re}/I_{op}$，则保护装置一次侧的动作电流为

$$I_{op} = \frac{I_{re}}{K_{re}} = \frac{K_k}{K_{re}} I_{wmax} = \frac{K_k K_{std}}{K_{re}} I_{ca} \tag{7-13}$$

再考虑保护装置的接线系数 K_{kx} 和电流互感器的变比 K_i，则继电器的动作电流 I_{opk} 为

$$I_{op.k} = \frac{K_k K_{kx}}{K_{re} K_i} I_{wmax} = \frac{K_k K_{kx} K_{std}}{K_{re} K_i} I_{ca} \tag{7-14}$$

继电器的返回系数 K_{re}，对 DL 型继电器取 0.85；对 GL 型继电器取 0.8；对晶体管继电器取 0.85～0.90。

2. 灵敏度校验

按躲过最大工作电流整定的过电流保护装置，能保证在线路正常工作时，过电流保护装置不会误动作。但是，还需保证在被保护范围内发生各种类型的短路故障时，继电保护装置都能灵敏动作。因此要求最小的短路电流必须大于动作电流，这一点由灵敏度系数来保障。保护装置的动作灵敏度系数可用下式校验：

$$\left. \begin{array}{l} K_r = \dfrac{I_{smin}^{(2)}}{I_{op}} \\[2mm] \text{或}\quad K_r = \dfrac{I_{skmin}^{(2)}}{I_{opk}} \end{array} \right\} \tag{7-15}$$

式中　K_r——保护装置的灵敏度系数；

　　　$I_{smin}^{(2)}$——保护区末端的最小两相短路电流，A；

I_{op}——保护装置的一次侧动作电流,A;

$I_{skmin}^{(2)}$——保护区末端发生最小两相短路时流过继电器的电流,A;

I_{opk}——继电器的动作电流,A。

关于保护装置灵敏度系数的最小允许值,对主保护区,要求 $K_r \geq 1.5$;对后备保护区,要求 $K_r \geq 1.2$。

当计算的灵敏度不满足要求时,必须采取提高灵敏度系数的措施,如改变保护装置的接线方式,降低继电器的动作电流等。如果灵敏度系数还达不到要求,应改变保护方案。

3. 保护装置的时限整定

定时限过电流保护装置的时限整定应遵守时限的阶梯原则。为了使保护装置以最小时限切除故障线路,位于电网末端的过电流保护装置不设延时元件,其动作时间等于电流继电器和中间继电器本身固有的动作时间之和,一般为 $0.07 \sim 0.09$ s。

靠近电源侧的各级保护装置的动作时间,取决于时限级差 Δt 的大小。时限级差 Δt 的取值应既能满足上、下级保护动作的选择性要求,又使保护的动作时间尽可能小。Δt 越小,各级保护装置的动作时限越小,但 Δt 不可过小,否则不能保证选择性要求。

(四)定时限过电流保护的特点

定时限过电流保护的特点是,动作时限比较准确,整定比较简单,所需继电器的数量多,接线复杂,需要直流电源。当供电线路级数较多时,靠近电源线路的保护装置的动作时限长。

(五)实例

【例 7-1】 设图 7-19 为中性点对地绝缘的供电系统,线路 WL_2 的最大工作电流为 170 A,在最小运行方式下,S_1 点的三相短路电流为 500 A,S_2 点的三相短路电流为 700 A。试确定保护装置 2 的接线方式、电流继电器的动作电流和动作时间(设电流互感器的变比为 200/5)。

【解】 1. 考虑采用差接接线方式

电流继电器的动作电流为

$$I_{opk} = \frac{K_k K_{kx}}{K_{re} K_i} I_{wmax} = \frac{1.2 \times \sqrt{3}}{0.8 \times 200/5} \times 170 = 11.04 \text{ A}$$

查表 7-2,选用 DL-34 型电流继电器 $K_{re} = 0.8$。然后进行灵敏度校验。

表 7-2　　　　　　　　　　DL-20(30)系列电流继电器技术数据

型号	电流整定范围/A	线圈串联		线圈并联		返回系数	最小整定电流时的功率消耗/V·A	接点数	
		动作电流/A	长时允许电流/A	动作电流/A	长时允许电流/A			常开	常闭
DL-21 DL-31	0.012 5~0.05	0.012 5~0.025	0.08	0.025~0.05	0.16	0.8	0.4	1	
DL-22	0.05~0.2	0.05~0.1	0.3	0.1~2	0.6	0.8	0.5		1
DL-23 DL-32	0.015~0.6	0.015~0.3	1	0.3~0.6	2	0.8	0.5	1	1

型号	电流整定范围/A	线圈串联		线圈并联		返回系数	最小整定电流时的功率消耗/V·A	接点数	
		动作电流/A	长时允许电流/A	动作电流/A	长时允许电流/A			常开	常闭
DL-24 DL-33	0.5～2	0.5～1	4	1～2	8	0.8	0.5	2	
DL-25	1.5～6	1.5～3	6	3～6	12	0.8	0.5		2
DL-34	1.25～50	1.25～25	20	25～50	40	0.8	6.5	2	2

对主保护区

$$K_r = \frac{I_{s2min}^{(2)}}{I_{op}} = \frac{\frac{\sqrt{3}}{2} \times 700}{11.04 \times 200/5} = 1.37 < 1.5$$

对后备保护区

$$K_r = \frac{I_{s1min}^{(2)}}{I_{op}} = \frac{\frac{\sqrt{3}}{2} \times 500}{11.04 \times 200/5} = 0.98 < 1.2$$

经过计算，说明采用差接接线，保护装置的灵敏度不符合规定要求，因此改用不完全星形接线。

2. 采用不完全星形接线

电流继电器的动作电流为

$$I_{opk} = \frac{K_k K_{kx}}{K_{re} K_i} I_{wmax} = \frac{1.2 \times 1}{0.8 \times 200/5} \times 170 = 6.38 \text{ A}$$

查表 7-2，仍选用 DL-34 型电流继电器。然后进行灵敏度校验。

对主保护区

$$K_r = \frac{I_{s2min}^{(2)}}{I_{op}} = \frac{\frac{\sqrt{3}}{2} \times 700}{6.38 \times 200/5} = 2.38 < 1.5$$

对后备保护区

$$K_r = \frac{I_{s2min}^{(2)}}{I_{op}} = \frac{\frac{\sqrt{3}}{2} \times 500}{6.38 \times 200/5} = 1.70 < 1.2$$

通过上述校验，说明采用不完全星形接线，保护装置的灵敏度符合要求。

3. 时限确定

设保护装置 3 位于电网末端，应设瞬动保护装置，其动作时限 $t_3 = 0$ s。取时限级差 $\Delta t = 0.5$ s，保护装置 2 的动作时限为

$$t_2 = t_3 + \Delta t = 0 + 0.5 = 0.5 \text{ s}$$

查表 7-3，选用 DS-112 型时间继电器。

表 7-3　　　　　　　　　　　**DS-110(120)系列时间继电器技术数据**

型号	电流种类	额定电压/V	时间整定范围/S	动作电压（不大于）/%	返回电压（不小于）/%	功率损耗/W	接点数量		
							常开	切换	滑动
DS-111C	直流	24 48 110 220	0.1～1.3	70	5	12	1	1	
DS-112C			0.25～3.5						
DS-113C			0.5～9						
DS-111			0.1～1.3						
DS-112,DS-115			0.25～3.5						
DS-113,DS-116			0.5～9						
DS-121	交流	110 110 127 220 380	0.1～1.3	85		36			1
DS-122,DS-125			0.25～3..5						
DS-123,DS-126									

二、开式电网的反时限过电流保护

反时限过电流保护的基本元件是 GL 型感应式电流继电器，晶体管继电器也可组成反时限过电流保护装置。其原理接线如图 7-21 所示，由 GL 型感应式电流继电器构成不完全星形接线方式。GL 型感应式电流继电器既有启动元件，又有时限元件和掉牌显示信号装置，所以，可不用时间继电器和信号继电器。由于该继电器接点容量较大，能直接作用于跳闸，可不用中间继电器。因此，该保护装置所用设备较少，接线简单。

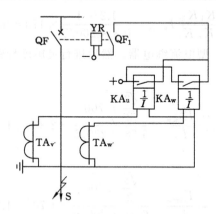

图 7-21　反时限过电流保护装置原理接线图

这种保护的特点是，在同一线路不同地点短路时，由于短路电流大小不等，因而保护具有不同的动作时限。短路点越靠近电源端，则短路电流越大，动作时限越短。

（一）动作电流的整定

反时限过电流保护装置的动作电流整定计算、灵敏度校验，与定时限过电流保护装置的整定计算相同，此处不再赘述。

（二）动作时限的整定

为了保证动作的选择性,反时限过电流保护装置的时限整定,也应满足时限的阶梯原则。由于感应式电流继电器的动作时限与供电线路短路电流的大小有关,在其保护范围内短路时要满足选择性要求,因此相邻线路之间保护装置的时限配合较复杂。下面以图7-22中保护装置1为例说明时限整定的方法和步骤。

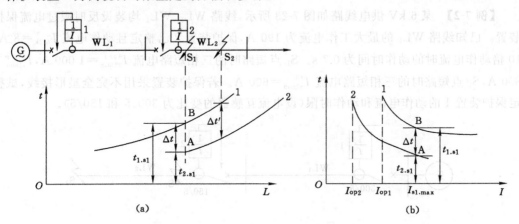

图 7-22　反时限过电流保护的时限配合

由于线路 WL_1、WL_2 均装设反时限过电流保护装置,且保护装置的动作时限与短路电流的大小有关,为了满足保护装置动作的选择性,则确定线路 WL_2 的首端 S_1 点为保护装置1和2的时限配合点。因为,当两段线路的保护装置均采用同一型号的继电器,只有在 S_1 点短路时,同时流过两个保护装置的电流最大,由图7-22可知,保护装置1与保护装置2的动作时限级差最小(曲线1与曲线2的间距最小)。若在该点(S_1 点)发生最大三相短路时能满足1、2两保护装置的时限级差不小于 Δt,则其他任何一点短路时,都能满足时限配合的要求,即满足了选择性的要求。

假定保护装置2的动作时限已经确定,如图7-22(b)中的曲线2。确定整定保护装置1的时限时,首先计算出配合点 S_1 处短路时的最大三相短路电流 $I_{s1max}^{(3)}$,再确定在 $I_{s1max}^{(3)}$ 短路电流作用下保护装置2的动作时限 t_{2s1},如图6-22中曲线2的A点。在 $I_{s1max}^{(3)}$ 短路电流作用下,保护装置1也会启动,依选择性要求,其动作时限 t_{1s1} 应比保护装置2在此点的动作时限 t_{2s1} 大一时限级差 Δt,即

$$t_{1s1} = t_{2s1} + \Delta t \tag{7-16}$$

由于感应式继电器的铝盘转动有惯性,动作时限的误差较大,所以其动作时限级差一般取 $\Delta t = 0.7 \sim 0.9$ s。

整定保护装置1的步骤如下:

(1)根据动作电流 I_{op1} 选好继电器的电流调整插销的位置。

(2)根据 S_1 点的最大三相短路电流及动作时间 t_{1s1} 调整继电器的时限特性曲线,即当线路中流过 $I_{s1max}^{(3)}$ 时,其动作时间恰好是整定时限 t_{1s1}。

（三）反时限过电流保护装置的优缺点

其优点是,在线路靠近电源端短路时,动作时间较短,保护装置接线简单。缺点是,时限

配合较复杂,误差较大,虽然每条线路靠近电源端短路时动作时限比该线路末端短路时动作时限短,但当线路级数较多时,由于时限级差 Δt 较大,电源侧线路的保护装置动作时限反而较定时限保护有所延长。

反时限过电流保护主要用于 10 kV 及以下的配电线路和电动机保护上。

(四)实例

【例 7-2】 某 6 kV 供电线路如图 7-23 所示,线路 WL_1、WL_2 均装设反时限过电流保护装置。已知线路 WL_1 的最大工作电流为 190 A,保护装置 2 已整定且动作电流 $I_{op2k}=8$ A,10 倍动作电流时的动作时间为 0.7 s。S_1 点短路时的三相短路电流 $I_{s1max}^{(3)}=1\,000$ A,$I_{s1min}^{(3)}=800$ A,S_2 点短路时的三相短路电流 $I_{s2min}^{(3)}=600$ A。若保护装置采用不完全星形接线,试整定保护装置 1 的动作电流和动作时限(设电流互感器的变比为 300/5 和 150/5)。

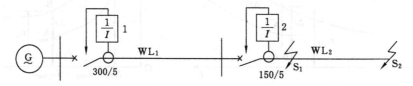

图 7-23 例 7-2 图

【解】1. 保护装置动作电流的整定

电流继电器的动作电流为

$$I_{op1k}=\frac{K_k K_{kx}}{K_{re} K_i}I_{wmax}=\frac{1.2\times 1}{0.8\times 300/5}\times 190=4.75 \text{ A}$$

保护装置 1 的动作电流整定为 5 A。然后进行灵敏度校验。

对主保护区

$$K_r=\frac{I_{s1min}^{(2)}}{I_{op}}=\frac{\frac{\sqrt{3}}{2}\times 800}{5\times 300/5}=2.31<1.5$$

对后备保护区

$$K_r=\frac{I_{s2min}^{(2)}}{I_{op}}=\frac{\frac{\sqrt{3}}{2}\times 600}{5\times 300/5}=1.37<1.2$$

满足灵敏度要求。

2. 计算保护装置 2 的实际动作时间 t_{2s1}

已知 $I_{op2k}=8$ A,10 倍动作电流时间为 0.7 s,S_1 点短路时流过保护装置 2 电流继电器的电流和动作电流倍数为

$$I_{s1k2}=\frac{K_{kx}I_{s1max}^{(3)}}{K_i}=\frac{1\times 1\,000}{150/5}=33.3 \text{ A}$$

$$N_2=\frac{I_{s1k2}}{I_{op2k}}=\frac{33.3}{8}=4.2$$

根据动作电流倍数 $N_2=4.2$,查图 7-24,可得 $t_{2s1}=1$ s。

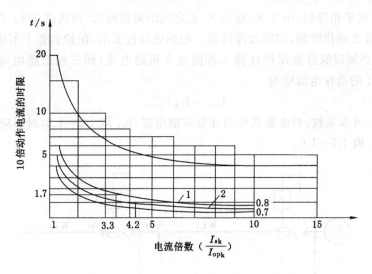

图 7-24　GL-10 型电流继电器特性曲线

1——保护装置 1 的特性曲线；2——保护装置 2 的特性曲线

3. 保护装置 1 的时限整定

保护装置 1 在 S_1 点发生最大三相短路电流时的动作时限应为

$$t_{1s1} = t_{2s1} + \Delta t = 1 + 0.7 = 1.7 \text{ s}$$

S_1 点短路时流过保护装置 1 电流继电器的电流和动作电流倍数为

$$I_{s1k1} = \frac{K_{kx} I_{s1\max}^{(3)}}{K_i} = \frac{1 \times 1\,000}{300/5} = 16.7 \text{ A}$$

$$N_1 = \frac{I_{s1k1}}{I_{op1k}} = \frac{16.7}{5} = 3.3$$

利用 $N_1 = 3.3$，$t_{1s1} = 1.7$ s，查图 6-24 知，保护装置 1 的 10 倍动作电流时的动作时间为 0.8 s。

三、电流速断保护

前述带时限的过电流保护装置，是为了满足动作的选择性要求，前一级保护的动作时限要比后一级保护的动作时限延长一个时限级差 Δt。越靠近电源处，保护装置的动作时间越长。越靠近电源，发生短路时的短路电流越大，其危害就更加严重，因此《电力装置的继电保护和自动装置设计规范》(GB/T 50062—2006)规定，在过电流保护装置的动作时限超过 0.5～0.7 s 时，应装设瞬动的电流速断保护装置。电流速断保护装置有无时限（瞬时）电流速断保护和限时电流速断保护两种。

(一) 无时限电流速断保护

1. 动作电流的整定

无时限电流速断装置简称电流速断装置，它是一种瞬时动作的过电流保护装置。为了保证前后两级瞬动的电流速断保护的选择性，速断保护的动作电流按躲过被保护线路末端的最大短路电流（即三相短路电流）来整定。

图 7-25 所示为电流速断保护图解，设图中线路 WL_1、WL_2 上分别装有电流速断保护装置 1 和 2。线路 WL_1 末端 S_1 点的三相短路电流，实际上与后一段线路 WL_2 首端 S_2 点的三

相短路电流是近乎相等的(由于 S_1 点与 S_2 点之间距离很短)。当线路 WL_2 首端 S_2 点短路时,由保护装置 2 动作跳闸,切断故障线路。根据选择性要求,保护装置 1 不应动作,为此其动作电流 I_{op1} 必须以躲过被保护线路末端的最大短路电流(即三相短路电流)来整定。因此,保护装置 1 的动作电流应为

$$I_{op1} = K_k I_{s2max}^{(3)} \tag{7-17}$$

式中　K_k——可靠系数,对电磁式和晶体管式继电器,K_k 取 $1.2 \sim 1.3$;对感应式继电器,K_k 取 $1.5 \sim 1.6$。

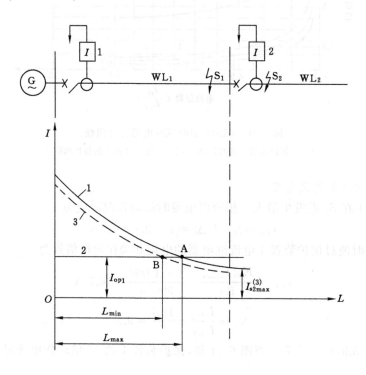

图 7-25　电流速断保护图解

因为在被保护线路的外部发生短路时,速断装置不动作,所以,在整定动作电流时,不考虑继电器的返回系数。

2.灵敏度校验

电流速断保护的灵敏度,应按保护装置安装处(即被保护线路的首端)系统最小运行方式下的两相短路电流作为最小短路电流来校验,即

$$K_r = \frac{I_{s1min}^{(2)}}{I_{op1}} \geqslant 2 \tag{7-18}$$

3.电流速断保护的"死区"

由于电流速断保护的动作电流是按躲过线路末端的最大短路电流整定的,因此靠近末端的一段线路上发生短路时,电流速断不会动作,所以电流速断保护只能保护线路的一部分,不能保护线路的全长。其中没有受到保护的一段线路,称为电流速断保护的"死区"。

图 7-25 中曲线 1 表示最大运行方式下,沿线路各点发生三相短路时短路电流值的变化

曲线;直线 2 表示速断装置 1 的动作电流 I_{op1};曲线 3 表示最小运行方式下,两相短路电流值随短路点移动时的变化曲线。

直线 2 与曲线 1 的交点 A 到线路首端的距离 L_{max},是电流速断装置 1 对最大三相短路电流的保护范围。直线 2 与曲线 3 的交点 B 到线路首端的距离 L_{min},是电流速断装置 1 对最小两相短路电流的保护范围。由此可看出,无时限电流速断装置的保护范围不但与短路故障的种类有关,还与电力系统的运行方式有关。在正常运行方式下,其最小保护范围应不小于被保护线路全长的 $15\%\sim20\%$。

由于电流速断保护装置有保护上的"死区",所以凡是装设有电流速断保护的线路,必须配备带时限的过电流保护,让两个保护装置配合使用,且过电流保护的动作时限至少要比电流速断保护大一个时限级差 Δt。而且前后的过电流保护动作时间又要符合阶梯原则,以保证选择性。

如果故障发生在速断装置的保护范围之内,速断保护为主保护,则速断装置动作,时限不过 0.1 s,过电流保护作为后备;如果故障发生在速断装置的保护范围之外,则相应的过电流保护装置动作。

(二)限时电流速断保护装置

由于无时限电流速断保护不能保护线路的全长,在其保护范围之外发生故障时,依靠过电流保护装置保护,动作时限较长,因此需增加带时限的电流速断装置,用以保护无时限电流速断保护不到的那段线路,并作为无时限电流速断保护的后备保护。

带时限电流速断保护装置要保护线路的全长,则其保护范围必然要延伸到下一级线路。为了满足保护装置动作的选择性和速动性要求,在无时限电流速断保护的基础上增加一时限级差 $\Delta t(0.5\ \text{s})$,便构成限时电流速断保护装置。

由无时限的速断装置和限时电流速断装置组成的保护装置称为两阶段速断装置,无时限电流速断保护称为电流保护Ⅰ段,限时电流速断保护称为电流保护Ⅱ段。

图 7-26 所示为两阶段速断保护装置图解。图中Ⅰ表示无时限速断的符号,Ⅱ表示限时速断的符号,线路 WL1、WL2 均装设两阶段的速断保护装置。L'_1 为线路 WL_1 的电流保护Ⅰ段的保护区,L''_1 为线路 WL_1 的电流保护Ⅱ段的保护区,L'_2 为线路 WL_2 的电流保护Ⅰ段的保护区,L''_2 为线路 WL_2 的电流保护Ⅱ段的保护区。

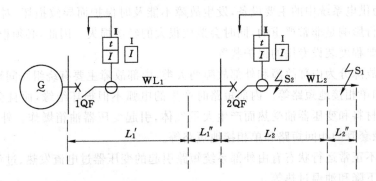

图 7-26 两阶段速断保护装置图解

为了保证动作的选择性,电流保护Ⅱ段的保护范围应不超过下一级瞬时速断的保护范

围,所以,线路 WL_1 的限时电流速断保护的动作电流要比 WL_2 线路的瞬时速断装置的动作电流大些。即

$$I_{op12} = K_k I_{op21} \tag{7-19}$$

式中　K_k——可靠系数,取 $1.1 \sim 1.15$;

　　　I_{op12}——前一级(WL_1)线路电流保护Ⅱ段的动作电流,A;

　　　I_{op21}——后一级(WL_2)线路电流保护Ⅰ段的动作电流,A。

限时电流速断装置的灵敏度,应按线路末端最小两相短路电流校验,其值应不小于1.25。

无时限电流速断装置的整定计算如前面所述。

当 S_1 点发生短路时,线路 WL_2 的电流保护Ⅱ段装置动作,使断路器 2QF 跳闸。当 S_2 点发生短路时,线路 WL_2 的电流保护Ⅰ段装置与线路 WL_1 的电流保护Ⅱ段装置都将启动,WL_2 的电流保护Ⅰ段装置首先动作于 2QF 跳闸,切除线路 WL_2。此时作为线路 WL_2 电流保护Ⅰ段装置的后备保护,线路 WL_1 的电流保护Ⅱ段装置应返回,从而保证了选择性。

综上所述,采用两阶段的速断装置可使线路全长得到保护,而且发生故障时可瞬时切除或经过一个时限级差 Δt 切除故障线路。缺点是各线路的末端无后备保护,因此仍要与带时限的过流保护装置配合使用,这样就构成了三段式电流保护装置(无时限电流速断、带时限电流速断、定时限过电流保护)。

对于 $3 \sim 10$ kV 线路,一般均应装设两段式电流保护装置,第一段无时限电流速断装置作为线路的辅助保护,第二段带时限过电流保护作为线路的主保护。

对于 $35 \sim 63$ kV 线路,一般装设单阶段或两阶段式电流速断装置为主保护,附加一套过电流保护装置作为后备保护,构成了三段式电流保护装置。

第三节　电力变压器保护

一、变压器的故障和不正常运行状态

变压器是电力系统中的最重要设备之一,数量较多,它的结构可靠性较高,相对故障概率较小,但作为供电系统中的主要设备,发生故障不能及时保护而导致损坏,对供电可靠性和系统安全运行影响是非常严重的,同时会造成很大的经济损失。因此,必须根据变压器的容量大小及重要程度装设专用的保护装置。

变压器的故障分为内部故障和外部故障两大类,内部故障主要有绕组匝间短路、相间短路、层间短路和单相接地短路等。内部短路时产生的电弧不但损坏绝缘,而且会烧坏铁芯,还可能使绝缘材料和变压器油受热而产生大量气体,引起变压器油箱爆炸。外部故障主要有引出线、绝缘套管的相间短路和单相接地短路等。

变压器的不正常运行状态有由外部系统短路引起的变压器过电流发热、过负荷、油箱漏油引起的油面下降和油温过热等。

二、变压器保护装设原则

按《电力装置的继电保护和自动装置设计规范》(GB/T 50062—2008)的要求,变压器应设置保护装置,第一是各种容量的变压器均应装设过电流保护。第二是瓦斯保护,瓦斯保护

用于对变压器油箱内部的各种故障进行反应。当内部故障轻微时产生的气体少,使轻瓦斯保护动作并发出信号;变压器箱内油面下降到规定的高度时,也可以使轻瓦斯保护动作。当内部故障严重时,重瓦斯保护立即动作于跳闸,使变压器退出运行。容量在 800 kV·A 及以上的室外油浸式变压器和容量为 400 kV·A 及以上的室内油浸式变压器,均应装设瓦斯保护,作为对变压器内部油箱故障进行反应的主保护。第三是电流速断保护,容量在 6 300 kV·A 以下及并列运行的变压器,或 10 000 kV·A 以下单独运行的变压器,当其过电流保护的动作时间大于 0.5 s 时,均应装设电流速断保护。第四是差动保护,容量在 6 300 kV·A 及以上并列运行的变压器,或 10 000 kV·A 以上单独运行的变压器,以及上述安装电流速断保护而灵敏度不合格的变压器,均应装设差动保护。

除对变压器故障进行反应的各种保护之外,对有可能过负荷的变压器,应装设过负荷保护,过负荷保护作用于信号。大多数变压器还装有电接点温度计,作用于超温报警信号。

三、变压器的瓦斯保护

(一)瓦斯继电器及工作原理

当变压器发生内部故障时,短路电流所产生的电弧将使变压器油和其他绝缘物分解而产生大量的气体。利用内部故障产生的油气流而使瓦斯继电器动作的保护装置称为瓦斯保护装置。

瓦斯保护的主要元件是瓦斯继电器,它是一种对油气流动进行反应的继电器,安装在变压器油箱和油枕的连接管中间。内部故障时,油箱内气体流向油枕时要经过瓦斯继电器,使其能够动作。

目前国内常用的瓦斯继电器有三种类型:浮筒式、挡板式和复合式。前两种类型的瓦斯继电器由于存在抗振性能较差和动作慢等缺点,逐渐被淘汰。近年来推广使用 FJ3-80、QJ1-80 型复合式瓦斯继电器。

图 7-27 所示为 QJ1-80 型复合式瓦斯继电器的结构图。变压器正常工作时,轻瓦斯部分的开口杯 5 处于上浮位置,干簧接点 15 断开;重瓦斯部分的挡板 10 在弹簧 9 的保持下,处于正常位置,双干簧接点 13 断开。当变压器油箱内产生轻微故障时,产生气体量较少,它聚集在继电器上部,迫使油面下降,开口杯 5 随油面降低而下沉,使磁铁 4 靠近接点 15,其干簧接点闭合,发出轻瓦斯信号。当变压器油箱内发生严重故障时,产生大量的气体,强烈的油气流冲击挡板 10,挡板克服弹簧的反作用力而斜倒,使固定在挡板上的磁铁 11 靠近干簧接点 13,使接点闭合。两个干簧接点采用并联连接,以保证动作的可靠性。干簧接点闭合发出重瓦斯动作的跳闸脉冲,使变压器的断路器跳闸,切断变压器电源。变压器严重漏油时,油面降低,达到一定程度时,干簧接点 15 闭合,同样发出轻瓦斯信号。

图中调节杆 14 的作用是,改变弹簧 9 的反作用力来调整瓦斯继电器动作的油流速度。继电器气体容量的整定,是利用重锤 6 来实现的,改变重锤的位置,可调节轻瓦斯接点动作的气体容积。螺杆 12 用来调节磁铁 11 与干簧接点 13 之间的距离。

瓦斯继电器的上部还有一个供采集气体的放气阀,当瓦斯保护动作后,应立即通过放气阀采集气体,然后送化验室进行化验,检验气体的化学成分和可燃性,再按分析的结果,结合变压器的实际运行情况,做出变压器的状态分析和处理(参见表 7-4)。

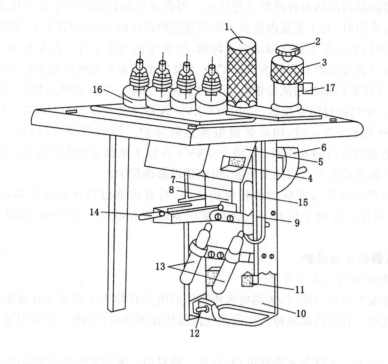

图 7-27　QJ1-80 型复合式瓦斯继电器的结构图

1——罩;2——顶针;3——气塞;4,11——磁铁;5——开口杯;6——重锤;7——探针;8——开口销;9——弹簧;

10——挡板;12——螺杆;13——干簧接点(重瓦斯用);14——调节杆;

15——干簧接点(轻瓦斯用);16——套管;17——排气口

表 7-4　　　　　　　　　　气体继电器动作后的气体分析和处理要求

气体性质	故障原因	处理要求
无色、无臭、不可燃	变压器内含有空气	允许继续运行
灰白色、有剧臭、可燃	纸质绝缘烧毁	立即停电检修
黄色、难燃	木质绝缘烧毁	应停电检修
深灰色或黑色、易燃	油内闪络,油质炭化	分析油样,必要时停电检修

(二)瓦斯保护的接线

瓦斯保护的接线如图 7-28 所示。KG 为瓦斯继电器,KS 为信号继电器,KM 为带串联自保持电流线圈的中间继电器。当轻瓦斯继电器动作时,其上接点闭合,发出轻瓦斯信号。当重瓦斯继电器动作时,其下接点闭合,由 KS 发出重瓦斯信号,同时继电器 KM 吸合使变压器两侧的断路器跳闸。

由于重瓦斯保护是按油的流速大小动作的,而油的流速在故障中往往是不稳定的,所以,重瓦斯动作后必须有自保持回路,以保证有足够的时间使断路器可靠地跳闸,为此,KM 应具有串联自保持电流线圈。此外,为避免新投运初期变压器的误动作,及对瓦斯继电器的动作回路进行试验,可用切换片 XB 断开出口跳闸回路,改用信号灯 HL 来监视瓦斯保护的动作。

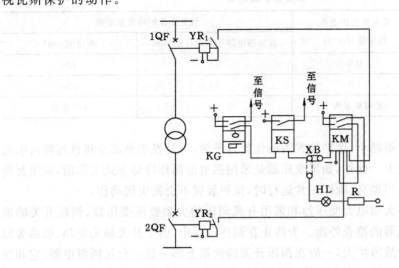

图 7-28　瓦斯保护的接线原理图

瓦斯保护的主要优点为：动作迅速，灵敏度高，接线和安装简单，能对变压器油箱内部各种类型的故障进行反应。特别是当变压器绕组匝间短路的匝数很少时，虽然故障回路电流很大，可能造成严重过热，而反映到外部的电流变化却很小，其他保护装置都不能动作。因此，瓦斯保护对于切除这类故障有特别重要的意义。

瓦斯保护的缺点为：不能对外部套管和引出线的短路故障进行反应，因而还必须与其他保护装置配合使用。

（三）瓦斯保护的安装、整定

为了保证瓦斯保护的可靠、灵敏动作，使气体易于流进油枕及防止气泡聚集在变压器的油箱顶盖下，在安装具有瓦斯继电器的变压器时，要求变压器的油箱顶盖与水平面具有 $1\%\sim1.5\%$ 的坡度，通往油枕的联管与水平面间有 $2\%\sim4\%$ 的坡度，如图 7-29 所示，并注意一定使瓦斯继电器的箭头标志指向油枕方向。

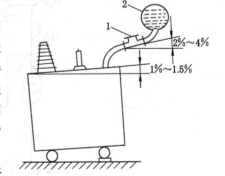

图 7-29　瓦斯继电器安装示意图
1——瓦斯继电器；2——油枕

从瓦斯继电器引出的连接导线要用耐油性能好的导线，以免遇油老化而导致保护误动作。

1. 轻瓦斯保护的动作整定

其值可通过调整开口杯动作所需要的瓦斯继电器顶部的气体体积来整定，一般瓦斯继电器可调节的最大范围为 $250\sim300$ cm^3，整定值如表 7-5 所示。

2. 重瓦斯保护的动作整定

其动作整定是调节挡板上弹簧的压力来实现的。该压力已换算成相应的油气流的流速，标注在弹簧的调节杆旁边，一般可调节的范围为 $0.6\sim1.5$ m/s，整定值如表 7-5 所示。

表 7-5 瓦斯保护整定表

变压器容量/kV·A	重瓦斯保护动作整定值/(m/s)	轻瓦斯保护动作整定值	
		连接继电器导油管直径/mm	整定值/cm³
1 000 及以下	0.9	25	110
1 000～10 000	1.0	50	220
10 000 以上	一般可整定为 1.1	80	250 左右

流速的整定值调节得越小,保护装置的动作就越灵敏,可是发生外部穿越性短路时引起误动作的可能性相应增大。此外,如果变压器是采用强迫油循环冷却方式工作的,对重瓦斯保护的动作整定值应适当提高,确保正常运行时,保护装置不会发生误动作。

对采用有载调压的大型电力变压器和采用有载调压的大型整流变压器,调压开关的油箱大多另外附设在变压器的箱壳外面。为防止在调压过程中,由于开关触头发热、燃弧等原因而产生大量气体导致故障扩大,一般在调压开关的油箱上部另装一台瓦斯继电器,它和变压器的瓦斯继电器共同作用于出口中间继电器,用来可靠保护整个变压器。

四、变压器的速断保护

瓦斯保护虽然能很好地对变压器油箱内部的故障进行反应,但由于它不能对油箱外部套管和引出线的故障进行反应,因此,对容量较小的变压器在电源侧装设电流速断保护,它与瓦斯保护互相配合,就可以保护变压器内部和电源侧套管及引出线上的全部故障了。

变压器的电流速断保护原理接线如图 7-30 所示。电源侧为大接地电流系统时,保护采用完全星形接线;电源侧为小接地电流系统时,则可采用两相不完全星形接线。

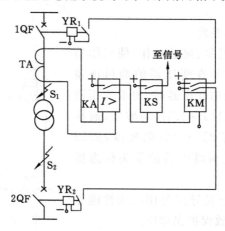

图 7-30 变压器的电流速断保护原理接线图

电流速断保护的动作电流,按躲过变压器外部故障(如 S_2 点)的最大短路电流来整定,即

$$\left.\begin{aligned} I_{op} &= K_K I_{s2max}^{(3)} \\ I_{opk} &= \frac{K_k}{K_T K_i} I_{s2max}^{(3)} \end{aligned}\right\} \qquad (7\text{-}20)$$

式中 I_{op}、I_{opk}——保护装置一次侧的动作电流、继电器的动作电流,A;

$I_{s2max}^{(3)}$——变压器二次侧母线最大三相短路电流，A；

K_k——可靠系数，取 1.2～1.3；

K_i——电流互感器的变比；

K_T——变压器的变比。

另外，变压器速断保护的动作电流还应躲过变压器空载投入时的励磁涌流。运行经验表明，一般动作电流应大于变压器额定电流的 3～5 倍。

电流速断保护的灵敏度系数为

$$K_r = \frac{I_{s1max}^{(3)}}{I_{op}} \geqslant 2 \qquad (7\text{-}21)$$

式中 $I_{s1max}^{(2)}$——保护装置安装处（S_1 点）最小运行方式下的两相短路电流，A。

变压器电流速断保护的优点为，接线简单，动作迅速。其缺点，从式（7-20）可看出，由于电流速断保护的动作电流是按躲开变压器二次侧的最大短路电流整定的，所以它仅能保护变压器绕组的一部分，其余部分绕组及非电源侧套管及引出线则不能保护，必须由过电流保护完成，这对于较大容量的变压器是不允许的，因为过电流保护切除故障较慢，对系统的安全运行影响较大。对于并列运行的变压器，在非电源侧发生故障时，由于速断保护不能对该处的故障进行反应，因此过电流保护可能无选择性地将所有并列运行的变压器切除。

五、变压器的纵联差动保护

为了克服电流速断保护的缺点，对大容量的变压器，可采用纵联差动保护装置作为变压器的主保护，用它可以保护变压器内部及套管和引出线上的各种短路故障。

（一）纵联差动保护的原理

差动保护是利用变压器两侧电流差值进行反应的一种快速动作的保护装置，其保护原理接线如图 7-31 所示。将变压器两侧装设的电流互感器串联起来构成环路（极性如图所示），电流继电器并联在环路上。此时，通过继电器的电流等于两侧电流互感器二次电流之差，即 $\dot{I}_k = \dot{I}_1 - \dot{I}_2$。如果适当选择电流互感器的变比和接线方式，可使在正常运行和外部短路时（S_1 点），电流互感器二次电流大小相等，相位相同，流入继电器的电流 $\dot{I}_k$ 等于零，保护装置不动作。

当保护范围内部发生短路时（S_2 点），对于单侧电源供电的变压器，则仅变压器一次侧电流互感器有电流，此时 $\dot{I}_2 = 0$，$\dot{I}_k = \dot{I}_1$，只要 I_k 大于继电器整定电流 I_{opk}，继电器就动作，使变压器两侧断路器跳闸，瞬时切除故障。

在供电系统中，如果两台变压器并联运行，当保护范围外部发生故障时，差动保护不动作。其中一台变压器发生故障时，流过继电器的电流 $\dot{I}_k = \dot{I}_1 + \dot{I}_2$，故障变压器的差动保护动作，有选择地将故障变压器切除，保证非故障变压器正常运行，其保护原理如图 7-32 所示。

（二）差动保护中不平衡电流的产生及克服方法

由前述分析可知，适当选择变压器两侧电流互感器变比和接线方式，能使正常运行及外部短路时，流入继电器的电流为零，保护装置不动作，但这是一种理想状态，实际运行中是不可能的。在变压器正常运行时，也有电流流入继电器。当外部短路时，此电流值会增大，该电流称为不平衡电流，如果此电流过大，很可能造成差动保护误动作。因此，必须分析产生不平衡电流的原因，并找出克服的方法。

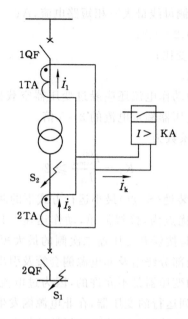

图 7-31 变压器差动保护单相原理接线图

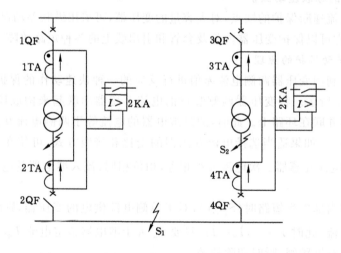

图 7-32 两台变压器并联运行时差动保护原理线图

1. 变压器接线方式的影响

厂矿企业总降压变电所的主变压器通常采用 Y,d11(Y/△-11)接线,其两侧线电流之间有 30°的相位差,此时,即使两侧电流互感器的变比选得合适,二次电流相等,在继电器中也将出现不平衡电流。为消除这种因变压器两侧线圈接线方式不同而产生的不平衡电流,通常采用相位差补偿的方法,即将变压器星形接线侧的电流互感器二次侧接成三角形连接,或变压器三角形接线侧的电流互感器二次侧接成星形连接,这样可消除差动回路中因变压器两侧电流相位不同而引起的不平衡电流,如图 7-33 所示。

在实际接线中,要严格注意变压器与两侧电流互感器的极性。经验表明,很多差动保护的拒动或误动作,是因这部分的接线错误造成的。在实际接线以前,要按相应的矢量图对所

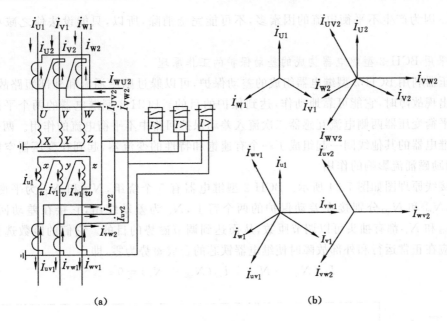

图 7-33 Y,d11(Y/△-11)接线变压器差动保护的接线方式及电流相量图

（a）接线图；（b）电流相量图

用变压器的两侧电流矢量做分析,然后再按此接线,并且在差动保护投入运行前做好测量,要做全测量记录。当变压器投运后,如果发现差动回路中的不平衡电流较大,应进一步检查电流互感器的接线和极性。

2．电流互感器类型和变比的影响

当变压器两侧电流互感器类型不同时,其饱和特性也不相同（即使类型相同,其特性也不完全相同）,也会引起不平衡电流。克服的方法是提高保护装置的动作电流,即在整定保护装置的动作电流时,引入同型系数。另外,由于选用电流互感器变比时,采用的都是定型产品,所以电流互感器的计算变比与产品目录的标准变比不可能完全相符合,在差动回路中也会产生不平衡电流,克服的方法是采用 BCH 型差动继电器,通过调整差动保护继电器中的平衡线圈来实现平衡,消除不平衡电流。

3．变压器励磁涌流的影响

当变压器空载投入或外部故障切除后电压恢复时,由于变压器突然加上电压或电压突然升高,因铁芯中的磁通不能突变,在磁路中引起过渡过程,产生周期分量和非周期分量两个磁通。由于非周期分量的影响,合成磁通在最不利情况下的幅值将是正常磁通的 2 倍以上,此时变压器的铁芯高度饱和,励磁电流急剧增加,此电流称为励磁涌流,其值可达变压器额定电流的 8～10 倍。由于铁芯高度饱和,因而励磁涌流只通过变压器一次绕组,而二次绕组因空载而无电流,从而在差动回路中产生很大的不平衡电流。目前,广泛采用速饱和变流器来消除它对差动保护的影响。

此外,在变压器正常运行和外部短路时,由于变压器两侧电流互感器的形式和特性不同,在差动回路中也会产生不平衡电流。有时运行中的变压器为了调压而改变分接头时,就等于改变了变压器的变比,而两侧互感器的二次电流也随之改变,将产生新的不平衡电流。因为产生不平衡电流的因素多，不可能完全消除，所以，只能设法使之减小到最小值。

4. 采用 BCH-2 型继电器构成的差动保护的工作原理

变压器利用 BCH-2 型继电器组成的差动保护，可以躲过励磁涌流和外部短路故障，当保护区出现故障时，它能可靠地动作，达到保护的目的。BCH-2 型继电器的两个平衡线圈可起到平衡变压器两侧电流互感器二次流入差动保护回路中不平衡电流的作用。两个短路线圈和继电器的其他线圈一起组成了一个有速饱和特性的变流器，起到在变压器空载合闸时，抑制励磁涌流影响的作用。

其接线原理图如图 7-34 所示。BCH-2 型继电器有 5 个绕组，N_{ql1} 和 N_{ql2} 为平衡绕组。工作时，N_{ql1} 和 N_{ql2} 分别接在差动保护的两个臂上，N_c 为差动绕组，它接在差动回路中。N_{ql1}、N_{ql2} 和 N_c 都有抽头可以调节匝数，从而达到调节磁势的目的。它们的匝数选择和连接极性应在正常运行和外部故障时使继电器铁芯的合成磁势为零，即

$$I_{12}(N_{ql1} + N_c) + I_{22}(N_{ql2} + N_c) = 0 \qquad (7-22)$$

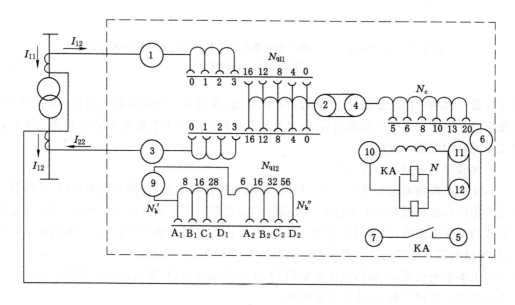

图 7-34　BCH-2 型差动继电器接线原理图

式(7-22)平衡了两臂电流不等而引起的不平衡电流。当变压器内部故障时，对于单侧电源的变压器，只有一次侧的电流互感器的二次电流流过平衡绕组和差动绕组。对于并联运行的变压器，变压器内部故障时，两平衡绕组和差动绕组产生的磁势方向一致，平衡绕组变为动作绕组。因此，只要是内部故障，继电器均能可靠动作。图中 N'_k 和 N''_k 为短路绕组，其作用是进一步改善差动继电器躲过励磁涌流和外部短路时不平衡电流的性能。

双绕组变压器差动保护的原理接线图如图 7-35 所示。图中 KD 为 BCH-2 型差动继电器，KS 为信号继电器，KM 为出口中间继电器，保护装置动作后使变压器两侧断路器跳闸。

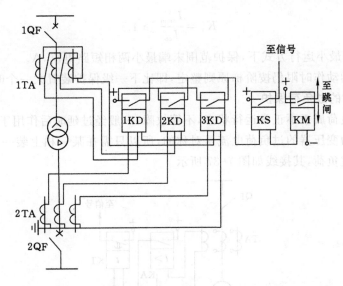

图 7-35　双绕组变压器差动保护的原理接线图

六、变压器的过电流保护

变压器的过电流保护装置安装在变压器的电源侧,它既能对变压器的外部故障进行反应,又能作为变压器内部故障的后备保护,同时也作为下一级线路的后备保护。图 7-36 所示为变压器过电流保护的单相原理接线图,当过电流保护装置动作后,断开变压器两侧的断路器。

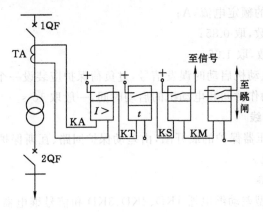

图 7-36　变压器过电流保护的单相原理接线图

过电流保护的动作电流,应按躲过变压器的最大负荷电流来整定,即

$$I_{op} = \frac{K_k}{K_{re}} I_{wmax} \tag{7-23}$$

式中　I_{wmax}——变压器的最大负荷电流,A;

K_k——可靠系数,取 1.2~1.3;

K_{re}——返回系数,一般取 0.85。

保护装置的灵敏度应按下式校验

$$K_r = \frac{I_{smin}^{(2)}}{I_{op}} \geqslant 1.5 \qquad\qquad (7\text{-}24)$$

式中 $I_{smin}^{(2)}$——最小运行方式下,保护范围末端最小两相短路电流,A。

保护装置的动作时限仍按阶梯原则整定,即比下一级保护装置大一个时限级差 Δt。

七、变压器的过负荷保护

变压器过负荷属于不正常运行状态,不算故障,一般经过延时后作用于信号来通知运行值班人员。因为变压器的过负荷电流是对称的,所以只需在某一相上装一只电流继电器来反映变压器的过负荷,其接线如图 7-37 所示。

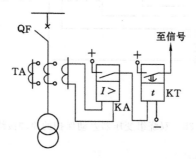

图 7-37 变压器的过负荷保护原理接线图

过负荷保护装置的动作电流按躲过变压器的额定电流整定,即

$$I_{op} = \frac{K_k}{K_{re}} I_{NT} \qquad\qquad (7\text{-}25)$$

式中 I_{NT}——变压器的额定电流,A;

K_{re}——返回系数,取 0.85;

K_k——可靠系数,取 1.05。

为防止短路时和电动机启动时误发信号,过负荷保护应装设一个延时环节,它要大于变压器的过电流保护的动作时间和电动机的启动时间,一般取 10 s。

八、变压器保护接线

图 7-38 所示是变压器保护的展开图,由差动保护回路、瓦斯保护回路、过电流保护回路和过负荷保护回路组成。

(一)差动保护回路

它主要由 BCH-2 型差动继电器 1KD、2KD、3KD 和信号继电器 1KS 组成。当 1TA 与 3TA 之间发生短路故障时,差动继电器动作,其接点闭合,出口中间继电器 KM 瞬时动作,使变压器两侧断路器的跳闸线圈有电,断路器跳闸。同时信号继电器 1KS 有电,其接点闭合发出动作信号。

(二)瓦斯保护回路

它主要由瓦斯继电器 KG 和信号继电器 2KS 及 4KS 组成。轻瓦斯动作时上接点闭合动作于信号。重瓦斯动作时下接点闭合,通过 KM 瞬时动作于变压器两侧断路器跳闸并发出信号。重瓦斯也可通过切换连片 13XB,只动作于信号(如当试验瓦斯继电器的动作性能时采用)。

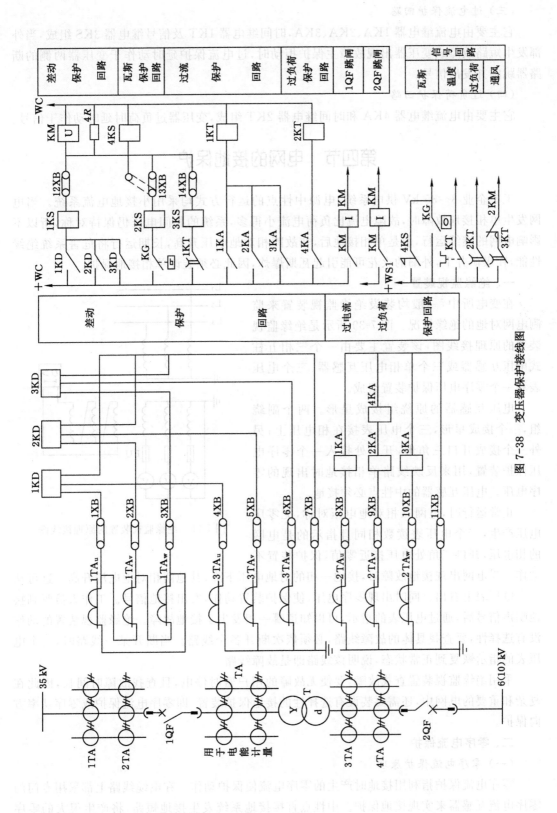

图 7-38 变压器保护接线图

（三）过电流保护回路

它主要由电流继电器1KA、2KA、3KA，时间继电器1KT及信号继电器3KS组成，当外部发生短路故障或变压器出现故障主保护拒动时，过电流保护延时动作于变压器两侧的断路器跳闸并发出信号。

（四）过负荷保护回路

它主要由电流继电器4KA和时间继电器2KT组成，变压器过负荷时延时动作于信号。

第四节　电网的接地保护

工矿企业3～35 kV供电系统，电源中性点的运行方式均采用小接地电流系统。当电网发生单相接地故障时，故障电流比负荷电流小得多，系统的相间电压仍保持对称，所以不影响电网的继续运行，但是单相接地后，非故障相对地电压升高，长期运行将危害系统绝缘性能，在煤矿井下，外漏的火花可能引起瓦斯爆炸，因此必须装设单相接地保护。

一、绝缘监视装置

在变电所中，一般均装设绝缘监视装置来监测电网对地的绝缘情况。图7-39所示是绝缘监视装置的原理接线图，该装置主要由一个三相五柱式电压互感器或三个单相电压互感器、三个电压表和一个零序电压保护装置组成。

电压互感器的原绕组接成星形。两个副绕组，一个接成星形，三个电压表接在相电压上；另外一个接成开口三角形，开口处接入一个零序电压保护装置，用来反映线路单相接地时出现的零序电压。电压互感器的中性点必须接地。

正常运行时，电网三相对地电压对称，无零序电压产生，三个电压表读数相同且指示的是电网的相电压，开口三角处电压接近零值，保护装置不

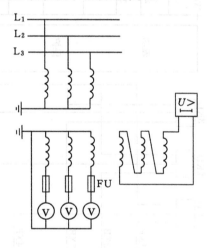

图7-39　绝缘监视装置的原理接线图

动作。当电网出现接地故障时，接地一相的对地电压下降，其他两相对地电压升高。这可从三个电压表上看出。同时出现零序电压，使保护装置动作，发出接地信号。工作人员听到接地响声信号后，通过电压表的指示，可以知道哪一相发生了接地故障。绝缘监视装置的动作没有选择性，要查找具体的故障线路，必须依次断开各个线路。当断开某一线路时，三个电压表的指示恢复到正常状态，说明该线路即是故障线路。

采用绝缘监视装置查找故障，要使无故障的用户暂时停电，且查找故障时间长，因此在复杂和重要的电网中，还需要装设有选择性的接地保护装置，即零序电流保护或零序功率方向保护。

二、零序电流保护

（一）零序电流保护原理

零序电流保护指利用接地时产生的零序电流使保护动作。在电缆线路上都采用专门的零序电流互感器来实现接地保护。中性点直接接地系统发生接地短路，将产生很大的零序

电流,利用零序电流分量构成保护,可以作为一种主要的接地短路保护。零序过流保护不反映三相和两相短路,在正常运行和系统发生振荡时也没有零序分量产生,所以它有较好的灵敏度。

正常情况下,各回路中的对地电容电流都是对称的,当某一线路中出现接地故障时,凡是有电的线路对地电容电流都不对称,于是出现了零序电流,如图 7-40 所示。非故障线路的零序电流为本线路的对地电容电流,故障线路中的零序电流为非故障线路的对地电容电流之和,当连接在一起的线路数越多时,故障与非故障线路零序电流的差值越大。

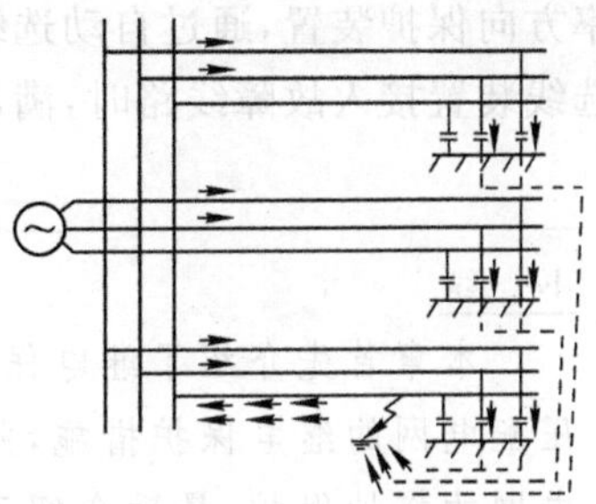

对于电缆线路,当发生单相接地时,接地电流不仅可能沿着故障电缆的金属外皮流动,而且可能沿着非故障电缆金属外皮流动,这部分电流不仅降低了故障线路接

图 7-40 单相接地时电容电流分布

地保护的灵敏度,有时还会造成接地保护装置的误动作,因此应将电缆终端接线盒的接地线穿过零序电流互感器的铁芯,使铠装电缆金属外皮流过的零序电流,再经接线盒的接地线回流穿过零序电流互感器,防止引起零序电流保护的误动作。

(二)零序电流保护的整定

保护装置的动作电流整定必须保证选择性。当电网某线路发生单相接地故障时,非故障线路流过的零序电流是其本身的电容电流,在此电流作用下,零序电流保护不应动作,其动作电流为

$$I_{op} = 3K_k U_p \omega C_0 \qquad (7-26)$$

式中　U_p——电网的相电压,V。

　　ω——交流电的角频率,rad/s。

　　C_0——本线路每相的对地电容,F。

　　K_k——可靠系数,它的大小与动作时间有关,如果保护为瞬时动作,取 4～5;如果保护为延时动作,取 1.5～2。

保护装置的灵敏度,按被保护线路上发生单相接地故障时,流过保护装置的最小零序电流来校验,即

$$K_r = \frac{2U_p \omega (C_{0\sum} - C_0)}{I_{op}} \qquad (7-27)$$

式中　　$C_{0\sum}$——电网在最小运行方式下,各线路每相对地电容之和,F;

　　　　K_r——灵敏系数,对电缆线路 $K_r \geq 1.25$,对架空线路 $K_r \geq 1.5$。

当零序电流较小不满足灵敏度要求时,在微机保护中常利用零序电流中的五次谐波分量作为动作电流信号,因为故障线路和非故障线路零序电流的五次谐波分量之差较其基波分量之差大,可使灵敏度得到提高。在较复杂的电网中,当装设零序电流保护不能满足选择性要求或灵敏度不够时,可装设零序功率方向保护装置。

三、零序功率方向保护

当发生单相接地故障时,故障线路与非故障线路上零序电流的相位相反,即零序功率输送方向相反。若忽略电网对地绝缘电阻的影响,则故障线路的零序电流滞后零序电压 90°,

非故障线路的零序电流超前零序电压90°。零序功率方向保护装置,就是通过判断零序电压与零序电流之间的相位关系实现有选择地动作的。

对于允许延时切除接地故障的电网,考虑经济性,可采用一套零序电流保护装置或零序功率方向保护装置,通过自动选线装置,分别接入各线路零序电流互感器的二次回路,当自动选线装置接入故障线路时,满足保护装置的动作条件,即发出接地信号,通知值班人员。

小　结

本章首先介绍了继电保护装置的作用、要求和常用保护用继电器;其次介绍了高压配电网的继电保护措施,并通过实例说明了继电器的选择与确定方法;然后介绍了电网的接地保护;最后介绍了电力变压器的保护措施。

思考与练习

1. 继电保护装置的作用是什么? 对继电保护装置的要求有哪些?
2. 列举常用的保护用继电器。
3. 试比较定时限过电流保护与反时限过电流保护的优缺点。
4. 无时限电流速断保护和限时电流速断保护有何不同?
5. 变压器有哪些保护?
6. 谈谈你是如何看继电保护装置原理图的。

第八章 变电所二次回路

对变电所一次回路及其设备的工作状态进行监视、测量、控制和保护是通过变电所中的测量仪表、监察装置、控制和信号装置、继电保护装置、自动装置等组成的电路来完成的,因此,正确地对变电所控制和信号装置的安装、操作和故障处理就显得非常重要。

供电系统或变配电所中的测量仪表、监视装置、控制及信号装置、继电保护装置、自动装置、远动装置和保护一次电路运行的电路等所组成的电路,称为二次回路或二次接线。二次回路所用设备称为二次设备。

二次回路的任务是对一次回路及其设备的工作状态进行监视、测量、控制和保护。

二次回路按其用途,分为断路器控制(操作)回路、信号回路、测量回路、继电保护回路和自动装置回路等。

第一节 操 作 电 源

二次回路的操作电源是供高压断路器跳、合闸回路,信号、继电保护装置回路,监测系统及其他二次回路所需的电源。对操作电源要求可靠性高,容量足够大,它应保证在正常和故障情况下都不间断供电。操作电源分为直流和交流两大类,除一些小型变(配)电所采用交流操作电源外,一般变电所均采用直流操作电源。

一、直流操作电源

直流操作电源有硅整流装置供电的直流电源和蓄电池组供电的直流电源两种。硅整流直流电源又分为复式整流电源、具有电容器储能式的整流电源和具有镉镍蓄电池的整流电源三种。蓄电池直流电源有铅酸蓄电池和镉镍蓄电池两种。

(一)硅整流直流操作电源

在电力系统正常时,直流电源由硅整流器供给。当电力系统发生故障时,交流电源电压大幅度降低甚至消失,整流器的输出电压将无能力使保护装置动作和断路器跳闸。此时跳闸所需电源有以下几种:

(1)复式整流电源是利用短路电流经稳压整流获得。当短路电流较大时,复式整流电源输出功率大,直流电压稳定,但当短路电流较小时,不能保证保护装置和断路器可靠动作,为此需用专用的电流互感器,且电流互感器的制作和调试比较麻烦,在变电所中使用较少。

(2)电容储能式整流电源是利用电容器所储能量获得。由于电容器储存能量有限,工作过程电压衰减快,其使用条件受到一定的限制,但是由于其投资少,运行维护费用少,寿命长,所以在已建成的变电所中应用较多。

(3)镉镍电池整流电源是利用镉镍蓄电池组向保护回路放电,使断路器跳闸。由于电池组本身是独立电源,比较可靠,电池装于屏上占地面积小,运行维护方便。

下面介绍电容器储能和镉镍电池硅整流直流操作电源。

1. 具有储能电容器的硅整流直流电源

具有储能电容器的硅整流直流系统如图 8-1 所示。该直流系统装有两组硅整流装置，整流装置 U_I 容量大（一般为三相桥式），用于合闸回路，作断路器的合闸电源，也兼向控制和信号回路供电。整流装置 U_{II} 容量较小（一般为单相桥式），只作控制和信号回路电源。正常时两台硅整流装置同时工作。为了防止在合闸操作或合闸回路短路时，大电流使硅整流器 U_{II} 损坏，在合闸母线与控制母线之间装设了逆止二极管 VD_1。电阻 R_1 用于限制控制回路短路时通过逆止二极管 VD_1 的电流，起保护 VD_1 的作用。限流电阻 R_1 的阻值不宜过小和过大，应既保证在熔断器熔断前不烧坏 VD_1，又不使在控制母线最大负荷时其上的压降超过额定电压的 15%。一般 R_1 的阻值为 5～10 Ω，VD_1 的额定电流不小于 20 A。

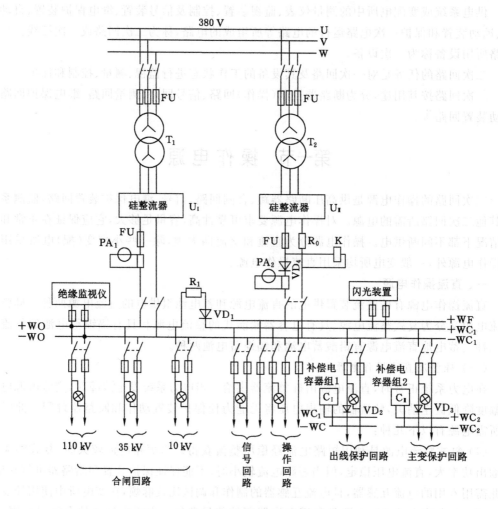

图 8-1　具有储能电容器的硅整流直流系统图

两个硅整流器的交流侧分别装有隔离变压器 T_1 和 T_2，其作用是使直流系统与交流中性点接地系统的地可靠隔离，以减少直流系统接地故障的发生。调节隔离变压器二次侧抽头可调节电压，保证直流母线电压为额定值。

两组储能电容器 C_I 和 C_{II} 所储能量,用在电力系统故障,直流系统电压下降时,向继电保护回路和断路器跳闸回路放电,使断路器跳闸。两组电容器,C_I 供 6(10) kV 配出线保护和跳闸回路,C_{II} 供主变压器和电源进线保护和跳闸回路。这样当 6(10) kV 配出线发生故障,保护装置拒绝动作时,C_{II} 所储能量可使上一级的后备保护动作。为了防止电容器向信号灯和其他回路放电,在电路中串入了逆止二极管 VD_2 和 VD_3,将电容器向直流母线的放电回路隔断。

由于电容器组所用电解电容器较易损坏,所以为了保证其工作的可靠性,均设有电容器组检查装置。电容器组检查装置的接线如图 8-2 所示。

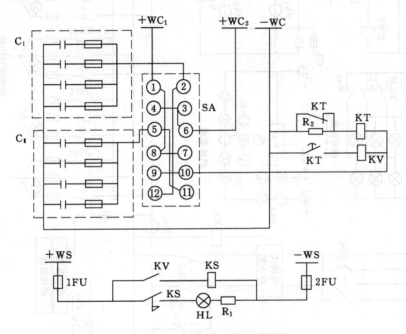

图 8-2 电容器组检查装置接线图

正常运行时,转换开关 SA 置于"工作"位置,其接点 1—2、5—6、9—10 接通。电容器组分别与＋WC_1、＋WC_2 控制小母线接通,两组电容器均处于工作状态。

当 SA 置于"检查 C_I"位置时,其接点 1—4、5—8、9—12 接通,C_{II} 同时与＋WC_1 和＋WC_2 小母线接通,使两个保护回路暂时合并共用 C_{II},C_I 与时间继电器 KT 接通,处于被检查状态。此时 C_I 向 KT 放电,KT 瞬时常闭接点打开,电阻 R_2 串入电路以减少电能损耗。KT 延时接点经规定的延时时间后闭合,此时如果电容器的残余电压大于电压继电器 KV 的整定值,KV 动作,接通信号继电器 KS,KS 动作于掉牌,使信号指示灯 HL 发光,证明 C_I 电容器组储电量满足要求,其运行状态良好。如果时间继电器或电压继电器不能动作,HL 不亮,则表明电容器容量下降或有其他故障,必须更换或检修。

当将 SA 置于"检查 C_{II}"位置时,其接点 2—3、6—7、10—11 接通,C_I 与两控制母线接通,C_{II} 处于被检查状态,其工作原理与前述相同。

2. 具有镉镍电池的硅整流直流电源

图 8-3 所示为 ZKA46 型镉镍电池硅整流直流系统,该直流系统与储能电容器硅整流直

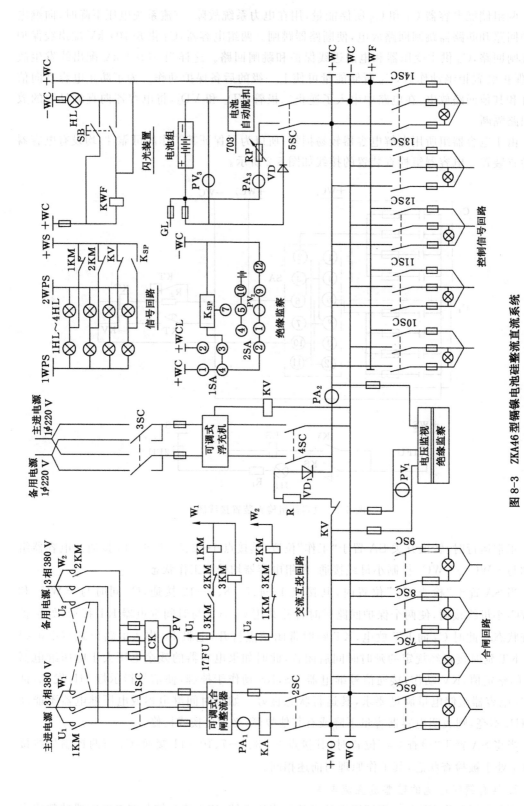

图 8-3 ZKA46 型镉镍电池硅整流直流系统

流系统接线和工作情况基本相似。容量大的为合闸整流器，用作合闸回路和兼作控制与信号回路的电源。容量小的为主控整流器，向控制和信号回路供电，并作为镉镍电池组的充电电源。

正常时，镉镍电池组与充电电源并联按浮充电方式工作，此时充电电源一方面向直流正常负荷供电，同时以很小的电流向蓄电池充电，使蓄电池经常处于充满电状态。当电力系统出现故障，交流电源电压降低或消失，充电电源电压低于电池组的端电压时，由镉镍电池组向继电保护回路和跳闸回路放电，使断路器跳闸。由于镉镍电池组是独立电源，工作可靠，放电容量大，所以可取代储能电容器硅整流直流系统。

合闸整流器的两个交流电源配有互投装置，以提高其可靠性。主控整流器采用磁饱和式稳压器，使控制母线电压稳定，可保证电池不致过充电或欠充电。电池为 GNY 型全封闭镉镍电池。

采用整流操作电源的变电所，要求有可靠的变电所用电的交流电源，其中之一最好与本所电源无直接联系，以保证全变电所停电后，仍能实现对电源断路器的合闸操作，并保证变电所的事故照明。当无条件从变电所外引入所用电源时，应采用 2 台所用变压器，将 1 台所用变压器接在 35 kV 电源断路器的外侧，来提高变电所用电电源的可靠性。

(二) 蓄电池直流系统

蓄电池直流电源有铅酸蓄电池组和镉镍蓄电池组两种。铅酸蓄电池组由于投资大、寿命短，运行维护复杂，要求建筑面积大，在变电所中一般不再采用。镉镍蓄电池组直流电源所有设备都装在屏上，该屏可与变电所控制屏、保护屏合并布置，不需设蓄电池室和充电机室。它与铅酸蓄电池组比较，具有维护方便、占地面积小、寿命长、放电倍率高、机械强度高、无腐蚀性、投资少等优点，所以目前镉镍电池直流操作电源得到广泛的应用。

镉镍电池直流系统也有充电与浮充电两套整流装置，系统投入正常运行时，也以浮充电方式工作。当电力系统故障、交流电源电压降低或消失后，由蓄电池组向控制、保护与合闸回路供电。它与镉镍电池硅整流直流系统的不同之处是，可向断路器的合闸回路供电，所以其蓄电池的容量较大，一般采用 GNG 型烧结式镉镍蓄电池。

镉镍蓄电池长期处于浮充电状态，各个电池之间由于电化学反应不均衡，会出现容量不均或不足。所以，应定期对其进行"容量恢复"，或叫镉镍蓄电池的"定期活化"。其方法是以四小时制的电流放电至每只电池的端电压降为 1.0 V，然后以同样电流充、放循环一次，再重新充电。如果发现蓄电池容量低于额定容量的 80%，即应更换新的蓄电池。蓄电池在使用前初充电时，也以四小时充电率的额定充电电流值充电。在定期活化和初充电时应使用充电用的整流装置对蓄电池充电。

蓄电池组直流操作电源是独立可靠的直流电源，它不受交流电源的影响，即使全所停电，仍可保证连续可靠地供电，而且电压质量好，容量也大，能满足复杂的继电保护和自动装置的要求和事故照明的需要，但其价格较整流型直流操作电源高，一般用在可靠性要求较高的变电所中。

(三) 直流系统的绝缘监察装置

当直流系统中某点接地时，直流系统虽然可继续运行，但是形成了事故隐患。当直流系统中又一点发生接地时，将可能造成信号装置、继电保护和控制回路的误动作，使断路器误跳闸或拒绝跳闸，所以，必须对直流系统的绝缘进行监察。下面以图 8-4 所示电路中的绝缘监察装置为便说明其工作原理。

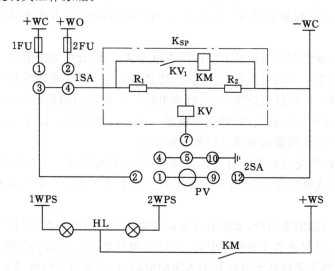

图 8-4 直流系统的绝缘监察装置

绝缘监察装置由监察继电器 K_{SP}、电压表 PV 和转换开关 1SA 与 2SA 等组成。1SA 有两个位置,可分别将正合闸母线＋WO 或正控制母线＋WC 接入监察回路。2SA 转换开关有三个位置:"母线""＋对地""－对地"。平时 2SA 置于"母线"位置,其接点 1—2、5—7、9—12 接通,使电压表 PV 接在正负直流母线之间,用以测量直流母线电压。同时监察继电器中的电压继电器 KV 通过接点 5—7 与地接通,处于监察状态。此时,正、负母线的对地绝缘电阻与监察继电器中的两个电阻 R_1 和 R_2 构成电桥的四个桥臂,电压继电器 KV 就接在电桥的对角线上。当正、负线对地绝缘正常时,电桥处于平衡状态,电压继电器不动作。当直流系统某一点接地时,电桥失去平衡,电压继电器 KV 动作,其常开接点闭合,监察继电器中的中间继电器 KM 有电动作,其常开接点闭合发出预告信号,光字牌发光,指示故障性质。

若将 2SA 转至"－对地"位置,其接点 9—12、1—4 接通,电压表测量负母线对地电压。当 2SA 转至"＋对地"位置时,其接点 1—2、9—10 接通,PV 测量正母线对地电压。当正、负两极对地绝缘都正常时,电压表的读数均为零。当其中一极接地时,则接地一极的对地电压为零,另一极对地电压为额定电压。在非金属性接地时,电压表读数小的一极有接地故障。

二、交流操作电源

交流操作电源是指直接用交流电作为操作和信号回路的电源。对采用交流操作的断路器,应采用交流操作电源,相应地,所有保护继电器、控制设备、信号装置及其他二次元件均采用交流形式。交流操作电源不需整流器和蓄电池,二次接线简单,可节省投资,降低有色金属消耗,简化运行维护,给变电所无人值班创造条件,也加快了变电所的建设安装速度。交流操作电源可以取自电压互感器和电流互感器。

电压互感器二次侧安装一台 $100/220$ V 的隔离变压器,作为控制和信号回路的交流操作电源。但应注意,只有在故障和不正常运行状态时,母线电压无显著变化的情况下,保护装置的操作电源才可由电压互感器供给。对于短路保护装置的操作电源不能取自电压互感器,而应取自电流互感器,利用短路电流使断路器跳闸。

交流操作要求有可靠的事故照明电源和备用电源,以便全所停电后有电源供电给重新合闸的断路器。

目前普遍采用的交流操作继电保护的接线方式有直接动作式、间接动作去分流式和电容储能式等三种,如图 8-5 所示。

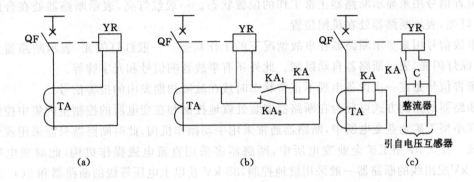

图 8-5　交流操作继电保护的接线方式

(a) 直接动作式;(b) 间接动作去分流式;(c) 电容储能式

直接动作式过电流保护接线如图 8-5(a)所示。它将断路器操作机构内的过流脱扣器 YR 直接接入电流互感器回路,不需另外装设过电流继电器。这种接线方式接线简单,设备少,只适用于无时限过电流保护及电流速断保护。

图 8-5(b)所示为间接动作去分流式过电流保护接线。在正常情况下,过流继电器不动作,其常闭接点 KA_2 将跳闸线圈 YR 短接。短路时,继电器动作,其常开接点 KA_1 闭合,常闭接点 KA_2 打开,电流互感器二次电流全部流入脱扣线圈 YR 使其动作于断路器跳闸。这种接线方式简单、经济,但要求过电流继电器接点容量足够大。企业中一般采用 GL-15 或 GL-16 型过电流继电器作为该接线方式的保护继电器。

电容储能式继电保护接线如图 8-5(c)所示。对于过负荷等故障,因其故障电流不大,无足够的电流使跳闸线圈动作,所以,在过负荷保护继电器 KA 动作时,利用电容器 C 在正常时所储能量,向脱扣线圈 YR 放电,使断路器跳闸来实现过负荷保护。这种接线方式适用于过负荷、低电压和变压器瓦斯保护等故障电流不大的保护装置。对于短路保护仍采用图 8-5(b)所示的去分流式过电流保护来实现。

采用交流操作的主要缺点是加大了电流互感器的二次负荷,有时误差不能满足要求。它不适于比较复杂的继电保护装置、自动装置及其他二次回路。所以交流操作电源适用于小型变电所,这种变电所一般采用手动合闸、电动脱扣。

第二节　高压断路器的控制与信号回路

一、控制和信号装置的原理

高压断路器是变电所的主要开关设备,为了通、断电路和改变系统的运行方式,需要通过其操作机构对断路器进行分、合闸操作。控制(操作)高压断路器进行跳、合闸的电气回路称为断路器的控制回路,它取决于断路器操作机构的形式和操作电源的类别。电磁操作机构只能采用直流操作电源,弹簧操作机构和手动操作机构可交、直流两用,但一般采用交流操作电源。

断路器的信号回路是指反映断路器工作状态的电气回路。信号按用途分,有断路器位置信号、事故信号和预告信号。

位置信号用来显示断路器正常工作的位置状态。一般红灯亮,表示断路器处在合闸位置;绿灯亮,表示断路器处在跳闸位置。

事故信号用来显示断路器在事故情况下的工作状态。一般红灯闪光,表示断路器自动合闸;绿灯闪光,表示断路器自动跳闸。此外还有事故音响信号和光字牌等。

预告信号是在一次设备出现不正常状态时或在故障初期发出的报警信号。

断路器的控制方式可分为在断路器安装处就地控制和在变电所的控制室内集中控制两种。在小型工矿企业变电所中,断路器通常采用手动操作机构,此时断路器只能采用就地控制方式。在大、中型工矿企业变电所中,断路器多采用直流电磁操作机构,此时变电所中6(10) kV配出线的断路器一般采用就地控制,35 kV及以上电压等级的断路器和6(10) kV进线断路器和母线联络断路器采用集中控制。

断路器的控制与信号回路应满足下列基本要求:

(1)断路器除了能用控制开关进行分、合闸操作外,还应在继电保护与自动装置的作用下自动跳闸或合闸。

(2)断路器的分、合闸操作完成后,应能立即自动断电,即能切断合闸或跳闸的电源,以防止断路器的跳、合闸线圈长时间通电而烧坏。

(3)断路器操作机构中没有防止跳跃的防跳机械闭锁装置时,在控制回路中应有防止断路器多次出现跳、合闸现象的防跳电气闭锁装置。

(4)信号回路应能正确指示断路器的合闸与分闸位置状态。

(5)断路器自动跳闸或合闸后应有明显的信号指示。

(6)能监视控制电源的工作状态及跳、合闸回路的完整性。

二、采用直流电磁操作机构的断路器控制与信号回路

图8-6所示为具有灯光监视的控制35 kV主变压器断路器的控制与信号回路。它由断路器的跳、合闸控制回路,防止断路器多次跳、合闸的防跳闭锁回路,断路器的位置信号指示回路,启动事故音响回路,预告信号回路以及断路器合闸回路等几部分组成。

1. 断路器的跳、合闸操作

断路器的跳、合闸操作是通过 LW_2-Z 型控制开关 SA 控制的。这种控制开关共有预备合闸(C_1)、合闸(C_2)、合闸后(C)、预备跳闸(T_1)、跳闸(T_2)、跳闸后(T)等六个位置。旋转开关正面的操作手柄,可使开关置于不同的位置,完成预定的跳、合闸操作。

(1)断路器的合闸操作

当控制开关 SA 在"跳闸后"(T)位置(其手柄在水平位置),断路器又处于分闸状态时,控制开关的接点 10—11 接通,断路器辅助常开接点 QF_4 和 QF_5 断开,常闭接点 $QF_1 \sim QF_3$ 闭合,装于变压器控制开关柜和变压器控制屏上的绿色指示灯 1HG 和 2HG 发光,其通电回路为:$+WS_1 \rightarrow SA_{11-10} \rightarrow 1HG \rightarrow QF_1 \rightarrow 1KM \rightarrow 2FU \rightarrow -WC$。

此时指示灯发出平稳绿光,表示断路器处于分闸状态和断路器合闸回路完好。断路器

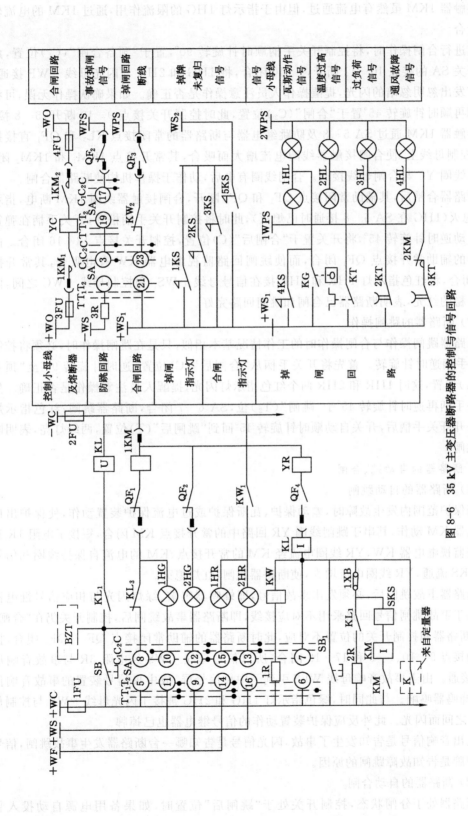

图 8-6 35 kV 主变压器断路器的控制与信号回路

合闸接触器 1KM 虽然有电流通过,但由于指示灯 1HG 的限流作用,通过 1KM 的电流较小不能吸合。

在进行合闸操作时,将控制开关手柄顺时针旋转 90°,置于"预备合闸"(C_1)位置,此时控制开关 SA 的接点 10—11 断开,9—10 闭合,将 1HG 和 2HG 与闪光母线＋WF 接通,两个绿灯发出忽明忽暗的闪光,提醒操作人员注意操作是否正确。如果确认操作无误,可将开关手柄再顺时针旋转 45°置于"合闸"(C_2)位置,此时控制开关接点 9—10 断开,5—8 接通,合闸接触器 1KM 通过 SA 5—8 及防跳继电器与断路器的常闭接点 KL_3 和 QF_1 直接接在正、负控制母线上,使合闸接触器线圈电流增大而吸合,其常开接点 $1KM_1$ 和 $1KM_2$ 闭合,将合闸线圈 YC 与合闸母线接通。合闸线圈有电后,动作于操作机构使断路器合闸。

断路器合闸后,其辅助常闭接点 QF_1 和 QF_2 断开,合闸接触器线圈 1KM 断电,指示灯 2HG 熄灭(1HG 在 SA 5—8 接通时已熄灭),此时将控制开关手柄松开,开关手柄在弹簧作用下自动逆时针旋转 45°,将开关置于"合闸后"(C)位置,控制开关接点 13—16 闭合。由于断路器的辅助常开接点 QF_4 闭合,而使跳闸回路监视继电器 KW 有电吸合,其常开接点 KW_1 闭合,将红色指示灯 1HR 和 2HR 接在信号母线＋WS_1 和控制母线－WC 之间,两灯发出平稳的红光,表明断路器已合闸和跳闸回路完好。

(2) 断路器的跳闸操作

断路器跳闸操作与合闸操作时的工作情况基本相似,只是在跳闸操作时,必须将控制开关 SA 手柄逆时针旋转。首先将开关手柄从"合闸后"(C)位置,逆时针旋转 90°至"预备跳闸"(T_1)位置,这时 1HR 和 2HR 两个红色指示灯闪光,提醒人员注意操作是否正确。然后将开关手柄再逆时针旋转 45°于"跳闸"(T_2)位,SA 6—7 闭合,断路器跳闸,红色指示灯熄灭。松开开关手柄后,开关自动顺时针旋转 45°回到"跳闸后"(T)位置,两绿灯亮,表明断路器已跳闸。

2. 断路器的自动跳、合闸

(1) 断路器的自动跳闸

当保护范围内发生故障时,差动保护、瓦斯保护或过电流保护装置动作,使保护出口中间继电器 KM 动作,其串于跳闸线圈 YR 回路中的常开接点 KM 闭合,短接了电阻 1R 和跳闸回路监视继电器 KW,YR 线圈电流经 KM 的常开接点、KM 的电流自保持线圈和信号继电器 5KS 流通,YR 线圈电流增大,使断路器跳闸,红灯熄灭。

断路器事故跳闸后,必须发出事故信号,即蜂鸣器鸣响、绿灯闪光与相应信号继电器掉牌。由于事故跳闸信号回路采用不对应接线,即断路器事故跳闸后,控制开关仍在"合闸后"位置,断路器和控制开关的位置不对应,此时断路器的辅助常闭接点 QF_1～QF_3 闭合,控制开关的接点 9—10,1—3 和 17—19 闭合,所以信号母线－WS 经电阻 3R 与事故音响母线 WFS 接通。由于事故音响母线 WFS 引到了中央信号屏,故中央信号装置的事故音响信号启动,蜂鸣器鸣响。与此同时,绿色指示灯 1HG 和 2HG 被接于闪光母线＋WF 与控制母线－WC 之间而闪光。此外反应保护装置动作的信号继电器也已掉牌。

发出音响信号是告知发生了事故,闪光信号是告知哪一台断路器发生事故跳闸,信号继电器掉牌是告知故障跳闸的原因。

(2) 断路器的自动合闸

断路器处于分闸状态,控制开关处于"跳闸后"位置时,如果备用电源自动投入装置

BZT 动作,BZT 装置串于合闸回路的继电器常开接点就会闭合,使合闸接触器 1KM 经由该接点接于 BZT 装置中的控制母线＋WC,其电流增大而动作,合闸线圈 YC 有电,断路器合闸。由于控制开关仍在"跳闸后"位置,所以其接点 14—15 和跳闸回路监视继电器的常开接点 KW$_1$,将红色指示灯接在闪光母线 WF 与控制母线－WC 之间,红灯闪光,发出断路器自动合闸信号,此时监视自投合闸的信号继电器掉牌,同时相应的光字牌燃亮,使中央信号装置发出预告音响信号(电铃响)。

要停止指示灯闪光,只需将控制开关 SA 手柄转到与断路器的分、合闸状态对应的位置即可。

在图 8-6 中,断路器还可通过装于开关柜上的控制按钮进行手动跳、合闸操作。如断路器处于分闸位置,要合闸时按下合闸按钮 SB,可使合闸接触器 1KM 电流增大而吸合,其触点接通合闸线圈回路,使断路器合闸。如断路器处于合闸位置,要跳闸时按下跳闸按钮 SB$_1$,可使跳闸线圈 YR 电流增大而动作,使断路器跳闸。

3. 断路器的防跳闭锁

当用控制开关进行合闸操作时,若恰好系统有短路故障,这时断路器合闸后在保护装置的作用下又会跳闸。如果控制开关手柄仍在合闸位置,断路器将又会合闸,如此断路器会出现多次跳、合闸的"跳跃"现象,为了避免这种现象的发生,必须装设防跳闭锁装置。有些断路器的操作机构中设有机械防跳装置(如 CD$_2$ 型电磁操作机构),如果操作机构没有机械防跳闭锁功能,则必须在断路器的控制回路中装设电气防跳闭锁电路。

图 8-6 中的 KL 为防跳闭锁继电器。当断路器合闸于故障线路时,保护装置的出口继电器 KM 接点闭合,接通跳闸线圈 YR 回路使其电流增大,断路器跳闸,串在跳闸线圈 YR 回路中的防跳继电器 KL 的电流线圈也因电流增大而动作。KL 动作后,串联在其电压线圈回路的常开接点 KL$_1$ 闭合,使其自保,常闭接点 KL$_3$ 则断开,使 1KM 不能通电,避免了断路器再次合闸,防止了断路器"跳跃"现象的发生。此时只要将控制开关转回到"跳闸后"位置,断开防跳闭锁继电器电压线圈回路,解除自保,断路器合闸回路即可恢复正常。

第三节　中央信号装置

一、中央事故信号装置

对中央事故信号装置的要求为,在任一断路器事故跳闸时,能瞬时发出音响信号,并在控制屏上或配电装置上有表示事故跳闸的具体断路器位置的灯光指示信号。事故音响信通常采用电笛(蜂鸣器),应能手动或自动复归。

中央事故信号装置按操作电源分,有直流操作的和交流操作的两类;按事故音响信号的动作特征分,有不能重复动作的和能重复动作的两种。

图 8-7 所示是不能重复动作的中央复归式事故音响信号装置回路图,这种信号装置适于高压出线较少的中小型变配电所。

图 8-7 中采用的控制开关为 LW2 型,其触点如表 8-1 所示。

当任一台断路器自动跳闸后,断路器的辅助触点即接通事故音响信号。在值班员得知事故信号后,按 SB$_2$ 按钮,即可解除事故音响信号,但控制屏上断路器的闪光信号却继续保留着。图中 SB$_1$ 为音响信号的试验按钮。

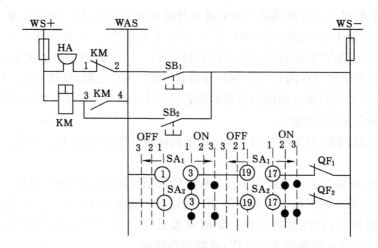

图 8-7　不能重复动作的中央复归式事故音响信号回路

WS——信号小母线；WAS——事故音响信号小母线；SA₁、SA₂——控制开关；SB₁——试验按钮；
SB₂——音响解除按钮；KM——中间继电器；HA——电笛（SA 的触点位置：1——预备跳、合闸；
2——跳、合闸；3——跳、合闸后；箭头"→"指 1—2—3 顺序）

表 8-1　　　　　LW2-Z-1a·4·6a·40·20·20/F8 型控制开关触点表

手柄和触点盒形式	F-8	1a		4		6a		40			20		20		
触点号	1-3	2-4	5-8	6-7	9-10	9-12	10-11	13-14	14-15	13-16	17-19	17-18	18-20	21-23	21-22	22-24
位置 跳闸后 ←		×				×		×			×				×	×
位置 预备合闸 ↑	×					×								×		
位置 合闸 ↗							×		×							
位置 合闸后 ↑	×					×				×						
位置 预备跳闸 ←		×											×		×	
位置 跳闸 ↙			×				×		×				×			×

注："×"表示触点接通。

　　这种信号装置不能重复动作，即第一台断路器自动跳闸后，值班员虽已解除事故音响信号，而控制屏上的闪光信号依然存在。假设这时又有一台断路器自动跳闸，事故音响信号将不会动作，因为中间继电器触点 KM 的 3—4 已将 KM 线圈自保持，KM 的 1—2 是断开的，所以音响信号不会重复动作。只有在第一个断路器的控制开关 SA₁ 的手柄旋至对应的"跳闸后"位置时，另一台断路器自动跳闸时才会发出事故音响信号。

　　图 8-8 所示是重复动作的中央复归式事故音响信号装置回路图。该信号装置采用 ZC-23 型冲击继电器（又称信号脉冲继电器）KU，其中 KR 为干簧继电器，为其执行元件。TA 为脉冲变流器，其一次侧并联的二极管 V₁ 和电容 C，用于抗干扰；其二次侧并联的二极管 V₂，起单向旁路作用。当 TA 的一次电流突然减小时，其二次侧感应的反向电流经 V₂ 而旁路，不让它流过干簧继电器 KR 的线圈。

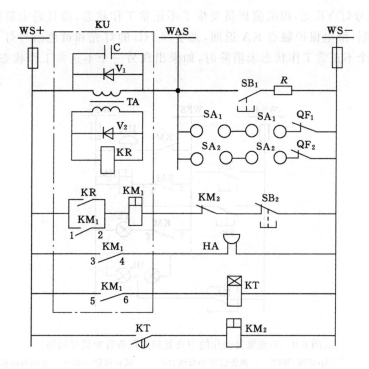

图 8-8 重复动作的中央复归式事故音响信号回路

WS——信号小母线；WAS——事故音响信号小母线；SA——控制开关；SB$_1$——试验按钮；SB$_2$——音响解除按钮；
KU——冲击继电器；KR——干簧继电器；KM——中间继电器；KT——时间继电器；TA——脉冲变流器

当某台断路器(例如 QF$_1$)自动跳闸时，因其辅助触点与控制开关(SA$_1$)不对应而使事故音响信号小母线 WAS 与信号小母线 WS 一接通，从而使脉冲变流器 TA 的一次电流突增，其二次侧感应电动势使干簧继电器 KR 动作。KR 的常开触点闭合，使中间继电器 KM$_1$动作，其常开触点 KM$_1$ 1—2 闭合使 KM 自保持，其常开触点 KM$_1$ 3—4 闭合，使电笛 HA 发出音响信号，其常开触点 KM$_1$ 5—6 闭合，启动时间继电器 KT。KT 经整定的时限后，其触点闭合，接通中间继电器 KM$_2$，其常闭触点断开，解除 HA 的音响信号。当另一台断路器(例如 QF$_2$)又自动跳闸时，同样会使 HA 发出事故音响信号。因此这种装置为"重复动作"的音响信号装置。

二、中央预告信号装置

对中央预告信号装置的要求为，当供电系统中发生故障和处于不正常工作状态但不需立即跳闸的情况时，应及时发出音响信号，并有显示故障性质和地点的指示信号(灯光或光字牌指示)。预告音响信号通常采用电铃，应能手动或自动复归。

中央预告信号装置亦有直流操作的和交流操作的两种，同样分不能重复动作的和能重复动作的两种。

图 8-9 所示是不能重复动作的中央复归式预告音响信号装置回路图。当系统中发生不正常工作状态时，继电保护触点 KA 闭合，使预告音响信号(电铃)HA 和光字牌 HL 同时动作。值班员得知预告信号后，可按下按钮 SB$_2$，中间继电器 KM 动作，其触点 KM 的 1—2 断开，解除电铃 HA 的音响信号，其触点 KM 的 3—4 闭合，使 KM 自保持，其触点 KM 的 5—

6闭合,黄色信号灯 YE 亮,提醒值班员发生了不正常工作状态,而且尚未解除。当不正常工作状态消除后,继电保护触点 KA 返回,光字牌 HL 的灯光和黄色信号灯 YE 也同时熄灭。但在头一个不正常工作状态未消除时,如果出现另一个不正常工作状态,电铃 HA 不会再次动作。

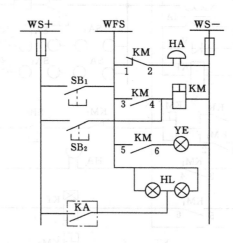

图 8-9 不能重复动作的中央复归式预告音响信号回路

WS——信号小母线;WFS——预告信号小母线;SB₁——试验按钮;SB₂——音响解除按钮;

KA——继电保护触点;KM——中间继电器;YE——黄色信号灯;HL——光字牌指示灯;HA——电铃

关于能重复动作的中央复归式预告音响信号回路,其基本工作原理与图 8-8 所示能重复的中央复归式事故音响信号回路相似,因此从略。

第四节　变电所综合自动化

在供电系统的变电所中,目前二次部分多采用机电式继电保护装置、仪表屏、操作台及中央信号系统等对供电系统的运行状态进行监控。这样的配置,机构复杂,信息采样重复,资源不能共享,维护工作量大。在供电系统中,正常操作、故障判断和事故处理是变电所的主要工作,而常规仪表不具备数据处理功能,对运行设备出现的异常状态难以早期发现,更不便于和计算机联网、通信。随着计算机技术与控制技术的发展、电网改造的需求,变电所综合自动化已成为发展趋势。

所谓变电所的综合自动化就是将变电所的继电保护装置、控制装置、测量装置、信号装置综合为一体,采用全微机化的新型二次设备替代机电式的二次设备,用不同的模块化软件实现传统设备的各种功能,用计算机局部网络(LAN)通信代替大量的信号电缆连接,通过人机接口设备,实现变电所的综合自动化管理、监视、测量、控制打印记录等所有功能。

一、变电所的综合自动化特点

(一)功能综合化

变电所综合自动化是建立在计算机硬件技术、数据通信技术、模块化软件技术上发展起来的,它除了直流电源以外,综合了全部的二次设备为一体,即监控装置综合了仪表屏、模拟屏、中央信号系统、操作屏和光字牌,微机保护代替了传统的电磁式保护。

（二）微机化结构

综合自动化系统内的主要插件全是微机化的分布式结构,网络总线将微机保护、数据采集、控制环节的 CPU 组成一个整体,实现各种功能,一个系统往往有几十个 CPU 同时并行运行。

（三）操作监视屏幕化

变电所值班人员完全面对屏幕显示器对变电所进行全方位监视与操作。屏幕数据显示代替了指针式仪表读数,屏幕上的实时接线画面取代了传统的模拟屏,在操作屏上进行的跳闸合闸操作被屏幕上图标光标操作取代,光字牌报警被屏幕画面的动态显示和文字提示所取代。从计算机屏幕可以监视整个变电所的运行状态。

（四）运行管理智能化

由于综合自动化系统本身所具有的自诊断功能,它不仅能监测供电系统的一次设备,还能够实现在线自检。相应开发的专家系统,如故障判断、负荷控制系统等能对变电所实现智能化运行管理。

二、变电所综合保护自动化系统的基本功能

供电系统中变电所综合自动化系统的基本功能主要取决于供电系统的实际需要、技术上实现的可能性以及经济上的合理性。归纳起来如图 8-10 所示。

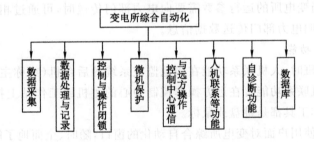

图 8-10　变电所综合自动化基本功能框图

（一）数据采集

对供电系统运行参数进行在线实时采集是变电所综合自动化系统的基本功能之一。运行参数可归纳为模拟量、状态量和脉冲量。

1. 模拟量

变电所中典型的模拟量包括进线电压、电流和功率值,各段母线的电压、电流,各馈电回路的电流及功率,此外还有变压器的油温、电容器室的温度、直流电源电压等。

2. 状态量

变电所中采集的状态量包括断路器与隔离开关的位置状态,一次设备运行状态及报警信号,变压器分接头位置信号,电容器的投切开关位置状态等,这些信号大部分采用光电隔离方式的开关量中断输入或扫描采样获得。

3. 脉冲量

脉冲量主要是脉冲电度表输出的以脉冲信号表示的电度量。

（二）数据处理与记录

(1) 变电所运行参数的统计、分析和计算:包括变电所进线及各馈电回路的电压、电流、

有功功率、无功功率、功率因数、有功电量、无功电量的统计计算；进线电压及母线电压、各次谐波电压畸变率的分析，三相电压不平衡度的计算；日负荷、月负荷的最大值、最小值、平均值的统计分析；各类负荷报表的生成及负荷曲线的绘制；等等。

（2）变电所内各种事件的顺序记录并存档：如各开关的正常操作下的次数、发生的时间，继电保护装置和各种自动装置动作的类型、时间、内容等。

（3）变电所内运行参数和设备的越限报警及记录：在给出声光报警的同时，记录下被监测量的名称、限值、越限值、越限的百分数、越限的起止时间等。

（三）控制与操作闭锁

可以通过变电所综合自动化系统屏幕对变电所内各个开关进行操作，也可以对变压器的分接头进行调节控制，对电容器组进行投切。为了防止计算机系统故障时无法操作被控设备，在设计上应保留人工直接跳合闸手段。

（四）微机保护

主要包括线路保护、变压器保护、母线保护、电容器保护、备用电源的自动投入装置和自动重合闸装置等。

（五）与远方操作控制中心通信

本功能即常规的远动功能，在实现"四遥"（遥测、遥信、遥调、遥控）的基础上增加远方修改整定保护定值，当变电所的运行参数需要向电力部门传送时，可通过相应的接口和通道，按规定的通信规约向电力部门传送数据信息。

（六）人机联系功能

变电所有人值班时，人机联系功能在当地监控系统的后台机（或称主机）上执行。变电所无人值班时，人机联系功能可在远方操作控制中心的主机或工作站上执行。操作人员面对的都是屏幕，操作工具都是键盘或鼠标。

人机联系功能使用户面对变电所综合自动化的窗口，随时、全面地了解供电系统及变电所的运行状态，包括供电系统的主接线、设备的运行状况、报警画面与提示信息、事件的顺序记录、事故记录、保护整定值、控制系统的配置显示、各种报表和负荷曲线等。通过键盘可以修改保护的定值，可以选定保护的类型，可以设定报警的界限，可以进行手动与自动的设置及人工操作控制断路器、隔离开关等。

屏幕显示的优点是直观、灵活、容易更新，但是它是暂时的，不能够长期保存信息，而人机联系的另一种方式就是打印记录功能，因此屏幕显示和打印记录是变电所综合自动化系统进行人机联系不可缺少的互补措施。

打印通常分为定时打印、随即打印和召唤打印三种方式。定时打印一般用于系统的运行参数、每天的负荷报表及负荷曲线等。随即打印用于系统发生异常运行状态、参数越限、开关变位、保护动作等情况，立即打印有关信息。召唤打印是根据值班人员的需要和指令，打印指定的内容。

（七）自诊断功能

综合自动化系统的各单元模块应具有自诊断功能，自诊断信息也像数据采集一样周期性地送往后台操作控制中心。

（八）综合自动化系统的数据库

它是用来存储整个供电系统所涉及的数据信息和资料信息。对整个供电系统而言，其数据库中的类型可分为基本类数据、对象类数据、归档类数据。

基本类数据是整个数据库的基础,它包括供电系统的运行参数和状态数据,如电压、电流、有功功率、无功功率、开关位置、变压器的油温等。

基本类数据实际上也就是将变电所中的部分一次设备和与其相关的基本数据结合一起,把它们当作一个整体对象对待,便于其他系统引用,如变压器数据包括分接头位置、温度、一次侧电流和电压、二次侧电流和电压、有功及无功功率、分接头调节控制及相关的操作等。

归档类数据,主要存在于磁盘文件中,只有查看历史数据时才用到。它包括两类,一类是变电所基本信息类数据,如变电所内一次、二次设备的型号、规格、技术参数等原始资料;另一类是反映变电所运行状态类型的数据,如日、月的平均、最大、最小负荷,事故报警历史记录等,这类数据一般都带有时标(即标记事件及相关参数发生的时刻),以备查阅。

除了以上基本功能外,目前一些综合自动化系统已开发了相应的智能分析模块软件,如事故的综合分析、自动寻找故障点、自动选出接地线路、变电所倒闸操作票的自动生成和打印等功能。

小　结

本章首先详细阐述了操作电源的类型、特点;其次讲解了控制和信号装置的原理、控制和信号装置故障的分析和处理方法;然后介绍了中央信号装置;最后描述了变电所综合自动化系统的特点、功能。

思考与练习

1. 变电所的操作电源有哪些类型? 各自有何特点?

2. 断路器的控制与信号回路应满足哪些要求?

3. 具有灯光监视的变压器断路器的控制与信号回路由哪几部分构成?

4. 控制和信号装置有哪些常见故障? 如何处理?

5. 什么是事故信号、预告信号?

6. 变电所综合自动化有哪些特点? 具备哪些基本功能?

第九章　供电安全技术

第一节　过电压与防雷

一、过电压

电力系统中电气设备的绝缘，在正常工作时只承受额定电压。由于各种原因而造成设备的电压异常升高，大大超过设备的额定电压，使设备的绝缘击穿或闪络，这就是过电压。过电压分内部过电压和大气过电压两种。

内部过电压是由于系统的操作、故障或某些不正常运行状态使系统发生电磁能量的转换而产生的过电压。内部过电压的能量来源于系统本身，其大小与电网电压成正比，通常是额定电压的 2.5～4 倍，最大不超过相电压的 7 倍。

大气过电压是指有雷云直接对地面上的电气设备放电或对设备附近的物体放电在电力系统中引起的过电压。前者称直接雷击过电压，其值可达数百万伏，电流可达数十万安，危害性极大。后者称感应过电压，其幅值一般不超过 300 kV，个别可达到 500～600 kV。大气过电压不仅对电力系统有很大危害，而且也可能使建筑物受到破坏，并能点燃易燃易爆品，危及人身安全，故应加强防雷。

（一）内部过电压

电力系统在运行过程中，有时由于断路器操作和接地短路等而引起系统的某些参数发生变化，使电力系统由一种稳态过渡到另一种稳态。在过渡过程中，系统内部电磁能量振荡、互相转换和重新分布，可能在某些设备上或全系统中出现过电压。内部过电压根据产生的原因可分为操作过电压、电弧接地过电压及谐振过电压等。

1. 操作过电压

切断空载线路或并联电容器组时，如果断路器熄灭小电弧的能力差，导致电弧在触头之间多次重燃，可能引起电感-电容回路的振荡，从而产生过电压。切断电感性负载时，由于断路器强制熄弧，随着电感电流的遮断，电感中的磁能将转换为电能，会使电感性电路产生很高的感应电势，即过电压。在中性点不接地或经消弧线圈接地的 63 kV 及以下系统中，切断空载线路或电感负荷所出现的最大操作电压一般不超过 3.5 倍相电压。

切断空载变压器时，由于变压器的激磁电流较小，如断路器灭弧能力强，可能在电流未过零时被强迫切断，出现截流现象，使变压器绕组中的电磁能量转化为电能，从而产生很高的过电压。过电压数值的大小与断路器的结构、回路参数、中性点接地方式、变压器接线和构造等因素有关。在中性点直接接地的电力网中，切断 110～330 kV 空载变压器时的过电压一般不超过 3 倍相电压。中性点不接地或经消弧线圈接地的 35～110 kV 电力网中，切断空载变压器时的过电压一般不 4 倍相电压。

2. 电弧接地过电压

中性点对地绝缘的电网中,发生单相接地故障时,在接地点若产生不稳定的电弧,电弧就会发生时断时续的现象,由于系统存在电感和电容,这种间歇性电弧,将导致多次重复的电磁振荡,在非故障和故障相上产生严重的电弧接地过电压。这种过电压一般不超过 3 倍相电压,个别可达 3.5 倍相电压。

3. 谐振过电压

电力系统中所有电流回路都包含着电容和电感,当这些参数组合不利时,由于某些原因,可能引起谐振,此时出现的过电压叫作谐振过电压。在中性点不接地系统中,比较常见的是铁磁谐振过电压,此时过电压的幅值一般不超过 1.5～2.5 倍相电压,个别在 3.5 倍相电压以上。

可见,内部过电压与电力网的结构、参数、中性点接地方式,断路器的性能,操作方式等因素有关。在设计时,为了保证电力系统安全运行,一般均按以下电压值验算其绝缘水平:电压为 35～63 kV 及以下的电网取 4 倍相电压,110 kV 中性点经消弧线圈接地系统取 3.5 倍相电压,110～220 kV 中性点直接接地系统取 3 倍相电压,330 kV 取 2.75 倍相电压。对电压 220 kV 及以下的变电所和线路的绝缘,一般能承受通常可能出现的内部过电压。但为了防止内部过电压对绝缘较弱的电力设备的损坏,应采取适当措施加以防护。

4. 内部过电压防护措施

为防止切断空载变压器时产生的操作过电压对变压器绕组绝缘的损坏,可在变压器入口处装设阀型避雷器来保护。当产生过电压时,避雷器放电,从而降低了过电压值。由于空载变压器中的磁能比阀型避雷器允许通过的能量小得多,所以这种保护是可靠的。这种过电压保护用的避雷器,任何时候均不能退出运行。

为防止真空断路器或真空接触器切断感性负荷时产生的操作过电压对设备绝缘的损坏,可在电路中装设压敏电阻或阻容吸收装置来防护。图 9-1 所示为阻容吸收器原理图。图中电容 C_1、C_2、C_3 不仅可以减缓过电压的上升陡度,而且可以降低负荷回路的波阻抗;电阻 R_1～R_3 用来增强线路的绝缘;电阻 R_4～R_6 用来消耗过电压的能量,减少电弧重燃和对感性负荷绝缘的影响。

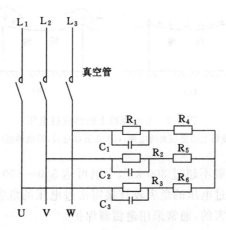

图 9-1　阻容吸收器原理图

为防止电路中可能出现的谐振过电压,可采取调整电路参数或装设电容器,破坏其谐振条件的方法,来防止这种过电压的发生。

(二)大气过电压

1. 直接雷击过电压

天空中的密集云块因流动而相互摩擦,从而形成带有正、负电荷的雷云。在雷云下面的大地将感应出异性电荷,雷云与大地形成一个巨大的电容器,当其间的电场强度达到 $25\sim30$ kV/cm 时,空气产生强烈游离,形成指向大地的一段导电通路,称雷电先导。当雷电先导接近地面时,大地感应的异性电荷更加集中,特别是易于聚集在较突出部分或较高的地面,形成迎雷先导。当雷电先导与迎雷先导接触时,出现极大的电流并发出声和光,即雷鸣、闪电,这就是主放电阶段。主放电电流可达数十万安,是全部雷电流中的主要部分,此时电压可达数百万伏。当雷电直接击中电气设备时,产生的过电压称直接雷击过电压。

雷电的破坏作用很大,它能伤害人畜,击毁建筑物,造成火灾,并使电气设备的绝缘受到破坏,影响供电系统的安全运行。对直接雷击过电压,一般采用避雷针或避雷线进行保护。

2. 感应过电压

当架空线路的上方出现雷云时,由于静电感应作用,会在架空线上感应出大量与雷云异性的束缚电荷,如图 9-2(a)所示。当雷云对大地上其他目标(如附近的山地或高大树木等)放电后,雷云所带电荷迅速消失,特别是主放电阶段,由于主放电电流很大且速度快,会引起空间电场的突变,使导线上感应的束缚电荷得到释放,而成为自由电荷。自由电荷以电磁波的速度向两端急速涌去,从而在线路上形成感应冲击波,使所到之处的电压升高,这就是感应过电压,如图 9-2(b)所示。如遇线路某处或某一电气设备的对地绝缘较差,感应过电压足以使其击穿。

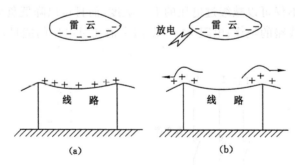

图 9-2 架空线路上的感应过电压
(a)在线路上的感应束缚电荷;(b)雷云放电后,形成的感应冲击波

感应过电压的幅值一般不超过 300 kV,个别可达 $500\sim600$ kV,足以使 $60\sim80$ cm 的空气间隙击穿。虽然感应过电压的危害较直接雷击过电压的危害要小,但对 63 kV 及以下的电气设备还是有很大危害的,通常采用避雷器保护。

二、防雷设计

接闪器是专门用来接受直接雷击(雷闪)的金属物体。接闪的金属杆称为避雷针。接闪的金属线称为避雷线，或称架空地线。接闪的金属带称为避雷带。接闪的金属网称为避雷网。

避雷针及避雷线是防止直接雷击的装置，它把雷电引向自身，使被保护物免受雷击。

避雷针是接地良好的、顶端尖锐的金属棒，它由接闪器、接地引下线和接地极三部分组成。接闪器由直径 12～20 mm、长为 1～2 m 的圆钢或直径为 20～25 mm 钢管制成，接地引下线由截面不小于 25 mm² 的镀锌钢绞线或直径不小于 6 mm 的圆钢制成，接地极为埋入土壤中的金属板或金属管。为了保护接地良好，三部分必须牢固地熔焊连接。

避雷线是接地良好的架空金属线，位于架空导线的上方。一般采用 35 mm² 的钢绞线，主要用来保护 35 kV 及以上的架空输电线路。

（一）避雷针、避雷线、避雷带和避雷网

1. 避雷针

避雷针一般采用镀锌圆钢（针长 1 m 以下时直径不小于 12 mm，针长 1～2 m 时直径不小于 16 mm）或镀锌钢管（针长 1 m 以下时内径不小于 20 mm，针长 1～2 m 时内径不小于 25 mm）制成。它通常安装在电杆（支柱）或构架、建筑物上，其下端要经引下线与接地装置连接。

避雷针的功能实质上是引雷，它能对雷电场产生一个附加电场（该附加电场是由于雷云对避雷针产生静电感应而引起的），使雷电场畸变，从而将雷云放电的通道，由原来可能向被保护物体发展的方向，吸引到避雷针本身，然后经与避雷针相连的引下线和接地装置将雷电流泄放到大地中去，使被保护物免受直接雷击。所以，避雷针实质是引雷针，它把雷电流引入地下，从而保护了线路、设备及建筑物等。

避雷针的保护范围，以它能防护直击雷的空间来表示。

我国过去的防雷设计规范（如 GBJ 57—83）和过电压保护设计规范（如 GBJ 64—83），对避雷针和避雷线的保护范围都是按折线法来确定的，而新颁国家标准《建筑物防雷设计规范》(GB 50057—2010) 则规定采用 IEC 推荐的滚球法来确定。

所谓滚球法就是选择一个半径为 h_r（滚球半径）的球体，沿需要防护直击雷的部位滚动，如果球体只接触到避雷针（线）或避雷针（线）与地面，而不触及需要保护的部位，则该部位就在避雷针（线）的保护范围之内。

单支避雷针的保护范围，按 GB 50057—2010 的规定，应按下列方法确定（参看图 9-3）。

（1）当避雷针高度 $h \leqslant h_r$ 时

① 距地面 h_r 处作一平行于地面的平行线。

② 以避雷针的针尖为圆心，h_r 为半径，作弧线交平行线于 A、B 两点。

③ 以 A、B 为圆心，h_r 为半径作弧线，该弧线与针尖相交并与地面相切。从此弧线起到地面止的整个伞形空间，就是避雷针的保护范围。

④ 避雷针在被保护物高度 h_x 的 xx 平面上的保护半径按下式计算

$$r_x = \sqrt{h(2h_r - h)} - \sqrt{h_x(2h_r - h_x)} \tag{9-1}$$

式中 h_r——滚球半径，按表 9-1 确定。

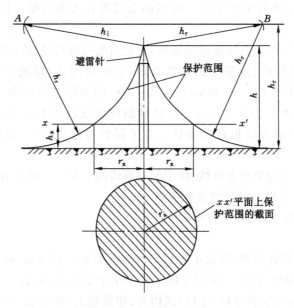

图 9-3　单支避雷针保护范围

表 9-1　　　　　　　　按建筑物防雷类别确定滚球半径和避雷网格尺寸

建筑物防雷类别	滚球半径 h_r/m	避雷网格尺寸/m
第一防雷建筑物	30	$\leqslant 5 \times 5$ 或 $\leqslant 6 \times 4$
第二防雷建筑物	45	$\leqslant 10 \times 10$ 或 $\leqslant 12 \times 8$
第三防雷建筑物	60	$\leqslant 20 \times 20$ 或 $\leqslant 24 \times 16$

⑤ 避雷针在地面上的保护半径,按下式计算

$$r_0 = \sqrt{h(2h_r - h)} \qquad (9\text{-}2)$$

(2)当避雷针高度 $h > h_r$ 时

在避雷针上取高度 h_r 的一点代替单支避雷针的针尖作为圆心,其余的方法与 $h \leqslant h_r$ 时的方法相同。

关于两支及多支避雷针的保护范围,可参看 GB 50057—2010 或有关设计手册,此略。

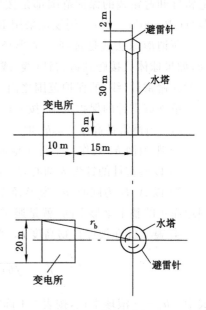

【例 9-1】　某厂在一座高为 30 m 的水塔侧建一变电所,其各部尺寸如图 9-4 所示。水塔顶装有一支高 2 m 的避雷针,它能否保护这一变电所?

【解】　查表 9-1 得滚球半径 $h_r = 60$ m,而 $h = 30$ m + 2 m = 32 m,$h_x = 6$ m,由(式 9-1)得避雷针保护半径为

$$r_x = \sqrt{32 \times (2 \times 60 - 32)} - \sqrt{6 \times (2 \times 60 - 6)}$$
$$= 26.9 \text{ m}$$

现变电所在 $h_x = 6$ m 高度上最远一角距离避雷

图 9-4　例 9-1 图

针的水平距离为

$$r = \sqrt{(12+6)^2 + 5^2} = 18.7 \text{ m} < r_x$$

由此可见,水塔上的避雷针完全能保护这一变电所。

2. 避雷线

避雷线一般采用截面不小于 35 mm² 的镀锌钢绞线,架设在架空线路的上面,以保护架空线路或其他物体(包括建筑物)免遭直接雷击。由于避雷线既是架空的,又要接地,因此它又称为架空地线。避雷线的功能和原理与避雷针基本相同。

单根避雷线的保护范围,按 GB 50057—2010 的规定,当避雷线的高度 $h \geqslant 2h_r$ 时,无保护范围。当避雷线的高度 $h < 2h_r$ 时,应按下列方法确定(参看图 9-5)。但需注意,确定架空避雷线的高度时,应计及弧垂的影响,在无法确定弧垂的情况下,等高支柱间的档距小于 120 m 时,其避雷线中点的弧垂宜采用 2 m,档距为 120~150 m 时宜采用 3 m。

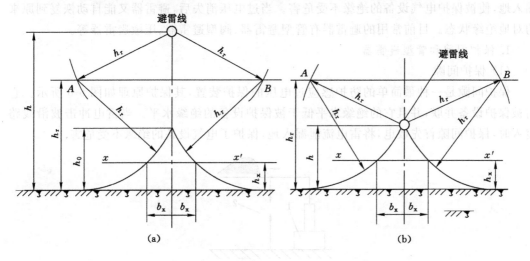

图 9-5　单根避雷线的保护范围

(a) 当 $2h_r > h > h_r$ 时;(b) 当 $h < h_r$ 时

(1) 距地面 h_r 处一平行于地面的平行线。

(2) 以避雷线为圆心,h_r 为半径,作弧线交平行线于 A、B 两点。

(3) 以 A、B 为圆心,h_r 为半径作弧线,该两弧线相交或相切,并与地面相切。从该弧线起到地面止就是保护范围。

(4) 当 $2h_r \gg h_r$ 时,保护范围最高点的高度 h_0 按下式计算

$$h_0 = 2h_r - h \tag{9-3}$$

(5) 避雷线在 h_r 高度的 xx' 平面上的保护宽度,按下式计算

$$b_x = \sqrt{h(2h_r - h)} - \sqrt{h_x(2h_r - h_x)} \tag{9-4}$$

式中　h——避雷线的高度;

　　　　h_x——被保护物的高度。

关于两根等高避雷线的保护范围,可参看 GB 50057—2010 或有关设计手册,此略。

3. 避雷带和避雷网

避雷带和避雷网主要用来保护高层建筑物免遭直击雷和感应雷损坏。

避雷带和避雷网宜采用圆钢和扁钢制成,优先采用圆钢。圆钢直径应不小于 8 mm;扁钢截面应不小于 48 mm²,其厚度应不小于 4 mm。当烟囱上采用避雷环时,其圆钢直径应不小于 12 mm;扁钢截面应不小于 100 mm²,其厚度应不小于 4 mm。避雷网的网格尺寸要求如表 9-1 所示。

以上接闪器均应经引下线与接地装置连接。引下线宜采用圆钢或扁钢,优先采用圆钢,其尺寸要求与采用的避雷带(网)相同。引下线应沿建筑物外墙明敷,并经最短的路径接地,建筑艺术要求较高者可暗敷,但其圆钢直径应不小于 10 mm,扁钢截面应不小于 80 mm²。

(二)避雷器

避雷器的作用是防止电气设备因感应雷击产生过电压而造成其绝缘击穿损坏。其工作原理为,避雷器一端与被保护设备连接,另一端接地,且避雷器的对地放电电压低于被保护设备的绝缘水平。此时,当过电压感应冲击波沿线路袭来时,避雷器首先放电,将雷电流泄漏入地,使被保护电气设备的绝缘不受危害。当过电压消失后,避雷器又能自动恢复到原来的对地绝缘状态。目前常用的避雷器有管型避雷器、阀型避雷器、压敏避雷器等。

1. 保护间隙和管型避雷器

(1)保护间隙

保护间隙是一种最简单的防护感应过电压的保护装置,其保护原理如图 9-6 所示。它与被保护设备并联,并且它的绝缘水平低于被保护设备的绝缘水平。当雷电冲击波沿线路侵入时,保护间隙首先放电,将雷电流泄漏入地,保护了电气设备的绝缘不受危害。

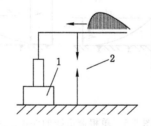

图 9-6　保护间隙原理示意图
1——电气设备;2——保护间隙

保护间隙被击穿后,电网的工频电流将经间隙电弧而接地,形成工频续流。由于保护间隙熄弧能力小,不能熄灭工频续流,从而形成接地短路故障。这是不允许的,故保护间隙只能用于特定的场合。

(2)管型避雷器

管型避雷器结构如图 9-7 所示,该避雷器实际上是一个具有较高熄弧能力的保护间隙。

管型避雷器克服了保护间隙熄弧能力小的缺点。它由产气管 1、内部间隙 S_1、外部间隙 S_2 等组成。产气管用纤维、有机玻璃、塑料或橡胶等产气材料制成。内部间隙 S_1 由棒形电极 2 和环形电极 3 组成,为熄弧间隙。当工频续流通过内部间隙时,电弧高温使管壁的产气材料分解出大量的气体,管内压力增高,从环形电极的喷口处迅速喷出,形成强烈的纵吹作用,使电弧在续流第一次过零时熄灭。

外间隙 S_2 的作用是使产气管在平时不承受工频电压,防止管子表面受潮后表面放电而产生接地故障。

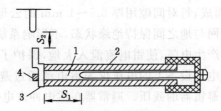

图 9-7　管型避雷器

1——产气管；2——棒形电极；3——环行电极；4——动作指示器；

S_1——内间隙；S_2——外间隙

管型避雷器只用于保护变电所的进线和线路的绝缘薄弱处，在使用时应注意以下两点：

① 通过管型避雷器的工频续流，必须在其规定的上、下限电流范围内，因为其熄弧能力由开断电流决定。续流太小时，产生气体少，不足以灭弧；续流太大时，管内压力过高，易使管子爆裂。

② 上限电流由管子的机械强度决定，下限电流由电弧与管壁接触的紧密程度决定。若多次动作，材料气化，管壁变薄，内径增大，就不能再切断规定的电流值，为此，一般内径增大 20%～25% 时不能再用。

2．阀型避雷器

阀型避雷器主要用于保护变压器和高压电器免受感应过电压的危害。阀型避雷器的结构如图 9-8 所示，它主要由火花间隙和非线性电阻（阀片）组成。为防止潮气、尘埃等物的影响，全部元件都装在密封的瓷套内。

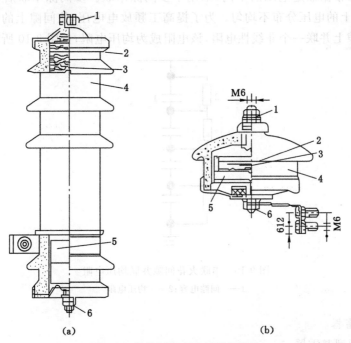

图 9-8　高低压阀型避雷器的结构

(a) FS 4-10 型；(b) FS-0.38 型

1——上接线端；2——火花间隙；3——云母垫圈；4——瓷陶管；5——阀片；6——下接线端

火花间隙由铜片冲制而成,每对间隙用厚 0.5～1 mm 的云母垫圈隔开,如图 9-9 所示。正常情况下,火花间隙使电网与地之间保持绝缘状态,不影响系统的正常运行。当雷电冲击波袭来时,火花间隙被击穿产生电弧,使雷电流泄入大地,保护了电气设备不受雷电冲击波的威胁。此时,加在被保护电气设备上的电压仅为雷电流通过避雷器及其引线和接地装置上的电压降,该电压降称为避雷器的残压。避雷器在雷电冲击电压作用下,使其击穿放电的电压值,称为冲击放电电压。为了保证电气设备的绝缘不被击穿,避雷器的冲击放电电压与其残压,均应低于被保护设备的绝缘水平。

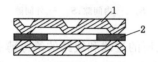

图 9-9　阀型避雷器的火花间隙

1——黄铜电极;2——云母片

非线性电阻又称阀片,它是由碳化硅(金刚砂)和黏合剂在一定温度下烧结而成的,其电阻呈非线性特性。雷电流通过时,阀片呈现低电阻,以利于雷电流泄放和降低残压。当雷电流消失后,线路上恢复工频电压时,阀片呈现高电阻,尾随雷电流而来的工频续流由于遇到很大的电阻,被限制到很小的数值,使火花间隙中的电弧在工频续流第一次过零时就熄灭。火花间隙绝缘的迅速恢复切断了工频续流,从而保证线路在雷电流泄放后恢复正常运行。

阀型避雷器根据额定电压的不同,采用了多间隙串联。多间隙串联后,分布电容的存在,造成各间隙上的电压分布不均匀。为了提高工频放电电压,使间隙上的电压分布均匀,在每个火花间隙上并联一个非线性电阻,该电阻成为均压电阻,如图 9-10 所示。

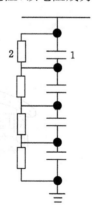

图 9-10　串联火花间隙并联均压电阻

1——间隙电容;2——均压电阻

3. 其他避雷器

(1) 磁吹阀型避雷器

磁吹阀型避雷器是保护性能进一步得到改进的一种阀型避雷器。由于火花间隙采用了磁吹灭弧的方法,因而比普通型避雷器的灭弧能力大为提高。其阀片采用高温烧结,通流能力大,阀片数目少,从而具有较低的残压。它专门用来保护重要的或绝缘较为薄弱的设备,如高压电动机等。

（2）压敏电阻型避雷器

压敏电阻型避雷器仅有压敏电阻阀片,而无火花间隙。压敏电阻是由氧化锌、氧化铋等金属氧化物烧结制成的多晶半导体陶瓷非线性电阻元件,通常做成阀片状。其中氧化锌晶粒是低电阻率的,其间填充的其他多种金属氧化物微细粉末组成的晶界层是高电阻率的。正常时,晶界层呈高电阻率状态,因此,在工频电压下,呈现极大的电阻,仅有数百微安电流通过,故不需火花间隙即可熄灭续流。在过电压时,电阻率急剧下降,流过阀片的电流急剧增大,起到过电压保护作用。压敏避雷器由于阀片通流能力强,故其体积较小。目前压敏避雷器广泛应用于电气设备的过电压保护。

三、变电所的防雷保护

变电所防雷保护包括防护直接雷击过电压和线路传来的感应入侵波过电压,还有避雷针上落雷时产生的感应和反击过电压。

（一）直击雷的防护

变电所对直击雷的防护方法是装设避雷针,将需要保护的设备和建筑物置于保护范围之内。

在避雷针上落雷时,雷电流在避雷针上产生的电压降,向被保护物放电,这一现象称为反击。独立的避雷针与被保护物之间,应保持一定距离。为了避免发生反击,避雷针与被保护设备之间的距离不得小于 5 m。避雷针应有独立的接地体,其接地电阻不得大于 10 Ω,与被保护物接地体之间的距离不得小于 3 m。

（二）雷电入侵波的防护

变电所利用装设在各母线段上的阀型避雷器防护雷电入侵波引起的过电压。

由于避雷器有一定的有效保护距离,所以避雷器与被保护设备的电气安装距离不能太远,否则在被保护设备上产生的过电压值将很大,起不到保护设备的目的。变电所内最重要的设备是变压器,它的价格高,绝缘水平又较低,为了使变压器得到有效的保护,最好将避雷器与变压器直接并联。但实际上变压器与母线之间还有其他开关设备,致使它们之间不得不相距一定距离。所以,为了使避雷器有效的发挥其作用,故在安装避雷器时应满足表9-2的规定。

表 9-2　　　　　　　　阀型避雷器与被保护设备间的最大电气距离　　　　　　单位:m

电压等级 /kV	装设避雷线的范围	到变压器的距离				到其他电器的距离
		变电所进线回路数				
		1	2	3	3 以上	
35	进线段	25	35	40	45	
	全线	55	80	95	105	
63	进线段	40	65	75	85	按到变压器距离增加 35% 计算
	全线	80	110	130	145	
110	全线	90	135	155	175	

（三）进出线的防雷保护

1. 35～110 kV 变电所进线段的防雷保护

对于 35～110 kV 变电所的进线段，为了限制雷电入侵波的幅值和陡度，降低过电压的数值，应在变电所的进线段上装设防雷装置。图 9-11 所示为 35～110 kV 变电所进线段的标准保护方式。

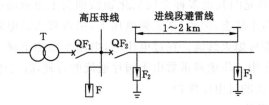

图 9-11　35～110 kV 变电所进线的防雷保护

图中 1～2 km 的避雷线用于防止进线段遭直接雷击及削弱雷电入侵波的陡度。若线路绝缘水平较高（木杆线路），其进线段首端应装设管型避雷器 F_1，用以限制进线段以外沿导线侵入的雷电冲击波的幅值，而其他线路（铁塔和钢筋混凝土电杆）不需装设。

对于进线回路的断路器或隔离开关，在雷雨季节可能经常断开，而线路侧又带电时，为了保护进线断路器及隔离开关免受入侵波的损坏，应装设管型避雷器 F_2。阀型避雷器 F 用于保护变压器及其他电气设备。

2. 3～10 kV 配出线的放雷保护

当变电所 3～10 kV 配出线路上落雷时，雷电入侵波会沿配出线侵入变电所，对配电装置及变压器绝缘构成威胁。因此在每段母线上和每路架空线上应装设阀型避雷器，如图 9-12 所示。对于有电缆段的架空线路，避雷器应装在电缆与架空线的连接处，其接地端应与电缆金属外皮相连。若配出线上有电抗器，在电抗器和电缆头之间，应装一组阀型避雷器，以防电抗器端电压升高时损害电缆绝缘。

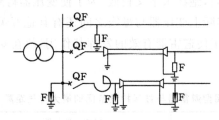

图 9-12　变电所 3～10 kV 配电所的防雷保护

四、高压电机的防雷保护

由架空线路供电或仅经过一段 100～500 m 的电力电缆供电的高压电机，由于它们的架空线路敞露在大气中，易于受到雷电活动的影响，而高压电机的绝缘水平比变压器低，沿架空线路入侵的雷电波对它的威胁较大，因此应采取必要的防雷措施。

（一）不带电缆进线的电机防雷保护

图 9-13 所示为单机容量为 500～6 000 kW 或处在雷电较弱地区的高压电机防雷保护接线图。此保护接线图中，在长为 L 的架空进线段应设避雷线或避雷针进行直击雷的保

护,L 一般为 $450\sim600$ m。若雷电落在该保护段以外,雷电波需经过保护段向电机侵入。当经过该保护段时,管型避雷器 F_1 和 F_2 逐次击穿放电,从而降低了雷电波的幅值,同时雷电波经过保护段架空线路时其幅值也要逐渐衰减。这样使到达电机母线上的雷电波幅值大为减少。

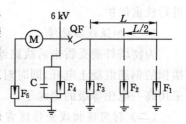

图 9-13 不带电缆进线段的高压电机的防雷保护

在进线开关前装设的阀型避雷器 F_3,主要用来保护处于开路状态的高压断路器或隔离开关。装在电机母线上的磁吹阀型避雷器 F_4,其放电残压不大,用来保护电机免受雷电冲击波的危害。为了降低其残压,F_4 磁吹阀型避雷器的接地电阻不应小于 2 Ω。

为了保护电机的匝间绝缘和防止感应过电压,要求侵入电机的雷电波的波头陡度小些,因此在母线上装 $0.5\sim1$ μF 的电容器 C,当雷电波经过电容器时,电容器吸收一部分电荷,可使雷电波的波头陡度有所降低。

高压电机的三相定子绕组通常采用 Y 接线,其中性点对地是绝缘的。当雷电波侵入电机到达中性点时,通过装于电机中性点处的阀型避雷器 F_5 将雷电流泄入大地。装于该中性点的避雷器的额定电压不低于最大运行相电压。

(二)具有电缆进线的电机防雷保护

对雷电活动比较强烈的地区,为了加强对高压电机的防雷保护,应采用有电缆进线段的保护接线,如图 9-14 所示。

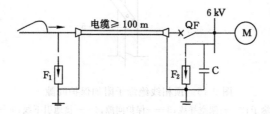

图 9-14 具有电缆进线的高压电机的防雷保护

当雷电波涌到线路电缆段前方时,装在该处的阀型避雷器 F_1 放电,此时除部分雷电流侵入电缆芯线继续前进外,其余部分雷电流经 F_1 阀型避雷器后沿两条通路流入大地。一条是主要放电通路,它只经过 F_1 阀型避雷器的接地电阻入地。另一条放电通路是由进线电缆的首端电缆头接地线、电缆的金属外皮、进线电缆末端的电缆头接地线经磁吹阀型避雷器 F_2 的接地电阻入地。

当雷电流流经电缆金属外皮时,由于互感的作用,在电缆芯线上势必产生一个互感电势,其方向恰与流经芯线上雷电流的方向相反,从而降低了雷电流的幅值。靠电缆进线段的防护作用可以有效地将流经磁吹阀型避雷器 F_2 的雷电流限制在 3 kA 以下,这样既减轻了 F_2 的负担,又降低了放电后的残压,从而提高了防雷效果。同时由于电缆具有较大的电容,雷电波通过电缆芯线时也会使其波头较为平坦。

五、3~10 kV 架空线路的防雷保护

10 kV 及以下架空线路一般不装设避雷线。该电压等级下的架空线主要从以下几方面进行放雷保护。

（一）加强线路绝缘

为使塔杆遭受雷击后线路绝缘不致发生闪络，应适当加强线路绝缘，如采用木横担、瓷横担的钢筋混凝土电杆，同时对顶相导线采用高一电压等级的绝缘子。采用铁横担时全部采用高一电压等级的绝缘子。

（二）利用顶相线兼作防雷保护线

在线路遭受雷击并发生闪络时，为了不使它发展为短路故障而导致线路跳闸，可使三角形排列的顶线兼作防雷保护线，在顶线绝缘子上加装保护间隙，如图9-15所示。当线路遭受雷击时，由于顶线悬挂在上方而承受雷击，使保护间隙击穿，对地泄放雷电流，从而起到防雷保护作用。

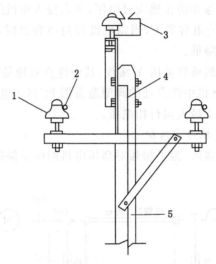

图 9-15　顶相线绝缘子附加保护间隙

1——绝缘子；2——架空导线；3——保护间隙；4——接地引下线；5——电杆

（三）绝缘薄弱处装设避雷器

对绝缘比较薄弱的电杆，如木杆线路上的个别金属杆及跨越杆、转角杆、分支杆、换位杆等应装设管型避雷器或保护间隙。

（四）架空线路上设备的防雷保护

架空线路上的柱上断路器和负荷开关应装设阀型避雷器或保护间隙。经常断路运行的柱上断路器、负荷开关或隔离开关，应在两侧装设避雷器或保护间隙，其接地线应与柱上电气设备的金属外壳连接，接地电阻不应大于 10 Ω。

六、低压架空线路的防雷保护

380/220 V 低压线路的防雷保护，一般可采取以下措施。

（一）多雷地区

当变压器采用 Y,y 或 Y,yn 接线时，宜在低压侧装设一组阀型避雷器或保护间隙。变压器中性点不接地时，应在其中性点装设击穿保险。

（二）对重要用户

为了防止雷击低压架空线路时雷电波侵入建筑物，宜在低压线路进入室内前 50 m 处安装一组低压避雷器,进入室内后再装一组低压避雷器。

（三）一般用户

为了防止雷电波侵入,可在低压进线第一支持物处装设一组低压避雷器或击穿保险,也可将低压用户线的绝缘子铁脚接地,绝缘子铁脚接地的工频接地电阻不应超过 30 Ω。此时雷电流可通过接地线引入大地,避免低压电气设备遭受雷击及发生人身事故。

（四）对易受雷击的地段

直接与架空线连接的电动机或电度表,宜装设低压避雷器或保护间隙,防止雷电损坏电动机和电度表。

第二节　接地保护

电气设备或线路的一部分与大地间良好的电气连接对供电系统的正常工作、安全运行和降低意外电气事故造成的危害程度都有很大的关系。

电气系统的任何部分与大地间做良好的电气连接,叫作接地。用来直接与土壤接触并存在一定流散电阻的一个或多个金属导体组,称为接地体或接地极。电气设备接地部分与接地体连接用的金属导体,称为接地线。接地体与接地线,称为接地装置。

接地体与土壤接触时,二者之间的电阻及土壤的电阻,称为流散电阻。而接地线电阻、接地体电阻及流散电阻之和,称为接地电阻。其中,接地体、接地线电阻很小,可以忽略不计,故可以认为接地电阻等于流散电阻。

接地按其目的和作用分为工作接地、保护接地、防雷接地、防静电接地、重复接地等。

一、工作接地

为了确保电力系统中电气设备在任何情况下都能安全、可靠地运行,要求系统中某一点必须用导体与接地体相连,称为工作接地。如电源中性点的直接接地或经消弧线圈的接地、绝缘监视装置和漏电保护装置的接地等都属于工作接地。

二、保护接地

为防止人触及电气设备因绝缘损坏而带电的外露金属部分造成人体触电事故,将电气设备中所有正常时不带电、绝缘损坏时可能带电的外露金属部分接地,称为保护接地。

（一）保护接地的类型和作用

根据电源中性点对地绝缘状态不同,保护接地分为 TT 系统和 IT 系统。

1. TT 系统

TT 系统是在中性点直接接地系统中,将电气设备金属外壳,通过与系统接地装置无关的独立接地体直接接地,如图 9-16 所示。

如果设备的外露可导电部分未接地,则当设备发生一相碰壳接地故障时,外露可导电部分就要带上危险的相电压。由于故障设备与大地接触不良,该单相故障电流较小,通常不足以使电路中的过电流保护装置动作,因而不能切除故障电源。这样,当人触及带电设备的外壳时,加在人体上的就是相电压,触电电流大大超过极限安全值,增大了触电的危险性。

如果将设备的外露可导电部分直接接地,则当设备发生一相碰壳接地故障时,通过接地装置形成单相短路。这一短路电流通常可使故障设备电路中的过流保护装置动作,迅速切除故障设备,从而大大减小了人体触电的危险。即使在故障未切除时人体触及故障设备的

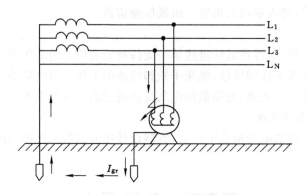

图 9-16 TT 方式保护接地系统

外露可导电部分,也由于人体电阻远大于保护接地电阻,因此通过人体的电流也较小,对人体的危害性相对也较小。但在这种系统中,如果电气设备的容量较大,这一单相接地短路电流将不能使线路的保护装置动作,故障将一直存在下去,使电气设备的外壳带有一个危险的对地电压。例如,保护某一电气设备的熔体额定电流为 30 A,保护接地电阻和中性点工作接地电阻均为 4 Ω 时,当该设备发生单相碰壳时,其短路电流仅为 27.5 A(相电压为 220 V),不能熔断 30 A 的熔体,这时电气设备外壳的对地电压为 110 V,远远超出了安全电压。所以 TT 系统只适用于功率不大的设备,或作为精密电子仪器设备的屏蔽接地。为了克服上述缺点,还应在线路上装设漏电保护装置。

2. IT 系统

IT 系统是在中性点不接地或通过阻抗接地的系统中,将电气设备正常情况下不带电的外露金属部分直接接地。矿井井下全部使用这种保护接地系统。

系统中没有装设保护接地时,如图 9-17(a)所示。当电气设备发生一相碰壳接地故障时,若人体触及带电外壳,则电流经过人体入地,再经其他两相对地绝缘电阻和对地分布电容流回电源。当线路对地绝缘电阻显著下降,或电网对地分布电容较大时,通过人体的电流将远远超过安全极限值,对人的生命构成了极大的威胁。

当装设保护接地装置时,如图 9-17(b)所示。当人触及碰壳接地的设备外壳时,接地电流将同时通过人体和接地装置流入大地,经另外两相对地绝缘电阻和对地分布电容流回电源。由于接地电阻比人体电阻小得多,所以接地装置有很强的分流作用,使通过人体的触电电流大大减小,从而降低了人体触电的危险性。

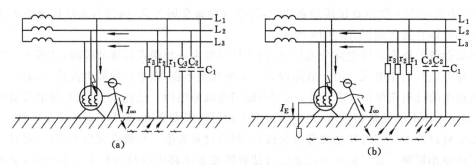

图 9-17 IT 方式保护接地系统

由于接地电阻与人体电阻是并联关系,所以接地电阻 R_E 越小,流过人体的电流也就越小。为了将流过人身的电流限制在一定范围之内,必须将接地电阻限制在一定数值以下。不同情况下的保护接地电阻要求值见表 9-3。

表 9-3　　　　　　　　　　　　　　　保护接地电阻要求值

电网名称	接地装置的特点	接地电阻/Ω
大接地电流电网	仅用于该电网接地	$R_E \leqslant 0.5$
小接地电流电网	1 kV 以上设备的接地	$R_E \leqslant 250, I_E \leqslant 10$
	与 1 kV 以下设备共用时的接地	$R_E \leqslant 120, I_E \leqslant 10$
1 kV 以下中性点接地与不接地电网	并列运行变压器总容量在 100 kV·A 以上的接地	$R_E \leqslant 4$
	重复接地装置	$R_E \leqslant 10$
煤矿井下电网	接地网	$R_E \leqslant 2$

当人体触及带电的金属外壳时,人体接触部分与站立点之间的电位差叫接触电压。雷电流入地时,或载流电力线(特别是高压线)断落到地时,会在导线接地点及周围形成强电场,其电位分布以接地点为圆心向周围扩散、逐步降低而在不同位置形成电位差,人、畜跨进这个区域,两脚之间将存在电压,该电压称为跨步电压。在这种电压作用下,电流从接触高电位的脚流进,从接触低电位的脚流出,这就是跨步电压触电,如图 9-18 所示。图中坐标原点表示带电体接地点,横坐标表示位置,纵坐标负方向表示电位分布。U_{K1} 为人两脚间的跨步电压,U_{K2} 表示马两脚之间的跨步电压。

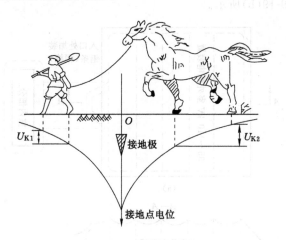

图 9-18　跨步电压示意图

人在接地电流流经的周围站立或行走,虽未接触设备,但由于两脚位置不同而使两脚之间存在的电位差,所以叫跨步电压。

(二) 保护接地系统

为了降低保护接地装置的接地电阻,提高其可靠性,地面及矿井下都应设置保护接地系统。

1. 地面保护接地系统

接地体分为自然接地体和人工接地体。设计保护接地装置时,应首先考虑利用自然接地体,如地下金属管道(输送燃料管道除外)、建筑物金属结构和埋在土壤中的铠装电缆的金属外皮等。如果自然接地体接地电阻不满足要求或附近没有可使用的自然接地体,应敷设人工接地体。

　　人工接地体通常采用垂直打入地中的管道、圆钢或角钢,以及埋入土壤中的钢带。考虑到埋于地下的接地体会逐渐腐蚀,规定钢接地体的最小尺寸如表9-4所示。

表9-4　　　　　　　　　　　　钢接地体最小尺寸

材料名称	建筑物内	户外	地下
圆钢直径/mm	5	6	8
扁钢截面/mm²	24	48	48
厚/mm	3	4	4
角钢厚/m	2	2.5	4
钢管壁厚/mm	2.5	2.5	3.5

　　垂直埋入地中的接地体一般长2~3 m,为防止冬季土壤表面冻结和夏季水分的蒸发而引起接地电阻的变化,接地体上端与地面应有0.5~1 m的距离。若采用扁钢作为主要接地体,其敷设深度一般不小于0.8 m。埋入地中的接地体的上端与连接钢带焊接起来,就构成了一个良好的接地系统。

　　例如,变电所室外接地网,其布置情况如图9-19(a)虚线部分所示。为了降低接触电压和跨步电压,接地体的布置形式要适当考虑,应尽量使电位分布均匀。因此,在环形接地网中间加装几条平行的扁钢均压带,在人员经常出入处加装帽檐式均压带,都能较好地降低电位变化的陡度,如图9-19(b)所示。

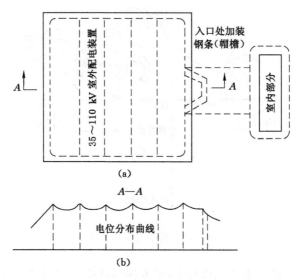

图 9-19　变电所的室外接地网

(a) 接地网的平面布置;(b) 加装均压带后的电位分布

　2. 井下保护接地系统

保护接地与短路保护和漏电保护一起构成了井下的三大保护。

井下保护接地系统由主接地极、局部接地极、接地母线、辅助接地线、连接导线和接地线等组成,如图9-20所示。

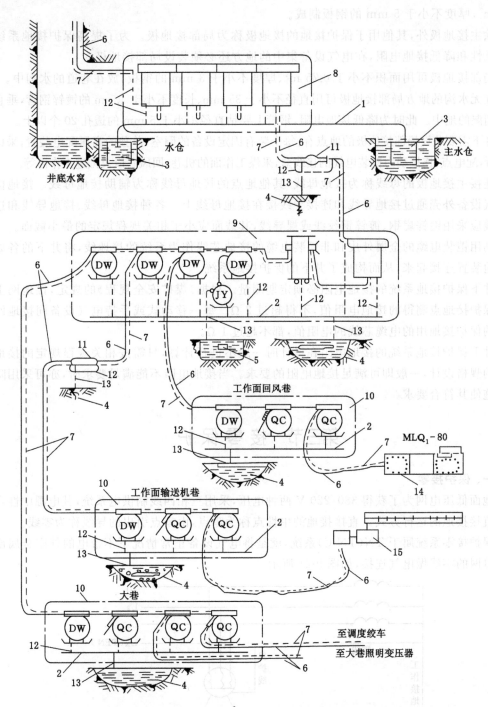

图 9-20 井下保护接地系统示意图

1——接地母线;2——辅助接地母线;3——主接地极;4——局部接地极;5——漏电保护用辅助接地极;6——电缆;
7——电缆接地导体;8——中央变电所;9——采区变电所;10——配电点;11——电缆接线盒;12——连接导线;
13——接地导线;14——采煤机组;15——输送机

主接地极装设在井底车场的水仓中。主接地极在主、副水仓中应各设一个,以保证在清理水仓或检修接地极时,有一个主接地极仍起接地作用。主接地极一般采用面积不小于 0.75 m²,厚度不小于 5 mm 的钢板制成。

除主接地极外,其他用于保护接地的接地极称为局部接地极。为了提高保护接地系统的可靠性和降低接地电阻,在电气设备集中的地方还必须装设局部接地极。

局部接地极可用面积不小于 0.75 m²、厚度不小于 3 mm 的钢板,放在巷道的水沟中。

在无水沟的地方局部接地极可用直径不小于 35 mm、长度不小于 1.5 m 的镀锌钢管,垂直打入潮湿的地中。此时为降低接地电阻,钢管上要钻直径不小于 5 mm 的透孔 20 个以上。

井下需要装设局部接地极的地点有:每个装有固定设备的硐室,单独的高压配电装置,采区变电所,配电点,连接动力铠装电缆的接线盒,采煤工作面的机巷、回风巷以及掘进工作面等。

连接主接地极的母线称为接地母线,其他地点的接地母线称为辅助接地母线。接地极和电气设备外壳通过接地导线和连接导线接在接地母线上。各种接地母线、接地导线和连接导线应采用镀锌扁钢、镀锌钢绞线或裸导线,其截面应小于相关规程规定的最小截面。

利用铠装电缆的金属外皮和非铠装电缆的接地芯线作为系统的接地线,将井下的各处的接地装置连接起来,从而构成了井下的保护接地系统。

井下保护接地系统的接地电阻必须定期测量。根据《煤矿安全规程》的规定,接地网上任意保护接地点测得的接地电阻值,不得超过 2 Ω。每一移动式或手持电气设备同接地网之间的保护接地用的电缆芯线的电阻值,都不超过 1 Ω。

井下保护接地系统的接地电阻在设计时一般不进行计算,只需按相关规程规定的接地装置的规格设计,一般即可满足接地电阻的要求。当接地电阻不能满足要求时,亦可采用降阻措施使其符合要求。

第三节　接零保护

一、保护接零

地面低压电网为了获得 380/220 V 两种电压,采用三相四线制供电系统,其电源中性点采用直接接地的运行方式。直接接地的中性点称为零点,由零点引出的导线称为零线。

保护接零系统属于 TN(TN-C)系统,就是将电气设备正常情况下不带电的外露金属部分与电网的零线做电气连接,如图 9-21 所示。

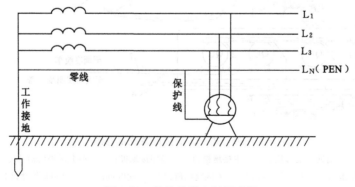

图 9-21　保护接零电气原理图

当电气设备发生一相碰壳时,则通过设备外壳造成相线对零线的金属性单相短路,使线路中的过流保护装置迅速动作,切断故障电路,降低了触电的概率。如果在电源被切断之前恰有人触及该带电外壳,则利用保护接零的分流作用,减小了人身触电电流,降低了接触电压,使人身触电的危险性得以减小。

保护接零与保护接地相比,其最大的优越性就是能使保护装置迅速动作,快速切断电源,从而克服了保护接地的局限性。接零系统必须注意以下问题:

(1) 保护接零只能用在中性点直接接地系统中,否则当发生单相接地故障时,由于设备外壳与地接触不良,不能使保护装置动作,此时当人触及任意接零的设备外壳时,故障电流将通过人体和设备流回零线,危及人身的安全。

(2) 在接零系统中不能一些设备接零,而另一些设备接地,这种情况属于在同一供电系统中,TN 方式和 TT 方式混合使用。如前所述,在 TT 方式下当接地设备发生单相碰壳时,线路的保护装置可能不会动作,使设备外壳带有 110 V 危险的对地电压,此时零线上的对地电压也会升高到 110 V,这将使所有接零设备的外壳全部带有 110 V 的对地电压,这样人只要接触到系统中的任一设备都会有触电的危险。

(3) 在保护接零系统中,电源中性点必须接地良好,其接地电阻不得超过 4 Ω。

(4) 为迅速切除线路故障,电网任何一点发生单相短路时,短路电流应不小于其保护熔体额定电流的 4 倍或不小于自动开关过电流保护装置动作电流的 1.5 倍。

(5) 为了保证零线不致断线和有足够的单相短路电流,要求零线材料应与相线相同,零线的截面应不小于表 9-5 所列数值。

表 9-5 零线允许的最小截面 单位:mm²

相　　　线	零　　　线	
	在钢管、多芯导线、电缆中	架空线、户内、户外明线
1.5	1.5	
2.5	2.5	
4	4	4
6	6	6
10	10	10
16	16	16
25	16	25
35	16	35
50	25	50
70	35	50
95	50	50
120	70	70

二、重复接地

在三相四线制供电系统中,将零线上的一处或多处,通过接地装置与大地再次连接的措施称为重复接地,如图 9-22 所示。

保护接零系统中,当零线断线,断线点负荷侧的设备发生单相碰壳时,其外壳的对地电

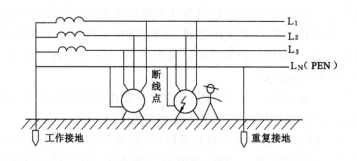

图 9-22 重复接地电气原理图

压为电网的相电压(设外壳与地的接触电阻为无穷大),此时当人触及该外壳时,对人有绝对危险。当采用重复接地时,发生碰壳接地电气设备外壳的对地电压为断线点后面重复接地装置的总接地电阻,与断线点前面接地装置总接地电阻的串联分压值,从而大大降低了人身触及带电外壳的触电危险性。

重复接地不仅可降低零线断线时的危险性,在零线完好时也可以降低碰壳设备的对地电压;还能增大碰壳短路时的短路电流,以缩短线路保护装置的动作时间;还可以降低正常时零线上的电压损失。由此可见,在保护接零系统(TN 系统)中重复接地是不可缺少的。

为了提高保护接零系统的安全性能,应按以下要求进行可靠的重复接地:

在架空线路的干线和分支线的终端及沿线每 1 km 处,零线都要进行重复接地;架空线的零线进出户内时,在进户处和出户处零线都应进行重复接地;户内的零线应与配电盘、控制盘的接地装置相连。且每一处重复接地装置的接地电阻均不得大于 10 Ω。

零线的重复接地装置,应充分利用自然接地体,以节约投资。

第四节 触电的预防与急救

触电对人体的损伤情况很复杂,在实际工作中由于电气设备安装或维护不当以及工作人员的疏忽大意或违反操作规程,很容易造成人身触电事故。为了有效防止触电事故的发生,必须采取触电的预防和急救措施。

一、触电的危险性

人身触及带电导体或绝缘遭到破坏的电气设备外壳时,人身成为电流通路的一部分,造成触电事故。触电对于人体组织的损伤情况是很复杂的,一般来说,电流对人体的伤害大致分为两大类,即电击和电伤。电击是指电流通过人体内部,造成人体内部组织的损伤和破坏,这是最危险的触电,大多数能使人死亡。电伤是指强电流瞬间通过人体的某一局部或电弧对人体表面的烧伤,使外表器官遭到破坏,当烧伤面不大时,不至于有生命危险。电击的危害高于电伤。

(一)流过人体的电流

流过人体的电流又称为人体触电电流,它的大小对人体组织的伤害程度起着决定性作用。表 9-6 列出了不同触电电流时人体的生理反应情况。一般规定工频交流电的极限安全电流值为 30 mA。

表 9-6　　　　　　　　　　　不同触电电流时人体的生理反应情况

电流 /mA	危害程度	
	交流(50 Hz)	直流
2～3	手指有强烈麻刺感,颤抖	没有感觉
5～7	手指痉挛	感觉痒,刺痛、灼热
8～10	手指尖部到腕部痛得厉害,虽能摆脱导体但较困难	热感觉增强
20～30	手迅速麻痹,不能摆脱导体,痛得厉害,呼吸困难	热感觉增强,手部肌肉收缩,但不强烈
30～50	引起强烈痉挛,心脏跳动不规则,时间长则心室颤动	热感觉增强,手部肌肉收缩,但不强烈
50～80	呼吸麻痹,发生心室颤动	有强烈热感觉,手部肌肉痉挛,呼吸困难
90～100	呼吸麻痹,持续 3 s 以上心脏麻痹,以致停止跳动	呼吸麻痹
300 及以上	作用时间 0.15 s 以上,呼吸和心脏麻痹,肌体组织遭到电流的热破坏	

（二）人体电阻

流经人体电流的大小,与人体电阻有着密切的关系。当电压一定时,人体电阻越大,流过人体的电流越小。

人体电阻包括两部分,即体内电阻和皮肤电阻。体内电阻由肌肉组织、血液、神经等的电阻组成,其值较小,且基本上不受外界条件的影响。皮肤电阻是指皮肤表面角质层的电阻,它是人体电阻的主要部分,其数值变化较大。当皮肤干燥、完整时,人体电阻可达 10 kΩ 以上。而当皮肤角质层受潮或损伤时,人体电阻会降到 1 kΩ 左右;如皮肤完全遭到破坏,人体电阻将下降到 600～800 Ω。

（三）人体接触电压

流过人体电流的大小与人体接触电压的高低有直接关系,接触电压越高,触电电流越大。但二者之间并非线性关系。

极限安全电流和人体电阻的乘积,称为安全接触电压,它与工作环境有关。根据 GB/T 3805—2008,其有效值最大不超过 50 V。安全额定电压等级为 42V、36 V、24 V、12 V、6 V。一般工矿企业安全电压采用 36 V。

（四）触电持续时间

触电持续时间是指从触电瞬间开始到人体脱离电源或电源被切断时的时间。我国规定触电电流与触电时间的乘积不得超过 30 mA·s。

触电对人体的伤害程度除上述几个主要原因外,还与电流的频率、电流通过人体的途径、人的体质状态等因素有关。工频交流电对人体的危害较直流电大。

二、触电的预防方法

根据人体触电的情况将触电防护分为直接触电防护和间接触电防护两类。

直接触电防护指对直接接触正常带电部分的防护,例如对带电导体加隔离栅栏或加保护罩等。

间接触电防护指对故障时可带危险电压而正常时不带电的外露可导电部分（如金属外壳、框架等）的防护，例如将正常不带电的外露可导电部分接地，并装设接地故障保护，用以切断电源或发出报警信号等。

由于矿井的特殊条件，触电的可能性相对较大，因此必须采取有效措施加以防范。下述一些方法，可以防止或减小触电对人体的危害：

（1）井下配电变压器及向井下供电的变压器或发电机，中性点禁止接地。

（2）井下电气设备必须设有保护接地或接零装置。

（3）矿井变电所的高压馈电线和井下低压馈电线，应装设漏电保护装置。

（4）人体接触较多的电气设备采用低电压。

（5）人体不能接触和接近带电导体。

三、触电的急救处理

触电者的现场急救，是抢救过程中关键的一步，如处理及时和正确，则因触电而呈假死的人有可能获救，反之，就会带来不可弥补的后果。因此《电业安全工作规程》将"特别要学会触电急救"规定为电气工作人员必须具备的条件之一。

简单来说，就是"两快"（快速切断电源和快速进行抢救）、"一坚持"（坚持对失去知觉的触电者持久连续地进行人工呼吸与心脏挤压）和"一慎重"（慎重使用药物）。

（一）脱离电源

触电急救，首先要使触电者迅速脱离电源，越快越好，因为触电时间越长，伤害越重。

（1）脱离电源就是要将触电者接触的那一部分带电设备的开关断开，或设法将触电者与带电设备脱离。在脱离电源时，救护人既要救人，也要注意保护自己。触电者未脱离电源前，救护人员不得直接用手触及伤员。

（2）如触电者触及低压带电设备，救护人员应设法迅速切断电源，如拉开电源开关或拔除电源插头，或使用绝缘工具、干燥的木棒等不导电物体解脱触电者，也可抓住触电者干燥而不贴身的衣服将其拖开，还可戴绝缘手套或将手用干燥衣物等包起绝缘后解脱触电者，救护人员可站在绝缘垫上或干木板上进行救护。为使触电者与导电体解脱，最好用一只手进行救护。

（3）如触电者触及高压带电设备，救护人员应迅速切断电源，或用适合该电压等级的绝缘工具（戴绝缘手套、穿绝缘靴并用绝缘棒）解脱触电者。救护人员在抢救过程中，应注意自身与周围带电部分保持必要的安全距离。

（4）如触电者处于高处，解脱电源后人可能会从高处坠落，因此要采取相应的安全措施，以防触电者摔伤或致死。

（5）在切断电源救护触电者时，应考虑到事故照明、应急灯等临时照明，以便继续进行急救。

（二）急救处理

当触电者脱离电源后，应立即根据具体情况，迅速对症救治，同时尽快通知医生前来抢救。

（1）如果触电者神志尚清醒，则应使之就地躺平，严密观察，暂时不要使其站立或走动。

（2）如果触电者已神志不清，则应使之就地仰面躺平，且确保气道通畅，并用 5 s 时间，呼叫伤员或轻拍其肩部，以判定伤员是否意识丧失。禁止摇动伤员头部呼叫伤员。

（3）如果触电者失去知觉，停止呼吸，但心脏微有跳动（可用两指去试一侧喉结旁凹陷处的颈动脉有无搏动)，应在通畅气道后，立即施行口对口(或鼻)的人工呼吸。

(4) 如果触电者伤害相当严重，心跳和呼吸都已停止，完全失去知觉，则在通畅气道后，立即同时进行口对口(鼻)的人工呼吸和胸外按压心脏的人工循环。如果现场仅有一人抢救，可交替进行人工呼吸和人工循环，先胸外按压心脏4～8次，然后口对口(鼻)吹气2～3次，再按压心脏4～8次，又口对口(鼻)吹气2～3次，如此循环反复进行。

由于人的生命的维持主要是靠心脏跳动而造成的血液循环和呼吸而形成的氧气和废气的交换，因此采用胸外按压心脏的人工循环和口对口(鼻)吹气的人工呼吸的方法，能对处于因触电而停止了心跳和中断了呼吸的"假死"状态的人起暂时弥补的作用，促使其血液循环和正常呼吸，达到"起死回生"目的。在急救过程中，人工呼吸和人工循环的措施必须坚持进行。在医务人员未来接替救治前，不应放弃现场抢救，更不能只根据没有呼吸或脉搏擅自判定伤员死亡，放弃抢救。只有医生有权做出伤员死亡的诊断。

四、人工呼吸法

人工呼吸法有仰卧压胸法、俯卧压背法和口对口(鼻)吹气法等。

(一) 口对口(鼻)吹气法

(1) 首先迅速解开触电者的衣服、裤带，松开上身的紧身衣、胸罩和围巾等，使其胸部能自由扩张，不致妨碍呼吸。

(2) 使触电人仰卧，不垫枕头，头先侧向一边，清除其口腔内的血块、假牙及其他异物。如舌根下陷，应将舌头拉出，使气道畅通。如触电者牙关紧闭，救护人应以双手托住其下颌骨的后角处，大拇指放在下颌角边缘，用手将下颌骨慢慢向前推移，使下牙移到上牙之前。也可用开口钳、小木片、金属片等，小心地从口角伸入牙缝撬开牙齿，清除口腔内异物。然后将其头部扳正，使之尽量后仰，鼻孔朝天，使气道畅通。

(3) 救护人位于触电者头部的左侧或右侧，用一只手捏紧鼻孔，不使漏气。用另一只手将下颌拉向前下方，使嘴巴张开。嘴上可盖一层纱布，准备接受吹气。

(4) 救护人做深呼吸后，紧贴触电者嘴巴，向他大口吹，如图9-23(a)所示。如果掰不开嘴，亦可捏紧嘴巴，紧贴鼻孔吹气。吹气时，要使胸部膨胀。

(5) 救护人吹气完毕后换气时，应立即离开触电者的嘴巴(或鼻孔)，并放松紧捏的鼻(或嘴)，让其自由排气，如图9-23(b)所示。

(a)   (b)

图9-23 口对口吹气的人工呼吸法
(a)贴紧吹气；(b)放松换气

按照上述要求对触电者反复地吹气、换气，每分钟约 12 次。对幼小儿童施行此法时，鼻子不捏紧，可任其自由漏气，而且吹气不能过猛，以免肺包胀破。

（二）胸外按压心脏的人工循环法

按压心脏的人工循环法有胸外按压和开胸直接挤压心脏两种。后者是在胸外按压心脏效果不大的情况下，由胸外科医生进行的。这里只介绍胸外按压心脏的人工循环法。

（1）与上述人工呼吸法的要求一样，首先要解开触电者衣服、裤带及胸罩、围巾等，并清除口腔内异物，使气道畅通。

（2）使触电者仰卧，姿势与上述口对口吹气法同，但后背着地处的地面必须平整牢固，如硬地或木板之类。

（3）救护人位于触电者一侧，最好是跨腰跪在触电者的腰部，两手相叠（对儿童可只用一只手），手掌根部放在心窝稍高一点的地方（掌根放在胸骨的下三分之一部位），如图 9-24 所示。

（4）救护人找到触电者的正确压点后，自上而下、垂直均衡地用力向下按压，压出心脏里面的血液，如图 9-25（a）所示。对儿童，用力应适当小一些。

（5）按压后，掌根迅速放松（但手掌不要离开胸部），使触电者胸部自动复原，心脏扩张，血液又回到心脏里来，如图 9-25（b）所示。

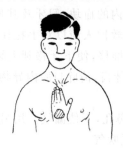

图 9-24　胸外按压心脏的正确压点

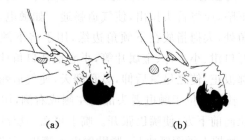

（a）　　　　　　　（b）

图 9-25　人工胸外按压心脏法
（a）向下按压；（b）放松回流

按照上述要求反复地对触电者的心脏进行按压和放松，每分钟约 60 次。按压时定位要准确，用力要适当。

在施行人工呼吸和心脏按压时，救护人应密切观察触电者的反应。只要发现触电者有苏醒征象，如眼皮闪动或嘴唇微动，就应中止操作几秒钟，以让触电者自行呼吸和心跳。

施行口对口（鼻）吹气和心脏按压，对于救护人员来说，是非常劳累的，但是为了救治触电者，必须坚持不懈，直到医务人员前来救治为止。事实说明，只要正确地坚持施行人工救治，触电"假死"的人被抢救成活的可能性是非常大的。

小　结

本章首先介绍了过电压概念、形式和危害，防雷的装置、措施及设计；其次介绍了保护接地、保护接零的类型、作用、构成与保护原理；最后介绍了触电的危害、预防方法和急救处理措施。

思考与练习

1. 过电压的类型有哪些？
2. 内部过电压产生的原因有哪些？如何防护？
3. 大气过电压类型有哪些？如何防护？
4. 避雷的设备有哪些？
5. 避雷针的保护范围如何确定？
6. 变电所防雷保护措施有哪些？
7. 什么是工作接地、保护接地、重复接地？
8. 触电有哪些常见原因引起？如何预防？
9. 遇到触电事故如何处理？
10. 触电急救的要求是什么？

主要参考文献

［1］陈小虎.工厂供电技术［M］.2 版.北京:高等教育出版社,2006.

［2］顾永辉,等.煤矿电工手册［M］.3 版.北京:煤炭工业出版社,2013.

［3］刘兵.矿山供电［M］.徐州:中国矿业大学出版社,2004.

［4］刘介才.工厂供电［M］.6 版.北京:机械工业出版社,2004.